化学工业出版社“十四五”普通高等教育规划教材

植物细胞与组织研究方法

第2版

毕建杰　何在菊　谭秀山　主编

化学工业出版社

·北京·

内容简介

植物细胞与组织研究是生物类、大农学类专业本科生、研究生的一门重要的理论与实验技术相结合的课程。本书是编者根据多年积累的教学、科研经验以及实验技能整理而成，主要介绍了植物细胞与组织研究中广泛应用的技术和方法，共3篇8章，即植物细胞与组织制片原理、植物细胞与组织制片方法和技术、植物组织与细胞研究实验操作3篇内容，包括植物制片的目的和方法、植物制片的原理、常用染色剂及染色方法、石蜡切片法、半薄切片技术、非切片制片、植物细胞与组织显微测定、其它切片技术。根据时代发展和课程建设对学生实验能力的要求，相较第1版，本次修订补充了26个植物组织与细胞研究实验操作内容。全书图文并茂，既系统地介绍了当前植物细胞与组织的研究方法，又突出了实验技术要点。

本书可作为高等农林院校植物生产类各专业的本科生、研究生的教材，也可供综合性大学、师范类大学生物类各专业师生及生物学相关工作者或爱好者参考。

图书在版编目（CIP）数据

植物细胞与组织研究方法 / 毕建杰，何在菊，谭秀山主编. -- 2版. -- 北京 ：化学工业出版社，2025. 2.
（化学工业出版社“十四五”普通高等教育规划教材）.
ISBN 978-7-122-47059-1

Ⅰ. Q943.1

中国国家版本馆CIP数据核字第2024AW2896号

责任编辑：尤彩霞　　文字编辑：刘洋洋
责任校对：宋　夏　　装帧设计：关　飞

出版发行：化学工业出版社
（北京市东城区青年湖南街13号　邮政编码100011）
印　　装：河北延风印务有限公司
787mm×1092mm　1/16　印张12¼　字数308千字
2025年6月北京第2版第1次印刷

购书咨询：010-64518888　　售后服务：010-64518899
网　　址：http://www.cip.com.cn
凡购买本书，如有缺损质量问题，本社销售中心负责调换。

定　　价：59.00元

植物细胞与组织研究方法

第2版

编写人员名单

主　　　编：毕建杰　何在菊　谭秀山

副　主　编：王　磊　冯加风　柳　斌

其他参编人员：毕鑫鑫　郭骅麟　刘　莲　谭　钺　王树芸

杨　猛　高新起　闫芳芳　郭骞欢　胡一凡

李　颖　付春霞

第2版前言

植物细胞与组织的研究是一门理论与实践紧密结合的实验生物学课程。随着生命科学的发展以及学科间的交叉与渗透，植物细胞与组织的研究不仅是经典植物学研究的必备技术，而且已成为现代遗传学、现代园艺学、分子生物学、植物与微生物分子互作等研究的重要技术。

近年来，编者对该课程的教学体系、教学条件、教学内容和教学方法等做了相应的调整和补充，以全面提高在校本科生、研究生的实践能力，帮助学生在理解实验原理的基础上熟练掌握实践操作关键技术，培养学生的综合分析能力。

本书在内容上既反映了显微技术的较新成就，又注重切合当前教学的实际需要。第1篇介绍了植物细胞与组织制片的基本原理，如制片原理、制片过程、染色原理、染色过程等内容。第2篇介绍了常用的植物细胞与组织制片方法和技术，如传统的切片技术（如石蜡切片、徒手切片、半薄切片等）、非切片技术（涂压制片、整体制片、透明制片、离析制片等），植物显微化学相关原理、技术[如细胞壁成分显示与测定、蛋白质显示与测定、脂类显示与测定、核酸（DNA）显示与测定、糖类染色与测定等]，现代植物生理学、遗传学等相关领域的部分研究技术，如细胞器（叶绿体、线粒体、液泡）分离、染色、观察技术及DNA显色分析技术等。第3篇介绍了26个植物组织与细胞研究的实验操作技术，简略介绍了部分植物组织与细胞的切片、染色、观察、化学测定等实验操作过程，涉及徒手切片、石蜡切片、半薄切片等切片技术；撕片、离析、涂片、培养等非切片技术；临时制片观察技术、永久制片技术；常规番红-固绿染色、PAS染色、组织化学染色等实验室常用技术。研究对象包含了植物根、茎（草本茎、木本茎）、叶、花、果实、种子，花粉、子房、胚囊、叶脉、维管束、胞间连丝，细胞壁、液泡、叶绿体、线粒体、淀粉粒，细胞壁纤维素、果胶质、蛋白质、脂类、DNA、酶等，涉及器官、组织、细胞、细胞器、化学成分等。

本书内容丰富，基本汇集了经典植物细胞学、细胞生物学及植物细胞工程中常用的研究方法，可作为高等农林院校大农学类、生物学相关专业本科生、研究生教材，也可作为综合性大学、师范类大学生物学相关专业师生的参考教材。

由于编者水平有限，书中难免有疏漏之处，敬请读者批评指正。

编　者

2024年10月

目录

第1篇　植物细胞与组织制片原理　/　1

第2篇 植物细胞与组织制片方法和技术 / 56

第3篇 植物组织与细胞研究实验操作 / 124

附录 植物制片常用试剂配制与使用 / 180

参考文献 / 188

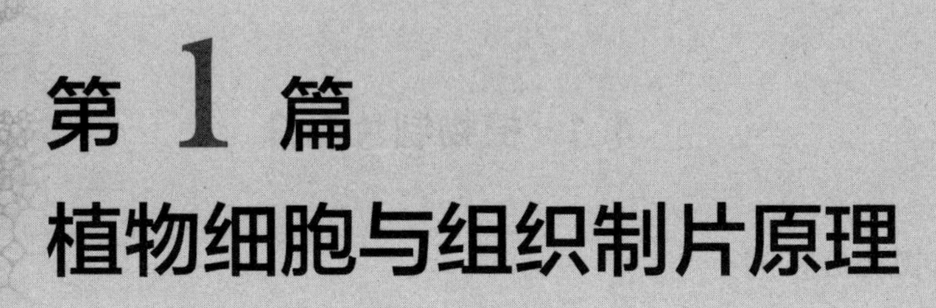

第 1 篇 植物细胞与组织制片原理

植物细胞与组织制片技术是植物结构生物学的重要组成部分，是从事植物生物技术、植物细胞学、结构植物学、植物生殖生物学、植物发育生物学等研究的必要基础技术，现已成为生物学工作者常用的一门实验技术。现代生命科学领域的植物器官发育、遗传育种、分子鉴定、作物与病原菌互作、资源植物研究、林木材性鉴定等多方面的研究都需要应用制片技术。随着基因组学、分子生物学等相关研究的不断深入，植物显微技术与其结合应用的需求日益突出。不同研究目的、不同植物材料，需要不同的植物细胞与组织制片方法。本篇介绍常用的植物制片基本原理，包括制片目的、制片方法、制片器材、常用工具、染色剂种类、染色方法等。

第1章 植物制片的目的和方法

1.1 植物制片简介

1.1.1 植物制片目的

人类对于植物的研究发展至今，已从对于植物整体和根、茎、叶、花、果实等宏观形态和器官的观察、研究，经过植物的组织、细胞水平的研究，发展至现代分子水平的研究。对于组织、细胞及更深入的结构层次，绝大部分自然状态的植物材料并不能够直接用于研究操作以及进一步的微观研究。要对植物微观结构进行研究（器官解剖观察、花芽分化、授粉受精、贮藏营养物质观测、染色体观察等），就必须将原先体积大、透明性差的植物材料进行特殊的处理，使其体积变小、厚度变薄、透光性增强才能够有可能用于显微观察。在进行显微观察时，如何区分生活或死亡的组织与细胞及其不同显微结构（如细胞壁、细胞膜、细胞核、细胞质、各类细胞器、染色体等）、同一显微结构的不同组成成分（纤维素、果胶、蛋白质等）以及如何对某一具体的结构、成分进行特定观察，则需要对样品材料进行不同的染色处理，使各结构、成分吸附特定染料或发生化学反应而呈现不同颜色，进行区分。

植物制片就是要将较大的、不透明的、难以进行显微观察的植物材料进行各种特定处理，使其成为可以在显微镜下观察的、小而薄、完整透明、可明显区分不同结构和成分而又保持原先结构、状态的实验材料。

1.1.2 植物制片方法

为实现不同的观察目的，就要对不同的实验材料进行特定的制片处理。制片技术既有切片（徒手切片、石蜡切片、半薄切片、木材切片、冷冻切片）、涂片、压片等传统的方法，又有与其他现代技术相结合的新技术，如组织化学技术、免疫组织化学技术、原位杂交技术等。

根据制片后细胞生活状态，可将制片技术分为活体制片、杀死制片。活体制片可用于细胞存活的鉴定、线粒体活体观察、叶绿体活体观察、液泡活体观察、细胞器提取观察、培养观察、荧光观察等。

根据制片保存时间，可将制片技术分为临时制片和永久制片。

根据制片过程是否使用刀具，可将制片技术分为切片技术和非切片技术。切片技术包括徒手切片、木材切片、火棉胶切片（现已很少使用）、蒸汽切片、冷冻切片、石蜡切片、半薄切片、超薄切片等；非切片技术有整体制片、透明制片、涂片、压片、离析制片、培养制片、印痕制片等。

1.2 植物制片常用仪器、用具、药品

1.2.1 主要仪器设备

（1）显微镜 植物细胞、组织研究中，各类显微镜用于选择观察样品、检查切片、检查刀口、临时检片、切片后镜检、显微结构观察、显微测量、显微摄影等。常用的显微镜包括普通光学显微镜、倒置显微镜、体视显微镜、荧光显微镜、相差显微镜、暗视野显微镜、扫描电子显微镜、透射电子显微镜、激光共聚焦显微镜等众多不同类型、不同用途的显微镜。

（2）切片机

① 旋转切片机 用手摇动或电动旋转轮进行切片的显微切片仪器。一般由刀架、刀片、螺旋转杆、样品夹和摇把等组成。样品夹持部分（夹物器）可上下移动、前后推进，而刀片夹持部分则固定不动，切片时依靠样品材料随着夹持部分上下运动并向前推进而进行切片。旋转轮转动一次，组织块就按预设的切片厚度向前推进而切下一片切片。如果被切样品是石蜡包埋块，连续旋转手轮就可切出连续的蜡带。安装冷冻装置后可用于制备冷冻切片。有的旋转式切片机和一般旋转切片机有所不同，样品夹持部件可以作上、下垂直运动，但不能作前、后推进移动，而其刀架可借助微动装置的控制而作前后移动：切片时，机轮每旋转一次，刀架按调节好的切片厚度向前推进一次，完成切片。开放式切片机切片厚度范围常为1～25μm，封闭式切片机切片厚度范围则为1～50μm。

② 滑走切片机 适于火棉胶包埋块（早期使用，现已少用）的切片，也可切制未经包埋的材料，如木材、木质茎和草质茎等。滑走切片机的刀架滑动、夹物器固定。夹物器连接着控制切片厚度的微动装置。当刀架在滑行轨道上滑行一次时，通过微动装置使夹物器向上升高一定的高度，这个高度也就是厚度计所调节的切片厚度。因此，切片刀每滑行一次就可切下一片一定厚度的切片。切片机的切片厚度常标为1～40μm，某些推动式切片机既能推拉一次切削一片切片，又能推拉数次切削一片切片，可以切削刻度范围外的极厚切片，植物显微实验用于滑走切片、火棉胶切片、冰冻切片及蒸汽切片等。

③ 冰冻切片机 专用于冰冻切片，通常就在滑走切片机或旋转切片机上装一冷冻装置，一般为二氧化碳钢瓶（包括液体 CO_2 钢管、输气管及冷冻头等）、半导体制冷器或自动冷冻机等。新鲜组织或已固定的组织经制冷后即可切片，因而适用于切制临床病理组织快速检查及切制组织化学研究用的切片。冰冻切片机不易切出较薄的切片，且不宜作连续切片，厚度范围1～30μm。半导体制冷器是利用半导体温差电制冷原理制成的。它能使标本与切片刀同时冷冻，其制冷温度可达－40℃。

（3）切片机的附属设备

① 切片刀 有不同长短的样式，目前多用两面平直而短的切片刀，110mm、120mm长的主要用在旋转切片机上；185mm长的用在滑走切片机上。附刀柄及弹簧夹供磨刀、荡刀用。切片刀大多是采用高等级的钢材锻造，钢材质量直接决定着切片刀的软硬度，进而影响切片质量及切片刀刃的使用期限。全套的切片刀是由切片刀、刀壳、刀柄3件组成的。切片刀有头、体、尾之分，同时又有刀刃、刀面和刀背之分。通常刀刃是相对于磨刀和荡刀而言，刀面和刀背是对切片操作而言的。

常用的切片刀有平凹型切片刀、双凹型切片刀、刨型切片刀、平面型切片刀等。

a. 平凹型切片刀（A型） 切片刀一面带有凹陷，另一面为直面，刀面较薄，刀面凹陷

度较大，凹面处可以存留一些乙醇或其他液体，一方面保持刀刃湿润，另一方面也可使标本块表面处于湿润状态，有利于切片。多用于滑走切片机。

b. 平凹型切片刀（B 型） 切片刀一面略带有凹度，较平凹型刀的凹面要浅一些，另一面为直面，多用于推拉式和轮转式切片机进行石蜡切片。

c. 双凹型切片刀（D 型） 切片刀两面均有凹度，可用于石蜡切片。

d. 刨型切片刀 切片刀的外形如同刨木头的刨刀一样，为硬度很强的金刚刀。主要用于树脂包埋的标本（如硬度高的含钙骨标本）。

e. 平面型切片刀（C 型） 又称为双平型切片刀，切片刀刀身两面均为平面，呈“楔形”，最早是冰冻切片使用的切片刀，是石蜡切片和冰冻切片最常使用的切片刀。

刀柄的一端有螺纹，可旋入切片刀一端的螺旋孔中。磨刀时将刀柄装上便于持刀，切片时将刀柄取下。刀壳也叫刀背夹，是一种金属或硬塑料制的半圆形具有弹性的鞘。磨刀和鐾刀（荡刀）时将刀的背部插入刀壳中，使刀口保持一个适当的斜面进行磨刀或鐾刀。由于制片者磨、鐾刀的方法、力度各异，因此尽可能各人有自己专用的切片刀。每把刀都应配有专用的刀壳，这样不仅能精心保管且有利于使用。切片刀在用过后须擦拭干净，还须涂上一薄层凡士林或液体石蜡，以防生锈，并装入切片刀盒中妥善保存（图 1-1）。现有各种型号的自动磨刀机，可根据要求自动磨刀，方便快捷，大大提高效率。

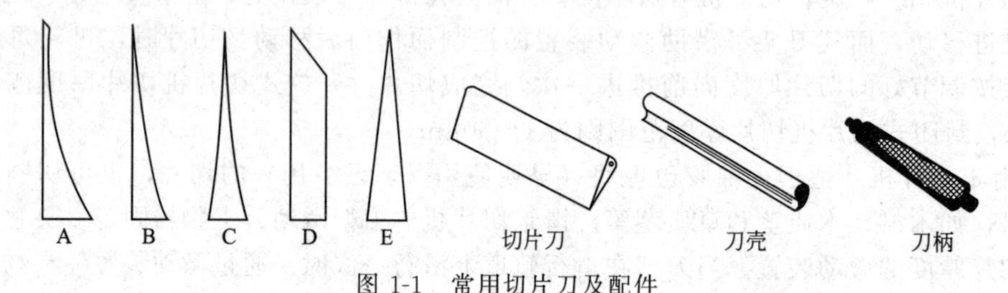

图 1-1 常用切片刀及配件

A 平凹型（A 型）；B 平凹型（B 型）；C 双凹型；D 刨型；E 平面型

② 玻璃刀 1950 年 Latta 与 Hartman 提出用玻璃破碎面自然形成的刀刃代替钢刀进行薄切片，后来玻璃刀广泛用于制备半薄切片、超薄切片。玻璃刀制作方便，来源丰富，价格低廉，但刀刃脆弱，易风化，不耐用，必须现用现做，不能长期保存，而且不能重复使用。制备玻璃刀的材料应选用硬质玻璃，含硅量在 72% 以上，内应力较小，侧面观应透亮呈微黄或微绿色，内部不含杂质或小气泡。

切片刀使用时，间隙角和刀角影响切片的质量。间隙角是刀的切缘和样品块的面之间形成的角。当切片一切下来以后，要求样品块迅速、准确离开刀背。原则上，间隙角应该越小越好（只要在切片以后，样品块不和刀背接触），大间隙角的刀是刮下切片而不是切下，这样产生震颤；太大的间隙角还能引起刀的碎裂。间隙角一般保持在 2°～5°范围内。

在切片中所涉及的另一个重要的角度是刀角（图 1-2）。刀角对减小压缩有重要作用。如果正方形的玻璃被精确地平分，刀角应该和划线的角度相同，理论上可获得这种 45°角。但操作中用钳子要如此精确地破裂方块玻璃并获得具有 45°角的刀，几乎是不可能的。实际上，在刻线的末端总是要发生弯曲的。所以，通常获得的大多数刀角大约是 52°。将刻线划在 35°和 55°之间，用制刀机制刀，能获得刀角在 35°～55°范围内的高质量的并且质量一致的刀。这个范围对切大多数生物材料是合适的。

手工制刀时，把选好的宽 2.5cm，厚 5～6mm 的玻璃条洗净擦干，用旋转式玻璃划割器或钻石刀在玻璃条上以 2.5cm 的距离横向划痕，用台钳或平口钳从划痕处断开，制成

2.5cm×2.5cm 的玻璃块。在玻璃块上用玻璃刀划一对角线的割线，割线两端的玻璃侧面为刀口，因此应该是新断面，平滑无皱纹。用两把平口钳分别夹住划痕两侧玻璃用力拉开即得两把接近 45°角的玻璃刀。

③ 磨刀石　一般准备粗磨刀石与细磨刀石，供切片刀磨刀使用。

④ 荡刀皮　一般为皮革制的，有长条带形与长方形两种，供荡刀用。

(4) 玻璃制刀机　最初的玻璃刀多用手钳滑断玻璃条的方法制备，成功率低、质量也不高。1962 年第一台玻璃制刀机问世，给切片工作带来很大方便。

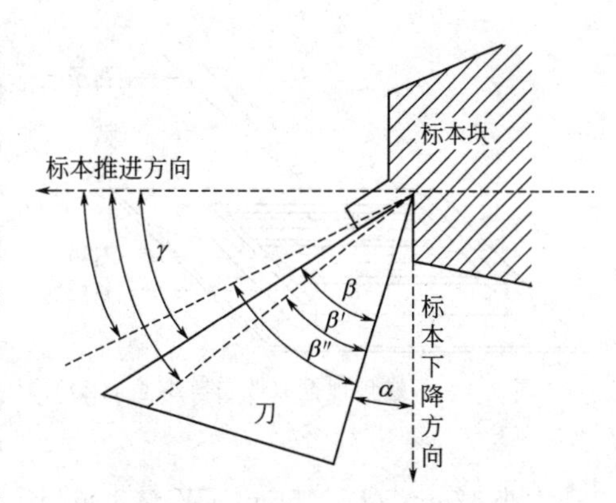

图 1-2　玻璃刀角度特征

α—间隙角；β—刀角；β′—小于 45°的刀角；β″—大于 45°的刀角；γ—倾斜角

虚线表示切片前后标本块运动方向

Leica EM KMR3 玻璃制刀机用平衡断裂的方法来制刀，确保 3 种厚度的玻璃条 6.4mm、8mm 和 10mm，都能制造完美的玻璃刀。制刀步骤如下：

① 把玻璃条放在点击停止的精确定位（图 1-3B）；

② 降低压断头压紧玻璃条（图 1-3C）；

③ 推按钮，执行一个准确的划痕，慢慢旋动旋钮直到玻璃断裂，玻璃断裂后，划痕机自动回到原位，为下一次划痕做好准备（图 1-3D）；

④ 玻璃断裂后，划痕轮自动回到原位（图 1-3E）；

⑤ 制刀机的抽屉确保取玻璃刀安全、方便（图 1-3F）。

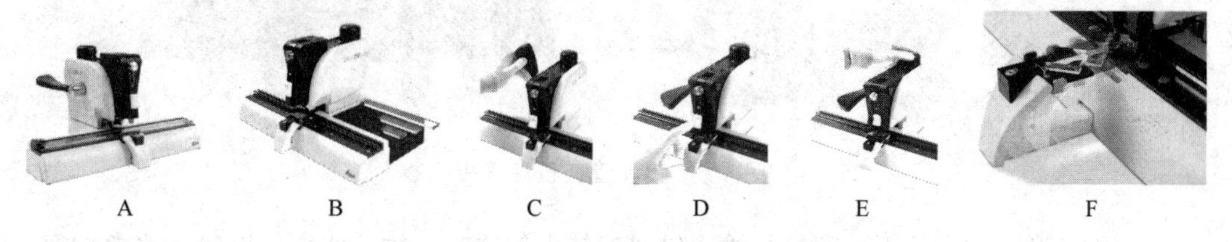

图 1-3　Leica EM KMR3 玻璃制刀机及制刀过程

(5) 恒温箱　用于熔蜡、浸蜡、烤片、树脂渗透、聚合等。

(6) 电温台、水温台或组织摊烤片机　用于展片、烤片等。也可用合适的铜板或铁板自制温台，在一端用酒精灯烧热。

(7) 电冰箱　用于低温下处理、保存样品及其他低温处理。

(8) 抽气设备　用于样品固定时抽气。

(9) 包埋装置

① 包埋框　石蜡包埋框为两块"L"形的铜块或铝块。包埋时将它置于一块钢板或玻璃板上，根据组织块的大小移动铜（铝）块，这样便围成一个长方形或正方形框，用于包埋组织块（图 1-4）。

② 包埋板　多孔的硅胶或塑料包埋板，用于塑料树脂包埋。如国产硅胶 21 孔包埋板，淡蓝色，板大小为 72mm × 66mm × 6mm，孔大小为 14mm × 5mm × 3mm，可以与 Epon812、Spurr 试剂盒等树脂包埋盒配套使用。EMS 硅胶平包埋板，板呈乳白色，白硅胶

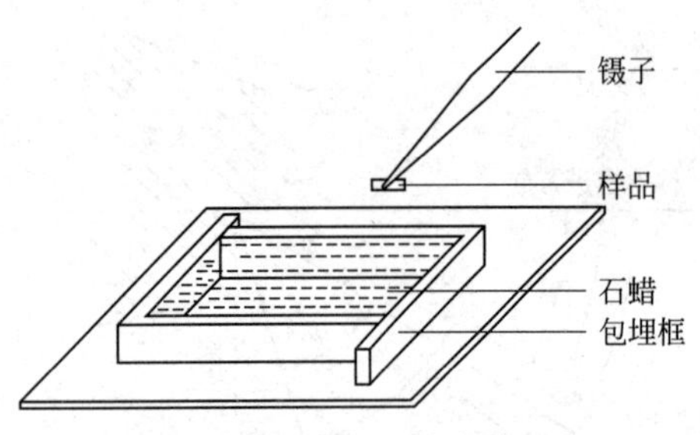

图 1-4　石蜡包埋框（改自陈继贞，2004）

具有很强的抗裂性，与普通的硅胶板相比，它突出的特性是可重复使用率高，而广泛使用在环氧树脂作为包埋剂的包埋试验中，底部较好的透明性能使得样品可以很好地定位于孔中间；单头锥形，锥形顶大约 2mm 高，板块 14mm（L）×5mm（W）×4mm（H）。

EMS 塑料平包埋板，由聚乙烯制造，与大多数包埋介质不反应，包埋块很容易取出；当此板与 Cocoon 盒子配套使用时，可以用来做厌氧聚合树脂包埋用品，如 LR Write 树脂平板包埋便可使用；可以重复使用，孔大小 12mm（L）×5mm（W）×3.5mm（D），板大小 94mm×56mm×14mm（图 1-5）。

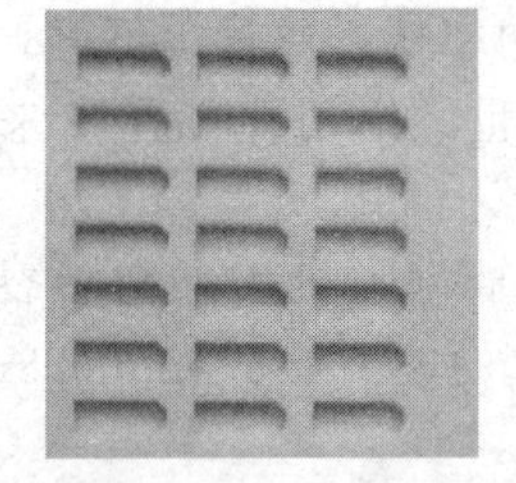

图 1-5　包埋板

③ 包埋管　由聚乙烯等材料制成的直径较小的具盖小管，平底或尖底，用于塑料树脂块的包埋，可重复使用至少 2～3 次。有的需要配支架，有的可自行站立，无需支架（图 1-6）。

图 1-6　包埋管、包埋管板

Easy-MoldTM 包埋管板（简易板式）包埋管与支架连为一体，使得使用起来非常方便，并且包埋效果更好。不需要另外的管架；管底部透明，在聚合反应前，可以手动调整样品在管中的位置；可以得到通用型号的包埋块；管架高，使得管的底部的空气流通性能很好，特别适合于聚合反应；包埋管的密封简单易行，通常叠放即可密封；包埋管底部柔软，用手指轻推即可取出包埋块；管架可以书写，便于标记，每个管子都有序列编码，也可以用作包埋块的存储盒；每个 Easy-Mold 有 2×10 个管子，每 5 个一排，2 排一组编码（1～10），共 4 排。

（10）其他设备　离心机，用于快速沉淀分离，如做离体切片；制冰机，制作冰块以提供冰、低温；天平，称取各种试剂、药品；恒温水浴锅，用于原位杂交、酶解、离析等；摇床，用于渗透、脱水、脱色等；酒精灯等。

1.2.2　主要玻璃器具

（1）染色缸　传统常用的有直式 5 片装、卧式 10 片装两种玻璃染色缸。现在有高方形 9 片装、方形 10～60 片装玻璃染色缸，以及 25 片装塑料染色缸、高温染色缸等众多类型的通用、专用染色缸（图 1-7）。

(2) 染色碟　除石蜡切片外其他制片可在染色碟中进行染色。也可用小培养皿代替。

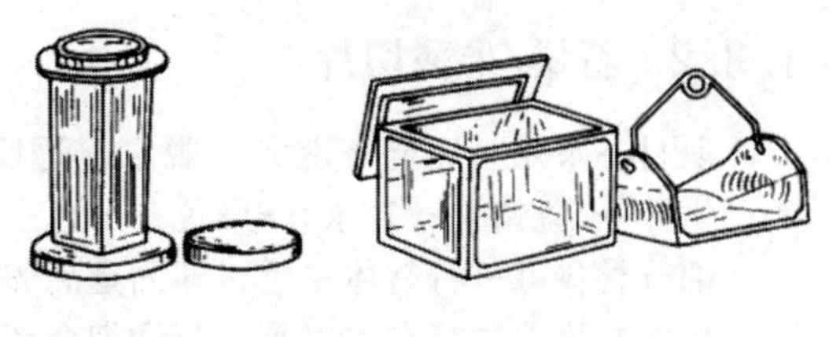

图 1-7　染色缸

(3) 载玻片　现常用的规格为 (75～76)mm×(25～26)mm，厚度为 1～1.2mm，平整、无杂质无条痕、边缘光滑、无色为佳。此外有凹槽载玻片，供悬滴培养观察用。

(4) 盖玻片

方形：18mm×18mm、20mm×20mm、22mm×22mm、24mm×24mm。

长方形：22mm×10mm、25mm×50mm、25mm×60mm，供作连续切片用。

圆形：直径 18mm。

盖玻片的厚度：0.13～0.17mm。

(5) 量筒　10mL、25mL、50mL、100mL、200mL、500mL 等不同容量。

(6) 烧杯　50mL、100mL、200mL、500mL、1000mL 等不同容量。

(7) 试管　一般用规格为 20mm×70mm。

(8) 小瓶　30mL 广口瓶、药用玻璃瓶、5mL 离心管等，用于材料的杀死、固定。

(9) 试剂瓶　应备有各种容积 (30～500mL) 试剂瓶。存放固定液、脱水剂、染色剂等，最适用的规格为 500mL。可将盛装乙醇的玻璃瓶回收使用，乙醇挥发后无需清洗或只需简单清洗，棕色避光，容量适宜，节约、方便、实用。

(10) 洗瓶。

(11) 滴瓶与滴管。

(12) 漏斗。

(13) 树胶瓶　应带有密封的外盖。

1.2.3　一般用具

① 放大镜。

② 解剖器　包括解剖刀、解剖针、剪刀、镊子等。

③ 剃刀与刀片　作徒手切片用，刀片为单面保安刀片、双面刀片。

④ 温度计。

⑤ 毛刷、去污粉、肥皂等　用于洗刷用具。

⑥ 毛笔　切片时用于取片。

⑦ 切片盘　存放蜡带。

⑧ 切片盒　存放切片用。

⑨ 载蜡器　规格应根据不同切片机的要求而定，一般为小硬木块。

⑩ 小酒杯　小瓷杯，口径 3～4cm 为宜。用于浸蜡、塑料树脂混合等。

⑪ 其他　石棉网、保温漏斗（过滤石蜡用）、取蜡铲、纱布、绸布、记号笔（标记）、软木塞、钢丝夹（染色时夹取切片）、药匙、滤纸、试纸、标签、称量纸、移液器、玻棒等。

1.3　植物制片一般流程

1.3.1　一般制片

取材→杀死→固定→洗涤→前处理→切片/涂片/压片等→染色→脱水→透明→封片。

1.3.2 石蜡/半薄切片

取材→杀死→固定→洗涤→脱水→透明→渗透→包埋→修块→切片→粘片→展片→烤片、烘片→(脱蜡)→(复水)→染色→分色→脱水→透明→封片。

部分材料可进行整体染色，即固定后先染色再脱水、包埋、切片等。

各类制片方法将在本书第2篇详细介绍。

1.4 植物制片相关常用技术

1.4.1 清洁技术

植物制片技术过程中，需要用各种玻璃器材，在开始工作之前，首先要把所用的玻璃器材彻底洗涤清洁。

1.4.1.1 载玻片与盖玻片的清洁

载玻片与盖玻片是植物制片中最基本的器材，其质量优劣和清洁与否，会影响制片、染色及镜检效果。如果载玻片、盖玻片沾污尘埃或油脂，不仅会在制片过程中发生切片材料的脱落，影响显微观察、拍照，甚至会造成观察鉴别上的谬误。因此，用于植物制片的载玻片与盖玻片，必须在应用之前进行洗涤清洁。

(1) 新的载玻片与盖玻片的清洁　将新载玻片、盖玻片用清洁布擦干净后直接投到95%乙醇中，浸泡24h，擦干后即可使用。或在1%～2%硝酸中浸泡数小时后再用清水冲干净后移到95%乙醇中浸泡12h，然后擦干备用。

(2) 旧的载玻片与盖玻片的清洁　污染程度轻的可用饱和NaOH溶液浸泡24h后用流水彻底冲洗干净，再移到95%乙醇中浸泡24～48h后擦干备用。

污染程度一般的，可用浓H_2SO_4浸泡30～60min，用镊子取出在清水中彻底冲洗干净(须2～4h)，然后擦干移到95%乙醇中浸泡24～48h后擦干备用。

污染程度重的，可先用洗液浸泡2～4d后，清水洗净再移到肥皂水中浸泡1～2d（或煮沸30～60min)，再经清水彻底冲洗干净（2～4h)，然后擦干移到95%乙醇中，浸泡1～2d后擦干备用。

(3) 旧制片的载玻片与盖玻片的重新再用　制好的制片失去其保存价值，或经镜检后不合格制片，经处理可重新使用。将旧制片在二甲苯中（可用废的二甲苯或废二甲苯与无水乙醇混合液）浸泡3～5d或更长时间，树胶溶解、盖玻片脱落后，分别取出载玻片与盖玻片，擦干后移到洗液中浸泡2～4d。清水中冲洗后，肥皂水中浸泡1～2d后取出，再经清水彻底冲干净（2～4h)，擦干后移到95%乙醇中，浸泡1～3d，擦干备用。

1.4.1.2 其它玻璃器具的清洁

实验室常用的洗涤方法如下：

① 将玻璃器具在肥皂水中浸泡，加热煮沸20～30min。

② 将煮过的玻璃器具用自来水冲洗20～30min。

③ 把初步洗过的玻璃器具在洗液（清洁剂）中浸泡10～20min或更长时间。

常用的洗液有如下两种：

a. 硫酸-重铬酸钾洗液

配方一　重铬酸钾20g，浓硫酸250mL，水250mL。

配方二　重铬酸钾 20g，浓硫酸 30mL，水 250mL。

配制时先将重铬酸钾溶解在浓硫酸中，再边搅拌边慢慢加入水中。或将重铬酸钾加热溶解在水中后，缓慢搅拌加入浓硫酸。

b. 1%～2%盐酸乙醇　1～2mL 浓盐酸加入 100mL 95%乙醇中。

④ 用镊子从洗液中取出来（切勿用手，以免烧伤皮肤），在自来水中冲洗 20～30min，再用蒸馏水冲洗 1～3 次。

用干净的白布或纱布擦干，装好备用。

用过的洗液，可以连续使用直至氧化变质变成青黑色。盛放洗液的容器要盖严密封，防止氧化变质。

1.4.2　封边与封片（藏）技术

1.4.2.1　临时制片封边

临时制片，短期内保藏可用甘油、甘油胶及水溶性封藏剂封藏制片，但必须将盖片的周围封边以密封。

（1）石蜡封边法　是一种短期保藏的简便封片法。将石蜡加热熔融后，用毛笔或解剖刀蘸适量石蜡在盖片的四周涂上均匀的一薄层，或在解剖刀的刀柄上加些碎石蜡，然后在酒精灯上加热熔化后，沿盖片四周流涂一层石蜡，冷却后即可。

（2）蜂蜡-松香封边法　用 1 份蜂蜡加热熔化后，加 3～5 份松香再继续加热，到松香熔解为止，冷却后用细毛笔在盖片周围轻轻均匀地涂一薄层。

（3）磁漆封边法　用细毛笔蘸取浓度适宜的磁漆（白磁漆或红磁漆）少许，沿盖片周围轻轻均匀地涂一薄层（磁漆不要封得太宽，以 2～3mm 为宜，盖玻片与载玻片上各 1～1.5mm）。待磁漆表面稍干时，再涂上一薄层。涂好平放在切片盘上，让它干燥凝固 1～3d。

1.4.2.2　永久制片封片

完成染色的制片，如要长久保存，需进行封片（封固、封藏）。常用水溶性封固剂、糖浆封固剂、树脂性封固剂等。详细介绍参考本书第 2 章 2.2。

1.4.3　切片刀的磨刀技术

切片刀是植物制片中常用的工具，是切片技术上专用的一种非常锋利的刃具，其利钝与否影响着制片的成败。切片刀经数次切片使用后，刀口难免变钝或损伤出现缺口，引起切片卷曲、破碎、裂条等。磨刀技术成为植物制片特别是切片制片的重要维护、保养技术。

切片刀的磨刀一般有两种方式：一种是机磨，即在特制的磨刀机上进行磨刀；另一种为手工磨刀。本处介绍手工磨刀技术。

（1）磨刀前准备

① 选择磨刀石　常用的磨刀石有黄石与青石，质地要细致而均匀，一般以 6cm×2cm 左右为适宜。通常先用青石水磨（粗磨），然后再用黄石油（石蜡或优质润滑油）磨（细磨）。磨刀石应配有稳固木台底座，以免磨刀时滑动。

② 刀片与磨刀石分别清理干净。

③ 如果是短刀片，先安上刀柄与刀壳。

（2）磨刀过程

① 磨刀　固定磨刀石后，在其中央滴入少量石蜡油或优质润滑油并均匀抹开。将刀斜

置磨刀石的一端，刀刃向前，然后以右手握住刀柄，左手的大拇指、食指、中指用微力均匀地压住刀片前部，将刀向前斜方推出至磨刀石的顶端后，再用左手的大拇指和食指夹住刀顶与右手握的刀柄将刀向内翻转，一定要刀刃向上，刀背朝下（若刀刃向下翻转，则极易触碰磨刀石，会损坏刀刃，切须注意）。斜置磨刀石上端，刀口向内斜方向拉回，拉到磨刀石下端，再以刀口向上，刀背朝下，向外翻转。如此重复来回推拉平磨。磨几分钟后应加些润滑剂（水或石蜡油），直到刀刃磨到锋利为止。同时还要注意，刀的两面用力要均匀，从刀跟磨到刀顶，全刀都要磨到。

上述过程持续到磨掉缺口，对损伤较大的切片刀须用粗、细两种磨石，在粗磨石上磨掉大缺口，再在细磨石上磨锋利。向前推进式磨刀法摩擦较快，效率较高，一把迟钝的切片刀只需要 20min 左右就磨锋利。

② 刀口检查　刀刃磨好后，用二甲苯擦干净，然后置低倍镜下检查，如缺口大，还要继续磨。细小的缺口难以磨平，一般磨到刀刃呈现极细、均匀的细缺口（如细锯齿状）即可。

③ 鐾（荡）刀　在刀磨锋利后和切片前，在荡刀皮上（皮革制的）进行荡刀，使它更加锋利。荡刀的方法与磨刀的方法相同，但方向相反（否则会毁坏荡刀皮）（图 1-8）。

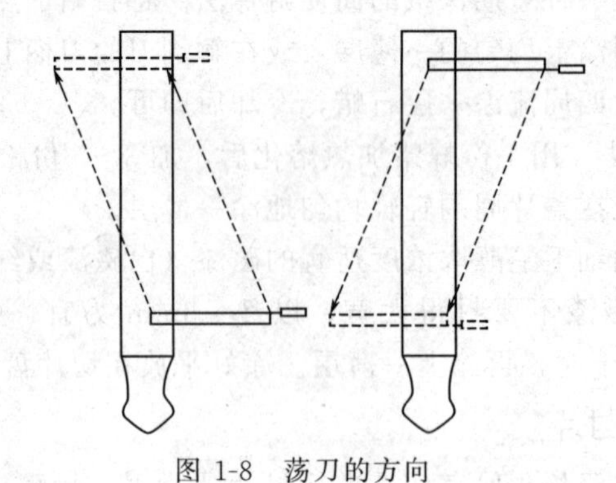

图 1-8　荡刀的方向

第2章 植物制片的原理

观察植物细胞和组织的显微结构，必须将其切成或涂成薄片，并经染色等过程，使之能够在显微镜下观察、研究。目前植物制片的方法很多，但其基本原理和步骤则是一致的，即选材→杀死与固定→切成薄片或涂成薄片→洗涤与脱水→透明→渗透与包埋→切片与粘片→染色→封固。上述各步骤是连续的过程，彼此间互相制约和影响。因此，在制片过程中要重视每一步骤的操作。

2.1 选　材

2.1.1 材料的选择

实验材料的选取是植物制片的第一步，也是关键的一步。

材料的选择根据制片的目的决定，在取材前必须对材料的特性、研究目的进行掌握。根据目的，按植物的生长特性及生长发育阶段的特性定期取样，如花芽发育、幼穗分化观察需根据实验材料生育特征在不同生育时期定期、连续取样；选择有代表性的材料（除病理取样外，一般要求新鲜、健壮、正常），能代表某一类的植物或器官、组织的结构；取样环境条件一致且具有典型性。如进行染色体观察时，根尖生长至1～2cm时较适宜，幼芽在春夏季嫩芽萌动时取样，花药必须在花芽幼小花蕾形成时期取样。

2.1.2 材料的切取

植物的根、茎、叶、花、果等不同组织器官制片，在不同的切面细胞形状、排列、结构均存在着差异，在制片时，必须准确切取观察部位。在取材时，材料要冲洗干净，并在切割过程中保持湿润（如可用毛笔等蘸水湿润），切割时均匀用力，避免拉切造成组织损伤。

2.1.2.1 根、茎切取

对于根、茎的切取，要根据观察内容确定横切或纵切。在进行根、茎形态结构（初生结构、次生结构）、发育特性观察时，根据观察结构选择适当的切面进行制片，防止制片后观察不到预定结构或观察效果差，而且根、茎材料一般需要切成三个切面进行观察，才能全面地了解到它的立体结构而取得完整的概念。根、茎的横切面直径5mm以内的，可切取5～10mm长小段；横切面直径大于5mm的，可纵向分割成3～5mm长小块；滑走切片机切片可分割成2～4cm长（图2-1）。

（1）横切　切面与根或茎轴垂直，形成根、茎的横切（断）面。从材料横切面可观察到

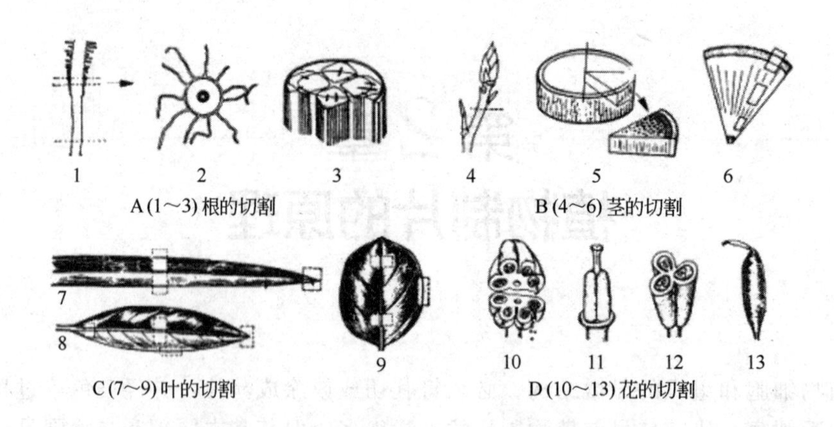

图 2-1　植物材料切割（改自李和平，2009）

材料由外向内的各种组织，这些组织围绕共同的中心点作规则的排列，各种组织的位置、厚度、宽度等都可以从这种切面上辨别出来。在进行根、茎初生结构、次生结构研究时，可采用横切，可区分周皮、皮层、韧皮部、木质部、髓、中柱等结构的细胞大小、排列以及各组织层次厚度等。

（2）纵切　以刀平行根或茎轴直切材料，成纵切面，这种切面又可分为径向切面和切向切面两种。

① 径向切面　也叫半径切面，是以刀通过茎或根的中心点与其半径吻合的切面。这种切面可以观察到各种组织纵向排列的情况。

② 切向切面　切向切面也叫切线切面，是以刀沿茎或根的圆周切线面，与半径成直角的切面。

2.1.2.2　叶片的切取

叶片取材时必须分割成适宜大小（一般 2～5mm 小块，叶较宽可切成 10mm 的长条）。叶面分割的部位，以研究者的目的灵活选取。依据叶片的形状、大小不同，其切割的方法也不一样。

（1）窄而长的叶片，如小麦、水稻等禾本科植物以及某些双子叶植物窄长的叶片，叶的宽度 5～10mm，可用刀横切成长 2～4mm 小段。

（2）大而宽的叶片，如棉花、大豆等的叶片，切取前应先选定所要观察的适当部分，根据是否切取中脉或侧脉部分，再进行切取。一般切取 5～6mm 宽、8～10mm 长。

2.1.2.3　植物花切割

花药和雌蕊切割时，于中下部横切成小段；花芽和幼穗剥去外部鳞片及叶鞘和其它部分；花序则需去掉外层苞片；较小的花果可直接取材制片。

2.1.2.4　染色体观察材料切割

① 根尖切取　种子材料萌发根尖生长至 1～2cm 时取样。例如洋葱鳞茎基部触水、室温下 24h 即可生根，待根长至 1.5～2cm 时，切取根尖端约 8mm 进行处理。

② 幼芽切取　春夏季嫩芽刚萌动时，剥去外部鳞片，切取该外部鳞片上的生长点，用于检查染色体形态特征或做染色体组型分析。

③ 花药取样　花在花芽幼小花蕾形成时期切下，剥去包被组织即可。

2.2 杀死、固定与保存

2.2.1 杀死、固定与保存概述

材料从植物体切下后，离开原来环境，其构造和生理状态就会改变，如组织结构发生萎缩、死亡或分解等，制成标本就不能与实际生活状态相一致，所以取得的材料除供新鲜解剖观察外，需要快速杀死、固定，使其最大限度保持生活时的自然状态。

杀死和固定不仅要保存材料原来的生活状态，而且关系到后期处理、制片过程。材料经过固定后，很可能在后续的洗涤、染色、脱水、透明等处理中发生改变，或阻碍后处理的进行而达不到要求。例如苦味酸固定的材料不能用流水冲洗、乙醇或乙酸固定材料妨碍苏丹Ⅲ染色。

杀死，就是用一种或多种化学药品，迅速而永久地终结植物或动物某种组织的生命活动，并使其保持生活时的结构、状态。杀死越快，原先结构变化越少。应尽量选择渗透力强的化学杀死剂（在较短的时间内迅速渗入材料组织的每一个细胞而将其杀死）。

固定，即在杀死的基础上，把某器官的组织或细胞，按其生活状态结构固定下来，使观察的部位尽可能保持其生前的正常状态，在以后制片的任何过程中都不会发生改变。

保存，在材料经杀死、固定处理后，将细胞或组织的结构在较长的时间内保存下来，不致发生溶解或其它变化。常用的固定剂有的能兼作保存剂（液），如乙醇、乙酸及甲醛等固定液。在这些溶液中材料可长期保存，达几年或更长的时间而不会变坏。有的固定剂如铬酸类固定剂，不能兼作保存液，在固定达到一定时间后，必须加以更换，否则会使材料变坏。通常是用70%乙醇作为长期保存液。

2.2.2 固定的基本原理

2.2.2.1 固定的原理

（1）化学作用　即凝结作用，如细胞内的蛋白质，遇到乙醇后即凝结成块而不再溶解变化。

（2）物理作用　即沉淀作用，油类和脂肪等遇到锇酸即产生稳固的黑色沉淀。但必须注意有些沉淀在条件略有改变后又能溶解于水，这就起不到固定作用，因而不能看作固定。

2.2.2.2 固定的目的

根据制片的要求，固定的目的可归纳为下列四点：①迅速杀死原生质，防止细胞和组织离体自溶等变化，保持原先成分和结构，使细胞或组织不易损坏，并显示其原来的细微结构；②增加细胞结构及内含物的折光程度，使各部结构更为清晰，适于显微镜观察；③使组织中某些部分凝固，使材料适当地硬化，便于切片，并保证在以后的冲洗、脱水、透明等过程中不致溶解；④促进植物组织对于某些染色剂的着色，通过固定剂和染色剂的恰当配合，可达到良好的效果。

2.2.2.3 理想的杀死剂、固定剂的特点

① 渗透力强，能迅速地渗透到植物组织或细胞的各个部分，立刻杀死原生质，并固定其细微的结构，使其不发生变化。

② 使组织或细胞不发生收缩或膨胀现象。

③ 能增强染色能力或媒染作用。

④ 固定剂又同时必须是良好的保存剂，材料经过固定后经久不变坏。

⑤ 使组织变硬，并具有一定的坚韧性，适于切片，但又不能使材料过于坚硬，变得松脆而不利于切片。

要达到上述要求的条件，单一的化学试剂处理，显然是难以实现的。有的试剂如 95% 乙醇渗透力很强，渗透速度可达 1mm/h，但它易使原生质收缩，而乙酸的作用则相反，能使原生质膨胀。若两种药剂混合使用，则可取长补短抵消缺点。所以通常采用的固定剂都是由两种或两种以上的化学药品配合而成，叫作混合固定剂，以达到互相制约的目的。

目前所用的混合固定剂种类虽然很多，但尚没有一种可以统一适合于各种植物组织的固定剂，因为不同的植物组织，结构及理化特性都不相同，就是同一器官或组织其幼年和老年的结构和特性也不相同。因此，在选择固定剂时，须根据植物的种类、不同的器官、年龄、结构、特性及实验者的经验等决定。

2.2.2.4 固定形象

(1) 酸性固定形象　在酸性固定剂中产生的形象，可以使染色体、核仁及纺锤丝保存下来，细胞质固定成索状，核质和线粒体则被溶解。

(2) 碱性固定形象　即在碱性固定剂中产生的形象，作用与酸性作用相反，可使分裂间期的染色质和纺锤丝溶解，而保存核质和线粒体，细胞质固定成透明质，而且一般液泡也可以保存下来。

通常使用的固定剂，差不多都能产生酸性固定形象，而只有少数固定剂产生碱性固定形象。固定形象的产生与材料的种类有关。某些材料用酸性固定剂固定后偶尔也会残留线粒体；还与所用的脱水剂及透明剂有连带关系，如使用波茵（Bouin's）液固定、无水乙醇脱水、二甲苯透明所得结果与用叔丁醇脱水不同。

有的固定剂可以产生两种形象，如重铬酸钾在 pH＝4.8 时，同时可以保存染色质和线粒体。固定剂中若含有两种以上化学药品，固定产生的形象，主要决定于此种混合液中渗透力最强的一种。各试剂的渗透快慢，除与本身性质有关外，也受浓度影响。

在切片制作中，酸性固定剂比碱性固定剂应用更为普遍。常用的多半是酸性固定剂，碱性固定剂仅适用于研究细胞内含物如线粒体等。

2.2.3 常用的固定剂

2.2.3.1 单纯固定剂

(1) 乙醇（Ethanol，C_2H_6O）　最常用的固定剂，依其水分含量可分两种：

① 无水乙醇　标准浓度为 100%，是一种重要的杀死固定剂，当材料需要立即杀死与固定时，无水乙醇比较合适，缺点是易使组织收缩变硬，故不常用。应用时固定时间短，一般不超过 1h，例如小型的菌类仅需 1min，洋葱根尖、百合花药等固定 15～30min。用无水乙醇不但可以杀死、固定，而且还有脱水作用。固定后，只需两三次更换无水乙醇，组织即可彻底脱水。

② 95%乙醇　标准浓度为 95%～96%的乙醇水溶液，是常用的杀死剂与固定剂，也可兼当短期保存剂。材料经固定后，不必进行洗涤或换液即可进行后续脱水，所以经常使用。缺点是能使原生质收缩，而细胞壁仍能保持原来形状，适用于制作无须保存细胞内含物的切

片。使用95%乙醇固定时间以15～30min为宜，较大的材料固定1～2h即可。若时间过长，则材料变脆易折断，难以切片。如要长时间在乙醇中保存，必须加等量的甘油配成乙醇甘油混合液使用。材料经杀死固定后，常用70%乙醇作保存液。

乙醇常与其它药品配合使用，但它本身是一种还原剂，很容易氧化成为乙醛，甚至乙酸，不宜与铬酸、重铬酸钾或锇酸等氧化剂配合，但可与甲醛、冰乙酸或丙酸等配合使用，效果良好。

乙醇可使植物组织中不溶性蛋白质沉淀，使可溶性核酸沉淀。此外乙醇会使脂肪、磷脂等溶解，不宜用于其材料的固定。

(2) 甲醛（Formaldehyde，HCHO） 又称蚁醛，纯品是一种气体。常用的是溶于水中的无色溶液，即常说的福尔马林，浓度通常在30%～40%，最高的饱和度一般为40%。制片过程中通常就以化学纯规格40%浓度作为100%的浓度来配制固定液。一般商用的甲醛含有杂质，不宜作为切片用的固定液。

甲醛可单独作为固定剂或杀死剂，对部分材料效果较好，但容易使部分材料收缩，而使另一些材料膨胀或出现空胞等现象，所以最好是与其它药剂混合使用，以获得好的效果。单独使用甲醛作为固定剂，浓度一般为5%～10%。甲醛是很好的硬化剂，但渗透速度较慢；单独使用时，可产生碱性固定形象；它不能沉淀蛋白质；甲醛本身使材料硬化，但可以避免用乙醇造成材料过度坚硬的缺点；甲醛对于脂肪既不保存也不破坏，对于磷脂则有保存的作用。

甲醛是一种强的还原剂，易氧化成甲酸（Formic acid），故不能与铬酸或锇酸等混合使用。

甲醛自溶液挥发能刺激眼睛、鼻腔黏膜，对皮肤有伤害，使用时应注意防护，尽量避免产生危害。

(3) 冰乙酸（Glacial acetic acid，CH_3COOH） 纯乙酸在低温的时候，能凝结成冰花状结晶，所以叫冰乙酸（或冰醋酸），它是带有强烈刺激性的无色液体，通常以1%～5%的溶液作为固定剂。冰乙酸渗透力很强，而且速度很快，同时能溶解脂肪，产生酸性的固定形象。它可防腐、保存蛋白质等，避免变质，另外它也是染色体很好的保存剂。

冰乙酸能使细胞发生膨胀和防止收缩，可利用它与甲醛、铬酸等容易引起收缩的液体混合使用，起调节平衡的作用。常与其它药剂混合配制成混合液，而作为其中一个主要成分，并不单独使用。

(4) 铬酸（Chromic acid，H_2CrO_4） 铬酸为三氧化铬（CrO_3）的水溶液。三氧化铬是一种红棕色结晶体，容易吸潮，盛放的容器必须严格密封，是一种强的氧化剂，遇乙醇很快还原为三氧化二铬而失去其固定作用。因此不能预先与乙醇或甲醛等还原剂配制，在混合配好后必须立即使用，否则失效。

铬酸是一种很好的固定剂和保存剂，可以使蛋白质、核蛋白、核酸等产生良好沉淀，产生的沉淀物不再溶解。对于脂肪及磷脂等不起作用。通过铬酸固定的组织，不能直接暴露在强光下，否则已固定的蛋白质会分解。

铬酸是一种十分优良的杀死剂与固定剂，尤其是研究细胞学必不可少的药剂，也是许多混合杀死剂与固定剂的基本成分。它渗透力强，且能使组织过度硬化，所以常与作用相反的其它药剂混合使用，获得极好效果；缺点是容易使组织收缩。

铬酸的饱和度可达62%，通常配成2%～10%的水溶液作为基液，使用时再进行稀释。一般用0.5%～1%的水溶液作为固定液，铬酸液固定时用量要充足，固定后要用流水彻底洗净。

铬酸固定过度，材料会出现黄棕色，有碍于染色。为此，常将切片浸入1%高锰酸钾水溶液中进行漂白，约1min即可。再用水洗净，然后浸入5%草酸中约1min后再用水洗净，再进行染色。

（5）苦味酸［Picric acid，$C_6H_2(NO_2)_3OH$］ 苦味酸即三硝基苯酚，是一种黄色而带光泽的结晶体，有苦味，高毒，高热、震动、撞击、摩擦等可使之爆炸，需要密封保存。难溶于冷水，较易溶于热水，溶于乙醇、乙醚、苯和氯仿。通常用饱和水溶液作为固定剂。

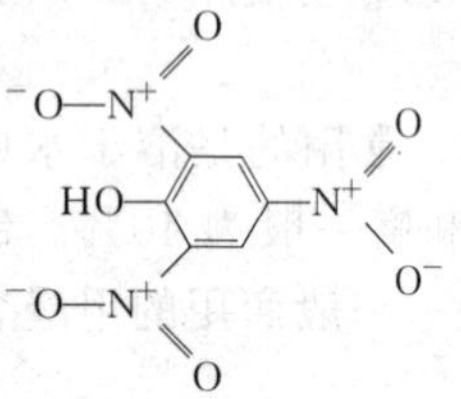

苦味酸

苦味酸的渗透力很强，能使组织发生强烈收缩，使蛋白质、核酸沉淀，并可防止过度硬化，还可增进后续的染色能力（尤其对核着色鲜丽，在细胞学的研究中经常应用）。常与甲醛、冰乙酸以及其它溶液混合使用。使用苦味酸固定的材料必须用50%或70%乙醇而不能用水洗涤，否则沉淀物将会被破坏。固定后再在乙醇中放置一昼夜，然后更换乙醇4～5次，以便充分洗净（组织中存留有黄色，并不妨碍染色；若要洗涤干净，可在乙醇中加少许碳酸锂）。

使用时，一般预先配成饱和水溶液放置备用（饱和度约1.25%，一般在100mL水溶液中加入2～3g，充分搅拌后静置澄清备用）。

（6）锇酸（Osmic acid，OsO_4） 锇酸即四氧化锇，一种针状白色结晶体，挥发性极强，具有特殊的臭味。价格昂贵，通常是将0.5g或1g的结晶封装在安瓿瓶内，配制溶液时连同安瓿瓶在容器中击碎。一般是配成2%的母液备用，其饱和度可达6%。配制一般使用超纯水，因即使少许杂质也会使锇酸还原成为黑色而失效。锇酸是强烈的氧化剂，不能和乙醇、甲醛等混合使用。

锇酸溶解较慢，24h以上才能全部溶解。它的水溶液为淡黄色透明液体，贮藏时必须密封、避光、低温保存。一般可将锇酸溶于1%的铬酸溶液中配成1%的溶液，比较稳定、不易变质，并且对于后一步的混合配制亦较方便。

锇酸是目前植物切片特别是细胞学方面较好的固定剂，可以将细胞中的微小结构完好固定，对脂肪性物质固定效果也很好。因此，在线粒体的研究中常用此液固定。样品经此液固定后，还能防止用乙醇脱水时所产生的沉淀作用。

锇酸的渗透力很弱，且固定不易均匀，容易导致材料外边过度固定、内部固定不完全，所以材料切割得越小越好。固定完全后材料呈现棕黑色。

材料在固定以后、脱水之前，必须在流水中彻底洗涤（一般要一昼夜），染色前可用H_2O_2漂白（用1份H_2O_2加10份70%～80%的乙醇）以免影响染色。

（7）重铬酸钾（Potassium dichromate，$K_2Cr_2O_7$） 重铬酸钾是一种橙色的结晶粉末，它在水中的溶解度大约为9%，用作固定液的浓度为1%～3%。它的水溶液带酸性，是一种强烈的氧化剂，不能与乙醇、甲醛等事先混合。它又是一种强烈的硬化剂，但它的渗透力较弱，被固定的材料以小为宜。

重铬酸钾常与其它药品配合作固定液用，很少单独使用。和其它药剂混合使用时，配制后的酸碱性不同，对于组织的固定可产生两种完全不同的固定效果。当混合液$pH<4$时，固定性能类似铬酸，可以固定染色体，但不能固定细胞质中的线粒体，细胞质及染色质则沉淀为网状；如果$pH>5.2$，染色体被溶去、染色质的网状不明显，但细胞质保持均匀一致，尤其对线粒体的固定有很好的效果。

(8) 氯化汞（Mercuric chloride，$HgCl_2$） 氯化汞又名升汞，是一种剧毒的无色粉末，常与乙酸等混合使用，杀死力强、渗透迅速，对于蛋白质有强烈沉淀作用；但是容易引起细胞收缩。

氯化汞易结晶留存于组织中，经氯化汞固定的材料必须彻底洗净。一般用氯化汞饱和水溶液作固定剂，也可用70%乙醇配制溶液。使用水溶液，要用水冲洗干净；乙醇溶液则要用同浓度的乙醇冲洗，或加少量碘液以洗净汞盐（最后用0.2%的硫代硫酸钠将碘洗去，并用水或乙醇洗净）。材料固定后，要迅速包埋，防止材料破坏。另外，氯化汞固定液不宜在细胞学的研究中使用。

(9) 碘（Iodine，I_2） 稀释的碘和碘化钾的饱和水溶液是低等单细胞生物、群体生物以及藻类等的一种良好固定剂。它的渗透力很强，如与冰乙酸或甲醛液配合使用效果更好。固定后，材料需用水冲洗干净，也可在水中加入0.5%的鞣酸水溶液清洗淀粉核等不易洗净的染色物质。

(10) 戊二醛（Glutaraldehyde） Sabattim、Bensch和Barrnett首先采用戊二醛作为固定液，现广泛使用。戊二醛与蛋白质、核酸形成交联，并能保存多种化合物和某些酶的活性，完成固定过程。既可单独使用又可与其它醛类如甲醛、丙烯醛混合使用。

一般商品戊二醛为8%、25%、70%的水溶液，pH4～5。高浓度、高温、中性或碱性等因素均导致戊二醛自行聚合而失去固定能力，因此应存放于棕色瓶内，在低、中等酸度和低温下保存。若戊二醛含有微量戊二酸或其它杂质，使用前可用活性炭提纯，即向100mL商品戊二醛中加入10g活性炭，在4℃下振摇，然后静置1h，过滤，重复上述操作1～2次；或取100mL商品戊二醛，加入2g活性炭，连续振摇5～10min，过滤，收集清液备用。

可以使用0.5%～12%戊二醛作为固定液，一般使用1%～5%。配制时使用除巴比妥-乙酸外的任何缓冲液均可。

配制后固定液pH=6.8，盛于带磨口的细口棕色瓶中，置4℃下保存。使用时如发现沉淀或霉变应重新配制。

固定在室温下进行，以1～3h为好，如在0～4℃进行，可延长固定时间10～24h。

2.2.3.2 混合固定剂

单一固定剂各有优缺点，通常需配成混合液使用，以获得平衡调节效果。在混合使用时，要根据各药剂特性，平衡匹配，如易使细胞质收缩的药剂与能使细胞质膨胀的药剂配用，强氧化剂不能与强还原剂同时并用。

(1) 甲醛-乙酸-乙醇（F. A. A.）固定液 通常称为F. A. A. 固定液，是植物制片中最常用的一种良好固定液和保存液。一般植物器官和组织均可用此液来固定，而且都可得到较好效果；材料固定后，不需更换保存液即可长期保存，经久不坏，因此又称为“标准固定液”或“万能固定液”。但此液中含有乙醇，对于细胞学的制片和单细胞生物、丝状藻类以及菌类的固定则不如其它专用的固定液，又由于含有易挥发的有毒物质甲醛，使用时应注意。

固定液中冰乙酸及甲醛的比例，可根据样品材料特性而相应改变，如发现原生质有收缩现象则增加乙酸、减少甲醛（冰乙酸可使原生质发生膨胀，抵消由乙醇或甲醛造成的收缩）。一般说来容易引起收缩的材料则宜多加冰乙酸、减少甲醛；固定坚硬的材料则略减少冰乙酸而增加甲醛。

乙醇的浓度，通常应用的原则是，固定柔弱幼嫩的材料用低度乙醇，即以50%为好，固定老龄的或较坚硬材料则以70%乙醇为佳。

材料在此种固定液中，通常固定24h即可进行脱水步骤（幼嫩材料12h，成熟材料24h，木材或高木质化材料5～7d)。同时它又是良好的保存液，材料在此液中长久放置也无妨碍，甚至保存数年仍可制作切片。如果在配方中加入5%的甘油，能防止蒸发及材料变硬，增进保存性能。经此液固定的材料，用50%或70%乙醇换洗两三次即可进行脱水。

在F.A.A.固定液中的冰乙酸，也可用丙酸代替，称F.P.A.。有时固定效果比F.A.A.还好（表2-1)。

（2）乙醇-甲醛固定液　此液可用于一般植物组织的固定，作用很好，配制方法简便，既经济又实用，尤其对于柱头中萌发的花粉管的固定可得良好的结果。固定后的材料可以立即用作观察，通常固定的时间为24h，也可以将材料浸放此液中长久保存（表2-2)。

表2-1　F.A.A.固定液

项　目	乙醇	甲醛/mL	冰乙酸/mL
一般材料	70%,90mL	5	5
胚胎材料	50%,87mL	10	3

表2-2　乙醇-甲醛固定液

项　目	70%乙醇/mL	甲醛/mL
一般配制	100	4～10
Lynds Jones	100	2
Chamberlain	100	10

（3）乙醇-乙酸固定液　主要成分是乙醇和冰乙酸，但有时还加入氯仿、氯化汞等药剂，常用的配方有Carnoy's fluid（卡诺固定液)、Gilson's fluid（吉尔森固定液）等。

卡诺固定液常用于植物组织、细胞的固定。材料在此液中可快速完成固定，如根尖只需15～20min、花药只需1h。固定时间不能太长，一般不超过24h为宜，否则材料受到破坏。固定作用完成后，需用无水乙醇洗涤2～3次至材料不含冰乙酸及氯仿气味，方可进行透明。材料在此液中固定后，如果不能及时进行下一步操作，必须更换保存液进行保存（表2-3)。

表2-3　乙醇-乙酸固定液

项目	无水乙醇/mL	冰乙酸/mL	氯仿/mL	项目	无水乙醇/mL	冰乙酸/mL	氯仿/mL
配方Ⅰ	75	25		配方Ⅱ	60	10	30

一般情况下，可用修改后的卡诺固定液，即按照95%乙醇∶冰乙酸＝3∶1的比例配制，可用于植物组织及细胞的固定，通常需要2～24h，固定的时间长短以材料的大小而定。固定后即用95%乙醇脱水，如用作细胞学上的涂片，则换至70%乙醇后进行后续操作。

吉尔森固定液常用于菌类，尤其柔软具多胶质菌类，固定时间为18～20h，固定后用50%或70%乙醇冲洗至无乙酸的气味即可。配制如下：60%乙醇50mL＋冰乙酸2mL＋蒸馏水40mL＋80%硝酸7.5mL＋氯化汞10g。

（4）铬酸-乙酸固定液　在植物组织与细胞研究显微技术中应用甚为广泛，除特殊要求都可获得较好效果（表2-4)。铬酸与乙酸的配比，要根据材料、经验进行调整。此液固定时要有足够的量，以不少于材料体积的25倍为宜，固定时间24～48h，材料在此液中可放置几天，但不能当作保存液长久放置；脱水前铬酸必须彻底洗除，否则染色困难颜色模糊。

表2-4　铬酸-乙酸固定液

项目	10%铬酸溶液/mL	10%乙酸/mL	H_2O/mL	项目	10%铬酸溶液/mL	10%乙酸/mL	H_2O/mL
弱型	2.5	5	92.5	强型	10	10	80

铬酸易潮解，常配成不同浓度水溶液作为基液而随时应用。弱型铬酸-乙酸液常用于容易渗透的材料，如藻类、菌类以及苔藓、蕨类的原叶体、孢子囊等；强型铬酸-乙酸液对木质材料、坚韧的叶子等都较为适用，应用时加入2%的麦芽糖或5%皂素，以助于溶液的渗透。

（5）铬酸-乙酸-甲醛固定液（拉瓦兴固定液，Navaschin's fluid） 此液对植物细胞学和胚胎学最适用，也是良好的固定液，尤其对于涂抹小孢子的材料，如花药以及根尖都很适合。固定液固定材料时，也可先用卡诺固定液固定 5～10min，然后再换用此液，可对其它的水溶液不易渗透的外部密被绒毛的材料（如植物的幼芽、小麦的子房等）进行固定。本固定液 1912 年首创后不断改进，最常用的有冷多夫（Randoph）改良液与贝林（Balling）改良液（表 2-5）。

表 2-5 铬酸-乙酸-甲醛固定液

项 目		铬酸/g	冰乙酸/mL	甲醛/mL	H_2O/mL	皂素/g
冷多夫改良液	甲液	1.5	10		90	
	乙液			40	60	
贝林改良液	甲液	5	50		320	
	乙液			200	175	3

冷多夫改良液对于根尖、花药、子房等都有较好固定效果，尤其能将细胞有丝分裂时的染色体、纺锤丝等显示出来。甲、乙两液中的铬酸为强氧化剂，甲醛则为还原剂，不能预先混合配制，在用时才将甲、乙两液等量混合。材料在此液中固定 12～48h，当固定液呈现绿色时，固定失去功能而仅有保存作用。固定后可用水或 70%乙醇冲洗，然后进行脱水。

贝林改良液如果作固定细胞分裂的中期及后期的涂片，则应将乙液中的甲醛改为 100mL，蒸馏水改为 275mL，固定 3h 即足够。固定后，可将涂片移入 0.5%铬酸水溶液中几分钟，除去甲醛，再进行染色。茎尖及根尖等材料，可长久保存于此液中，但固定两三天后铬酸被还原由棕色变为绿色，脱水前可用水冲洗干净。

（6）铬酸-乙酸-锇酸固定液 此液在植物制片中也常应用，由弗莱明（Fleming）首创，而称为弗莱明液，对一般材料固定都适合，能得到满意的效果，特别在细胞学的研究方面甚为重要。锇酸极易氧化，配制时要特别小心（表 2-6）。

表 2-6 铬酸-乙酸-锇酸固定液 单位：mL

项 目		1%铬酸	1%乙酸	1%锇酸	2%锇酸	H_2O	项 目		1%铬酸	1%乙酸	1%锇酸	2%锇酸	H_2O
弱型	甲液	25	10			55	强型	甲液	45	3			40
	乙液			10				乙液				12	

此液目前有多种配法，普通常用的配合有如下两种方式：

① 应用锇酸的水溶液，在固定时以适当比例的铬酸及乙酸配合。

② 将 2%锇酸溶液溶于 2%的铬酸中，当需用时与乙酸配成适当比例应用。

两种溶液在用时才能混合，锇酸应装于棕色瓶内或用黑色纸包裹密封暗处存放。适用于细胞分裂与染色质、染色体及中心体等的固定，固定时间为 24～48h，固定后用水冲洗。材料如变黑色，应在染色前用 3%过氧化氢漂白 2～4h 或用 1%铬酸漂白 3h。

泰勒（Tayler）改变弗莱明液原配方，列出强、中、弱三种配合比例，适于固定植物各种组织（表 2-7）。

强型适合于固定坚硬材料，弱型适于固定柔软细小材料。此液在应用时临时混合，不可事先配制，否则发生氧化还原而失去效能，固定时间为 24～48h，此液不能作为保存液，制片前必须在流水中冲洗干净。

表 2-7 泰勒固定液 单位：mL

项目	10%铬酸	10%乙酸	2%锇酸的2%铬酸溶液	H_2O
强	3.1	30	12	11
中	0.33	3	0.62	6.27
弱	1.5	1	5	96.5

(7) 苦味酸混合固定液　此液最早由波茵（Bouin）配成，故通称波茵液，在动物制片中应用甚广，在植物制片中因易使材料变硬，造成切片困难。但对于植物胚囊及裸子植物雌雄配子体的自由核时期的固定效果很好。因此，在植物胚胎学研究中经常应用，目前植物制片技术上所采用的都是改良波茵液。1951 年沙司（Sass）将爱伦-波茵式固定液综合成表 2-8。

表 2-8 爱伦-波茵式固定液 单位：mL

药剂成分	波茵式	爱伦-波茵式			药剂成分	波茵式	爱伦-波茵式		
		Ⅰ	Ⅱ	Ⅲ			Ⅰ	Ⅱ	Ⅲ
1%铬酸		50	50	25	甲醛	25	10	10	10
10%乙酸		20		40	饱和苦味酸(水溶液)	75	20	35	25
冰乙酸	5		5						

此液含有氧化剂与还原剂，故不能事先配制贮存。通常是把乙酸和铬酸配成甲液，甲醛和饱和苦味酸配成乙液，用时混合。上述三式中以Ⅰ配方最为常用，适合固定幼嫩的组织，如根尖、胚胎等材料。固定时间为 12～48h，固定后可用 70%乙醇洗涤数次，然后脱水。

(8) 重铬酸钾混合固定液　虽然配法种类很多，但在植物制片中应用较少，植物制片中最常用为里根（Regaud）液，即 80mL 的 8%重铬酸钾＋2mL 甲醛，适于固定高等植物生长点，也多作为固定叶绿体的固定液。此液是氧化-还原性很强的药剂，应在固定时临时配制。固定 12～24h，固定过程更换一次固定液，固定后须在流水中冲洗干净。

(9) 氯化汞混合固定液　多用于藻类的固定，常用的配法为氯化汞 4g＋冰乙酸 6mL＋甲醛 5mL＋50%乙醇或水 100mL。对于固定微小的藻类固定效果很好，如用甘油、甘油胶封藏，则用水溶液固定液；如做石蜡切片则用乙醇固定液。经过该固定液固定的小型藻类可显示出纤毛；也可以用于固定团藻属的材料。

(10) 齐-欧氏液　重铬酸钾 1.25g＋重铬酸铵 1.25g＋硫酸铜 1g＋蒸馏水 2L。用于固定线粒体，固定时间至少 24h，固定后须用水冲洗干净。

(11) 齐氏还原铬酸液　向没有还原作用的铬化物固定液中加入甲醛可使铬化物起到还原作用，而使药剂失去效用，所以常用一种已经还原的铬盐进行配制。配法为硫酸铬 5g＋氧化铜（稍过量）＋甲醛 10～15mL＋蒸馏水 50～90mL，使溶液总量应为 100mL。

此液可用于固定线粒体和液泡，固定时间为 48h，固定后须用水冲洗干净。

溶液中加入的氧化铜使混合液的 pH 值达到 4.6；加入甲醛的量，主要决定于固定的材料种类与制片经验，一般甲醛的浓度过高致使质壁分离和液泡膨胀，太低则可导致混合液被材料组织液冲淡而难以得到正确的固定形象（表 2-9）。

表 2-9 固定液对组织渗透速度参考表

固定液	单位时间内渗入距离/mm				固定液	单位时间内渗入距离/mm			
	1h	4h	12h	26h		1h	4h	12h	26h
F. A. A. 液	2	3	6	8	10%甲醛	0.5	2.0	2.5	5.0
弗莱明液	1	2	4.5	5	70%乙醇	0.5	1.25	2.5	8.0
1%苦味酸	0.5	1	1.5	1.5	95%乙醇	1	1.75	3.5	8.0
0.5%锇酸	0.25	0.72	1.0	1.0	5%乙酸	1	2.5	4.0	8.0
1%铬酸	0.5	1.5	2.5	4.0					

上述的固定液中，前九种混合固定液产生酸性形象，后两种产生碱性形象。

2.2.4 固定操作注意事项

在了解上述有关杀死、固定以及固定剂的理论和应用范围后，为了在固定操作中使材料尽量维持原状，必须注意下列事项。

(1) 取材要新鲜　固定材料的选择必须是具有代表性的新鲜样本，除病理取样外，选取无损伤、生长健壮的材料取样。若材料上有非观察对象如绒毛、鳞片时，须在固定前剥去。

(2) 固定要迅速　材料迅速割取后，要立即投入固定液进行固定，尽可能保持原来的生活状态。

(3) 大小要适宜　材料越小，固定液就越快渗透到组织内部各个部分，较快完成固定作用，材料的大小根据制片的目的与材料的性质，以取材 1～5mm 为宜，一般不超过 10mm。

(4) 固定要合理　不同组织和细胞的结构、成分，对于化学药剂反应不同，固定液的渗透力也因其性质、浓度和温度的变化而不同。因此，要根据研究对象和观察目的选用适宜的固定液。如观察幼嫩的组织（花粉粒、花药、子房、胚囊、根尖、茎尖等）一般以冷多夫改良拉瓦兴液为宜；若观察根、茎的一般组织结构时，可用 F. A. A. 固定液；而观察叶的结构则一般用铬酸-乙酸-甲醛固定液效果较好。

(5) 时间要适宜　对不同材料，固定液完成固定的时间不同。固定时间过短不能起到固定作用，过长则会对材料造成破坏、影响染色等，固定时应加以注意。

(6) 温度要合适　一般可在室温下固定，特殊材料需要在 2～4℃冷固定以降低细胞的自溶作用和水分损失。温度也会影响固定时间，温度高，固定时间短；反之，固定时间则长。

(7) 用量要充足　新鲜材料中一般都含有大量的水分，会稀释固定液。一般固定液用量应为所固定材料体积的 20～50 倍，用量过少会影响固定的效果。

(8) 固定时抽气　植物材料常有绒毛、气体存在，使材料上浮而不能沉入固定液中，妨碍固定液的渗入。因此，固定时一般要预先抽气，排除材料组织、细胞间隙中的气体，保证固定液快速渗入组织和细胞。抽气时可适当振荡，促使气体排出，直到材料下沉为止。

① 注射器抽气　将材料连同固定液倒入 20mL 或 50mL 取下针头的注射器内，然后插入注射器手柄，轻轻推进，将管内空气排出。用左手的食指按住注射器前端小孔，右手徐徐拉出注射器手柄，这时可以看到，材料四周有气体冒出，如此重复推拉数次，材料开始下

沉，表示空气已经排尽，完成抽气。此法最大优点是简便易行，无需其它设备。用力的大小，应根据材料的性质（含空气的多少）和大小酌情掌握，但用力不可过猛，否则材料会发生收缩现象。当使用具橡皮塞小瓶（如青霉素小瓶）固定时，可将注射器针头插入瓶内液体上方，缓慢外拉注射器手柄，将空气抽入注射器，此时，材料中气体不断被抽出，在固定液中形成连续小气泡。待小气泡逐渐减少、材料下沉后，将注射器拔出即可。若注射器较小或材料气体较多，可重复几次。

② 自来水抽气　在自来水龙头下方装一金属抽气管，用橡皮管及 T 形玻璃管连在一安全瓶的橡皮塞孔中，此橡皮塞的另一孔，也插入一支 T 形玻璃管，并用橡皮管与另一广口瓶橡皮塞上的 T 形玻璃管相连即成。抽气时将盛有固定液及材料的平底管放入广口瓶内，盖紧瓶塞，打开自来水龙头，此时材料中的气体即可排出。此法亦可根据材料的性质，利用自来水的流速控制抽气快慢，以避免材料的收缩（图 2-2）。

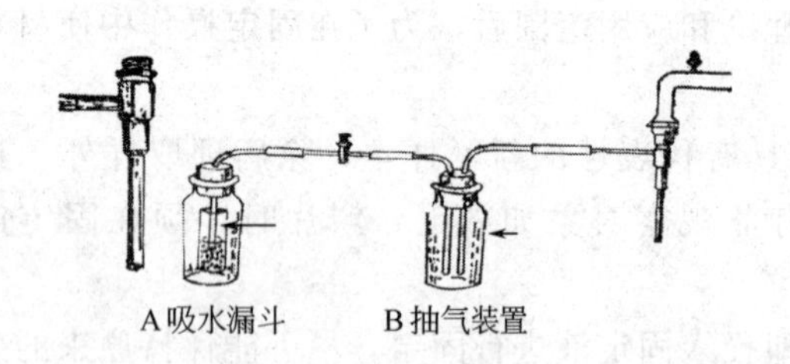

图 2-2　抽气装置

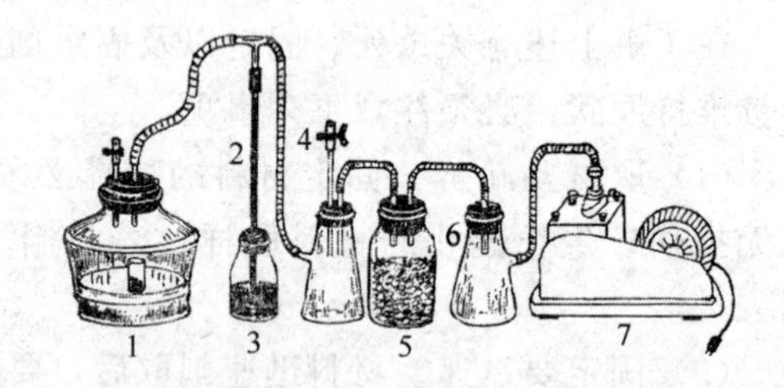

图 2-3　电动抽气泵的抽气装置

1—材料放置处；2—水银柱；3—水银瓶；4—进气管；5—氧化钙瓶；6—安全瓶；7—电动抽气泵

③ 电动抽气　将材料投入盛有固定液的平底管中，放入真空器内抽气。视材料的大小、性质决定抽气的时间，一般开动真空泵 2～5min。如时间太久，会引起材料的收缩。抽气后取出平底管，盖紧瓶塞，保存材料（图 2-3）。

2.3 洗涤

2.3.1 洗涤的作用

材料经固定后，在进行后续操作或保存以前，一般都要洗涤干净。所谓洗涤，即让洗涤剂渗透到材料组织中去，将固定液洗掉，以便进行切片染色或保存。

常用的洗涤剂是水或乙醇，根据配制固定液溶液的性质选择用哪一种，一般对水溶液的固定液用水洗；乙醇溶液固定液则用同浓度的乙醇洗。

① 用 F. A. A. 固定液固定的材料，用同浓度的乙醇更换两三次即可进行脱水，在脱水过程中还起逐渐洗涤的作用，不必经过特别冲洗。

② 拉瓦兴或其它弱酸类的固定液，固定后的材料应用水洗，换水漂洗或流水冲洗。

③ 用苦味酸或苦味酸类的混合液（苦味酸-甲醛液除外），在固定作用完成后，必须用高浓度乙醇（70%）冲洗，不可用水冲洗，因水能消除这种固定剂所起的作用。用苦味酸液固定的材料，不宜多洗，因组织易浸渍分散而影响效果。

④ 使用弗莱明或锇酸类的固定液，材料固定后，要用流水冲洗。

⑤ 使用氯化汞混合固定液固定后的材料，用水或低浓度乙醇洗涤均可。洗涤时，可略加碘液，以鉴别氯化汞是否清洗净，如已全部洗净，加入碘后在短时间内不会变色。

关于冲洗的时间，要根据固定液及材料的性质和大小而定，一般1～6h即可。

2.3.2 洗涤的方法

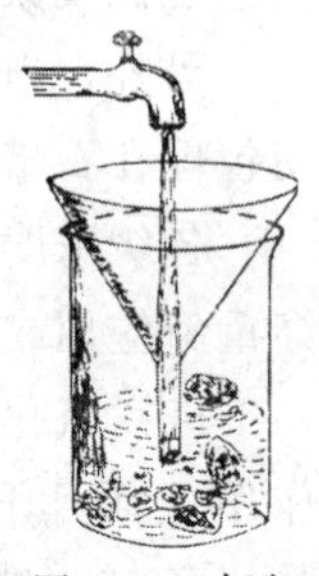

图 2-4 冲洗

洗涤时，又分漂洗与冲洗。

漂洗即将材料置于洗涤液中较长时间浸泡，其间每隔1～2h更换新的洗涤液。冲洗即用流动洗涤液慢速冲洗，一般用水洗。若需用流水冲洗，可将材料倒入广口瓶，用细纱布扎好，通入橡胶管，管一端接水龙头上，调节适当流水速度，徐徐地进行，水龙头切勿开得太猛，以免损坏材料；也可把材料置于一个两头相通的玻璃管内，两端管口用纱布扎好，然后放入烧杯或其它容器中，再用橡胶管（或玻璃漏斗）接上水龙头，使水徐徐流入烧杯内冲洗，此种方法不会损坏材料，比较稳妥（图 2-4）。

2.4 脱水剂与脱水

2.4.1 脱水

凡是制作永久切片，都必须用中性树胶等封固剂封存，大部分封固剂都不溶于水，而植物组织和固定液均含很多水分，所以在制片时都要进行材料脱水；在石蜡法制片或塑料包埋制片中，都要把材料包埋在石蜡或树脂塑料中，若材料含有水分，则无法完成渗透。所以在浸蜡或其它试剂渗透之前，也必须先把材料中的水分除尽。

脱水，就是用一种药剂把材料中的水分全部取代。脱水的作用有两点：一是使材料硬化，形状更加稳定；二是使材料中的水分除尽，保证包埋剂和封固剂能够渗透到组织中去。用作脱水剂的药剂，应具备两个特性：一是必须是亲水的，能与水以任何比例混合，以便代替细胞中的所有水分；二是必须能和其它有机溶剂互相混合、取代。

2.4.2 常用的脱水剂

（1）乙醇（Ethyl alcohol） 乙醇是目前制片技术中最常用的一种脱水剂，但它并不是最理想的脱水剂，因为它容易引起组织、细胞收缩或使材料变硬不利于切片；石蜡制片在脱水后还必须再用其它有机溶剂除尽乙醇。但乙醇沿用已久，且操作方便，容易掌握，目前仍然普遍应用。

脱水的过程应从低浓度开始，逐渐增高浓度，开始时不能操之过急将材料置于高浓度乙醇中，否则会使细胞收缩或损坏材料。通常配成不同浓度的乙醇梯度，一般从30%乙醇开始经过50%乙醇→70%乙醇→80%乙醇→95%乙醇→无水乙醇，依次递增。材料在各级乙醇中所停留的时间，按性质及大小而定，一般体积在2～5mm^3大小，各级停留1～2h。大的或较坚硬的材料，停留时间要延长些，否则不能渗到材料中央部分，影响脱水效果。操作时，低浓度乙醇可稍快些，到高浓度乙醇时则不能过快，无水乙醇要更换两次，才能脱尽水分。对已切成薄片的材料，则只需3～5min即可。细胞学研究用的材料，可从10%乙醇开始脱水。从95%乙醇转入无水乙醇后，放置的时间不能过长（否则材料会变硬脆，增加以后切片困难）。无水乙醇脱水后再逐步过渡到二甲苯进行后续透明。在二甲苯中如果出现乳白色混浊现象时，表示水分未彻底脱净，应再回到无水乙醇中，重新脱水。

另外，当材料脱水至95%乙醇时，在乙醇中可加入少许番红或曙红，将材料染上红色，使包埋在石蜡或其它包埋剂中的材料容易观察认识。

各级浓度乙醇应事先配好，以便随时取用，用过的高浓度乙醇（70%以上）可回收经蒸馏重新应用或用于酒精灯。

（2）氧化二乙烯（Dioxane） 可以与水、乙醇及油类混合。具有脱水和透明的双重作用，而且不会使组织发生硬化及收缩。脱水时只要经过30%→70%→90%→100%各级处理，即可进行浸蜡。但其密度较溶解的石蜡还高，所以在包埋前，必须用二甲苯或氯仿将药液除掉才能浸蜡。另外，此剂容易燃烧，用时要特别注意，而且其气体有毒，故不常用。

（3）正丁醇（*n*-butanol） 分子式为$C_4H_{10}O$，微溶于水，溶于乙醇、醚等多数有机溶剂。此剂可与石蜡互溶，但在一般应用上还未能完全代替乙醇。平常都是与乙醇配成一定的比例，作脱水之用，最后才经过纯正丁醇。经此液处理的材料可不必经过透明即可浸蜡。

（4）叔丁醇（Tert-butanol） 分子式为$C_4H_{10}O$，常温下为无色透明液体或固体（25℃下），具有樟脑香味，易溶于水、乙醇和乙醚，可单独或与乙醇混合使用，是目前应用较广的一种脱水剂。不会使组织收缩或变硬，也不必经过透明，并且比熔融的石蜡轻，包埋时很容易在组织中除去，可以简化脱水、透明等步骤，在一些制片过程中逐渐代替乙醇。在电子显微镜技术中常用此剂作为中间脱水剂。

（5）丙酮（Acetone） 也称作二甲基酮，饱和脂肪酮系列中最简单的酮。丙酮可以代替乙醇，脱水作用较快，不能直接溶解石蜡，仍需二甲苯或其它透明剂透明后才能进行浸蜡和包埋；但在电子显微镜技术上使用的包埋剂，一般溶于丙酮，就可用丙酮脱水、透明。

（6）甘油（Glycerol） 甘油也是一种良好的脱水剂，尤其对于细小柔软的材料，多用于藻类、菌类、苔类的原丝体、蕨类的原叶体等的脱水。用甘油脱水可以避免原生质收缩现象，但在使用前必须将材料中的固定液完全洗净，否则在包埋、染色时会发生困难。甘油脱水，可以从5%浓度开始，逐渐过渡到纯甘油。

（7）环己酮（Cyclohexanone） 密度与水相似，无毒，可与苯、二甲苯、氯仿等有机溶剂混合，也为石蜡溶剂。可代替无水乙醇脱水后直接入石蜡，组织不会变硬，不需再经二甲苯透明。

（8）松脂醇 为无色溶液或低熔点透明结晶，有花香，几乎不溶于水，但溶于醇和醚。材料经过固定、洗涤后经各级乙醇脱水至95%乙醇，然后浸入等份95%乙醇和松脂醇的混合液中，等组织块下沉后进行下列处理：95%乙醇1份加松脂醇2份的混合液中浸泡1h→95%乙醇1份加松脂醇3份的混合液中浸泡1h→松脂醇Ⅰ、Ⅱ中各浸泡1h→松脂醇5份加石蜡1份中浸泡1h，然后浸蜡包埋。经松脂醇处理的组织块收缩较少，发生硬化的现象也少。多用于乙醇及卡诺固定液固定的组织。

2.5 透明剂与透明

2.5.1 透明的作用

材料经各级脱水剂脱水后，组织内部已没有水分，如果脱水剂（乙醇）不能与包埋剂（石蜡）相溶，则包埋剂不能进入细胞或组织，还要经过一种既能与脱水剂又能与包埋剂（石蜡）相混合的溶剂来处理，以便于包埋剂的渗入。由于这种溶剂能使材料清净透明，因此，这个步骤称为“透明”。在制片技术中，除了应用一些既能使材料脱水及清净透明，又能与包埋剂或封固剂相混合的脱水剂外（例如氧化二乙烯、正丁醇），一般应用乙醇脱水的制片，都要经过透明步骤。

透明的目的就是要使组织中的脱水剂（乙醇）等被透明剂所替代，以便渗透剂进入植物组织；使材料透明，能增强组织的折光系数；能与封藏剂混合，便于封藏。

2.5.2 常用的透明剂

（1）二甲苯（Xylene） 无色透明有芳香味的液体，是苯环上两个氢被甲基取代的产物，沸点为137～140℃。二甲苯是目前应用最广的一种透明剂，作用迅速，能溶解石蜡、树胶（加拿大树胶、中性树胶等）。缺点是易使材料收缩变脆，使用时材料必须彻底脱尽水分，否则发生白色乳状浑浊。

为了避免材料发生收缩，采取了逐级过渡的办法，即逐步从无水乙醇过渡到二甲苯中。一般是从2/3无水乙醇＋1/3二甲苯→1/2无水乙醇＋1/2二甲苯→1/3无水乙醇＋2/3二甲苯→二甲苯Ⅰ→二甲苯Ⅱ（注：二甲苯Ⅰ，指第1次用纯二甲苯；二甲苯Ⅱ，指第2次用纯二甲苯。全书的二甲苯Ⅰ、二甲苯Ⅱ都是指纯二甲苯，Ⅰ和Ⅱ表示用两次纯二甲苯。全书同）

纯二甲苯应更换两次，以除尽乙醇。在二甲苯中放置时间不宜过长，否则会使材料收缩或变硬脆，时间长短视材料的大小而定，一般1～3h（染色后的切片，只要2～5min）。

（2）氯仿（Chloroform，三氯甲烷） 过去火棉胶制片都采用氯仿作为透明剂，石蜡法也可应用。氯仿的挥发性能比二甲苯强，渗透力较弱，对材料的收缩作用也较小，因此，浸渍时间应延长。但氯仿能破坏染色效果，所以对于已经染色的切片禁用。

（3）甲苯（Toluene） 又称甲基苯、苯基甲烷，无色、带特殊芳香味、易挥发液体。甲苯属芳香族碳氢化合物，很多性质与苯很相像，具有类似苯的芳香气味，在现今实际应用中常常替代有毒性的苯作为有机溶剂使用，它的沸点（常压）为110.63℃，熔点为－94.99℃，凝固点为－95℃。性能与二甲苯相同，可作二甲苯的替代品。

（4）苯（Benzene） 无色至淡黄色的易挥发、非极性液体。具有高折射性和强烈芳香味，易燃，有毒，凝固点5.53℃，沸点80.1℃。苯的性能与二甲苯相似，亦可作为透明剂。

（5）丁香油（Clove oil） 丁香油为切片经染色后、树胶封固以前较好的透明剂。还可利用丁香油具有溶解某些染料的能力，将其配成各种染色剂进行染色，例如固绿、橘红G等可在丁香油中溶成饱和液，待染色脱水到最后一步时，可代替衬染、分色、透明三步，使效果更好。经丁香油透明后的制片，尚需经二甲苯将组织中的残油除净，否则染色的色彩不鲜明。另外丁香油蒸发慢，如不经二甲苯，即使制片放置很长时间，也不易干固。丁香油的价格甚贵，应用时往往采用滴染。滴染后余油可回收再用。

（6）香柏油（Cedar oil） 香柏油多用于油镜上，普通产品常混有杂质。此油可作透明剂，并且不易使材料收缩变硬，但作用很慢，很小的组织也需要12h以上，且不易为石蜡所代替。应用时应在无水乙醇后一级使用。它不易挥发，最后仍需经过一次二甲苯，以便除净香柏油，加速石蜡的渗透。

(7) 冬青油 (Wintergreen oil) 冬青油可作整体制片的透明剂，尤其对于显示植物维管系统效果很好，但此剂的渗透很慢，并有毒性，平时较少应用，而常用其它试剂代替。

(8) 苯胺油 (Aniline oil) 无色油状液体，暴露在空气或光下变成棕色，溶于醇及醚，微溶于水。有毒，使用时应小心，切勿接触皮肤。具有脱水、透明作用，在乙醇中容易变硬变脆的材料如纤维细胞多的植物组织，都可用苯胺油来透明。70%乙醇1份+苯胺油1份→85%乙醇1份+苯胺油2份→95%乙醇1份+苯胺油2份→纯苯胺油。每级处理时间为2~4h，在纯苯胺油中直到材料全部透明为止。在浸蜡之前，还需经过氯仿或甲苯换洗两次，时间比在纯苯胺油中透明的时间长30min。

2.6 制 片

详细介绍参见本书第2篇。

2.7 染色剂与染色

2.7.1 染色的发现与染色原理

染色在显微技术上的应用，最早是列文虎克 (Leeuwenhoek) 发明的，他在1714年用显微镜观察母牛肌肉时，把透明度很大的切片经含有番红花的酒浸泡后再进行观察，结果很好，发现了染色在显微技术上的价值，而后染色技术逐渐被推广应用。

植物的组织或细胞含有大量的水分，活细胞一般含水量在70%~90%，如果不进行染色，细胞对光线的吸收和反射与所含水溶液差不多，折射率相近，透明度大，在显微镜下影像不清晰，难以分辨清楚。虽然在一定范围内，可因植物组织或细胞各部分折光不同而可在显微镜下观察，但局限性很大，一般只限于新鲜的材料或活体观察。倘若要做成永久切片，必须用封固剂，如用树胶封固；但树胶折射率与植物组织、细胞很接近，更难观察。为了使植物的组织或细胞各部分显像清楚，必须通过染色。运用不同的染色方法和选用不同的染色剂，使组织或细胞某一部分染上颜色，另一部分不染上颜色成为背景；或将不同部分染成不同颜色，可使组织或细胞在光学显微镜下显像清晰，便于观察研究。因此，植物制片的染色在植物学的教学与研究中占有十分重要的地位。但染色本身也有缺点，一般组织或细胞经染色后多是死的，在染色过程中细胞的形态与结构还会发生不同程度的变化，不能完全代表其生活细胞的真实状况。如果操作不当还会造成一些假象。

植物制片上的染色原理，大致与常规纺织品等的染色原理差不多，只是制片过程中所应用的范围较小，而且更加精密细致。

关于染色的原理，一般可以用物理或化学作用来解释，有时甚至需要应用两种作用原理说明。随着对染色技术的深入了解，生物组织染色过程的复杂性也越来越突出，很难用单纯的理论圆满解释这些复杂现象。目前比较统一地认为生物的细胞之所以能够染成各种颜色，是由物理与化学的综合作用所造成的。

(1) 物理作用的解释　通常认为细胞的染色主要可以由于毛细现象、吸附作用和吸收作用三种物理作用，使细胞染上颜色。

① 毛细现象　即组织及细胞对染料的毛细现象，被染色的物质，一般都存在孔隙，染料可以通过毛细现象或渗透作用渗入组织的内部。

② 吸附作用　一种物质从它周围把另一种物质的分子、原子或离子集中在界面上的过程叫吸附作用（adsorption）。或者说，吸附是指物质在相界面上浓度自动发生变化的过程。由于吸附作用，各种组织具有特有的显色作用，不同组织只能选择吸附特定的染料而显示不同色泽。

③ 吸收作用　染料渗入细胞后，由于吸收作用而存留在细胞内形成一种“固溶体”。

染料一般是通过渗透进入组织里，所以用吸收作用来解释比较容易理解，如组织中被染的颜色，往往也就是染料溶液的原来颜色。吸附作用是一种分子较小的物质附着在另一种物质表面的过程。被吸附的物质，一般可以以分子形式存在于溶液里，随着分子结构的不同，各种物质之间吸附的差别很大，而且与体系的酸碱性（pH 值）、温度及其它离子的存在有密切关系。

上述三种解释，虽可以说明染色上的一些问题，如组织或细胞中“分化染色”现象、媒染剂作用、染色溶液的浓度对染色速度的影响、酸碱度对酸性或碱性染料的影响等，但仅仅用物理作用解释，仍不全面，一些染料均匀地渗入细胞之后，有些部分很容易再离析出来，但是另一部分则不太容易，此种现象有时可以用化学吸附来解释。

(2) 化学作用的解释　通过细胞学的研究知道组织或细胞中某些部分能进行酸性反应，而另一部分则能进行碱性反应。这样，酸性部分能够与所接触的溶液中的阳离子相结合，而碱性部分能够与阴离子结合。染料中之所以显现各种颜色，是由带有阳离子（碱性染料）或阴离子（酸性材料）等的不同染料所造成。这样组织或细胞中不同部分呈现的不同颜色，就可以通过与染料所起的不同的化学反应来解释。

化学作用的解释虽然说明染色上的一些问题，如媒染作用、分化染色等，但仍不很完善。组织染色究竟是化学作用还是物理作用，由于过程的复杂性，很难单独、圆满解释。实际上化学结合与吸附是可以同时发生、并不矛盾的。

物理吸附是由范德华力引起的，作用力弱、吸附为多分子层，无选择性，吸附热小，吸附速度快；化学吸附是由于形成化学键的结果，作用力强，单分子层吸附，有选择性，吸附热大，吸附速度慢。

2.7.2　染色剂的概念与性质

2.7.2.1　染色剂的概念

染色剂以及其与纺织所用染料的区别在于，染色剂也是染料，但其使用目的不同。染料在制造中通常分成两类：一类是供一般使用；另一类供生物方面使用。生物方面使用的染料，在制造过程中要求特别严格、精密与细致。再严格地说，生物学染色剂是指一些可供镜检（即显微镜下检查）用的染料，使实物在染色后清晰可见，习惯上仍通称染料。

2.7.2.2　染色剂一般性质

植物学上用的染色剂一般都是含有苯环的有机化合物，由三部分组成：一是苯环，再就是连接在苯环上的发色团（使有机分子产生颜色的含有不饱和键的基团，又称色基团、色基）和助色团（或称作用基团）。苯环上若只连接有发色团时，这种化合物虽然能呈现颜色，但不能称为染料，因为它不能电离，因而不能成为盐类，水溶性很小，它与细胞的亲和力也很差，不能与细胞牢固地结合，覆盖在细胞上后，用机械的方法即可除去。苯环上若再连接助色团（能够使染料分子颜色加深，极性加大，并与被染物质分子间形成亲和力的基团）后，便具有了能够电离的性质，这样能与适当的物质结合成盐类，电离后带有正或负电荷的染料离子与细胞的结合，便更加牢固而呈现颜色。所以苯环必须同时连接有两个类型基团，才能有染料的作用。

例如，三硝基苯是一个黄色的化合物，但它不能电离，不能与酸碱化合，也不溶于水，虽然具有黄色，但不能使其它物质染上黄色。但如果苯环上连接一个羟基（—OH），成为三硝基苯酚，即苦味酸，也是黄色但能够电离，就能与其它物质结合并有一定的水溶性，而成为一种黄色的染料。与苯环相连的硝基（$—NO_2$）是助色团，它使苦味酸具有能使其它物质染色的性质。羟基电离出 H^+ 来，染料成了负离子，能与碱类化合成为溶于水的盐类。如苦味酸铵便是一个染色剂，苦味酸铵溶于水后，电离成 NH_4^+ 和带负电的苦味酸根离子，后者便能与带正离子的细胞物质相结合，使其染色。在苦味酸铵中，硝基是呈色基团，使染料呈现黄色，羟基是助色团，它使染料能够电离，并构成盐类，而对细胞质进行染色。

综上所述，染料是一种有机化合物，连接在苯环上的原子团具有发色的特性，颜色是由发色团产生的，而染色性能是由带有能电离成盐的助色团的作用造成的。

2.7.3 染色剂的种类

随着科学的发展，目前在生物制片中，所用的染料种类越来越多。可根据它们的来源、化学性质、结构和对生物组织结构着色情况进行分类。

2.7.3.1 根据染料来源分类

分为两大类，天然染料与人工染料。

(1) 天然染料　天然染料是从生物体（动物或植物）中提取出来的，在植物切片中，常用的天然染料种类并不多，但很重要，且经常应用，其成分结构都比较复杂，有些尚不很清楚，目前还不能用人工方法合成。如胭脂虫红、苏木精、地衣素红、石蕊等。

(2) 人工染料（煤焦染料）　人工染料是与天然染料相对而言的，也叫人造染料，多是从煤焦油中提取出来的，所以也叫煤焦染料。

目前在制片技术中主要采用人工染料。由于最早的人工染料是由苯胺制成的，往往也叫作“苯胺染料”。但这一名称并不妥当，因为目前应用的很多染料和苯胺没有关系，也不是苯胺的衍生物，只能说多半是芳香系有机化合物，是烃类化合物中苯的衍生物。常用的有番红、固绿、苯胺蓝、结晶紫、橘红G、中性红、苏丹Ⅲ、酸性品红、碱性品红、刚果红、俾斯麦棕等。

2.7.3.2 根据化学性质分类

根据染料的化学结构性质和其电离后染料离子本身所带的电荷，通常分为三类，即酸性染料、碱性染料与中性染料。

(1) 酸性染料　含有酸性基团的一类阴离子染料，在酸性、弱酸性、中性染液中能够对蛋白质、聚酰胺等直接作用。染料分子结构比较简单，多数为单偶氮类染料，少数为双偶氮类染料。电离后，染料本身成为带负电的离子，与钠、钾等金属离子结合。金属阳离子与有色的有机酸根结合成为染料，能溶于水及乙醇等。如亮绿、曙红等。

(2) 碱性染料　电离后，染料离子带正电，它本身是一种有色的有机碱基，与无色的乙酸根、氯离子或硫酸根等结合成为染料，一般都能溶于水或乙醇，如番红、苏木精等。

(3) 中性染料（复合染料）　由酸性及碱性的染料混合而成，也叫复合染料。主要是由酸性染料（色酸的盐）和碱性染料（色碱的盐）配制而成。在这种染料中，阳离子和阴离子都含有发色团，能溶于乙醇或水，如中性红（实际是微碱性）。

2.7.3.3　根据着色结构分类

根据对植物组织结构着色情况而分：

(1) 组织染料　指能够使植物体的组织染色的染料。

(2) 细胞染料　又可分两类：细胞质染料，与细胞质亲和力较大的染料；细胞核染料，与细胞核亲和力较大的染料。

2.8　封固与封固剂

植物制片不管选用何种方法，其最后一步都是封片（封固、封藏）。封固的作用有两方面：一是将已制成的片子，永久保存下来，以便观察研究；二是应用具有合适折射率的封固剂，可以使材料清楚地显现出来。因此，封固剂要求折射率高且干燥后就凝固。

2.8.1　水溶性封固剂

有的材料不需完全脱水，或脱水后会引起收缩变形，如很多藻类、真菌类及高等植物的胚囊等，就要采用水溶性的封固剂。

(1) 甘油封固剂　适于封固藻类或其它不能进行脱水的柔软组织材料。其配制方法为甘油 50mL＋蒸馏水 50mL＋苯酚少许。

(2) 甘油-乙醇封固剂　配制方法：甘油 50mL＋95％乙醇 50mL＋蒸馏水 100mL。

(3) 甘油胶封固剂　配制方法：先将明胶溶解于水中（36～40℃）待全部溶解后，再加入甘油与苯酚。充分搅拌完全均匀混合后，经过滤贮存于瓶中备用。

Kisser 氏明胶液：明胶（动物胶）10g＋蒸馏水 35mL＋甘油 30mL。

Kaiser 氏明胶液：明胶（动物胶）10g＋蒸馏水 60mL＋甘油 70mL＋苯酚 1g。

Fischor 氏液：硼砂 5g＋蒸馏水 240mL＋甘油 25mL＋明胶（动物胶）40g。

甘油-明胶液：明胶（动物胶）10g＋甘油 70mL＋蒸馏水 100mL＋苯酚 1～1.5g。

凡是甘油或甘油胶封固的制片，如要长期保存都要用油漆进行封边。否则时间长了，容易吸水或干燥，使材料变坏。必须加以注意。

2.8.2　糖浆封固剂

对于不能用乙醇及二甲苯处理的材料，如制作显示乳汁管的橡胶制片，若经乙醇及二甲苯的步骤会溶解橡胶，用糖浆封固剂则可避免。配制方法：糊精 30g＋麦芽糖 2.5g＋蒸馏水 30mL＋少量苯酚。

2.8.3　树脂性封固剂

(1) 加拿大树胶（Canada Balsam）　加拿大树胶是植物制片上最常用的一种封固剂。它是从一种冷杉树（*Abies balsamea*）中提取制成的。这种树原产于北美洲，以加拿大出产最多，故而得名。有固体与液体两种，液体是用二甲苯或苯配制成的。固体树胶可用二甲苯或苯溶解稀释后使用。稀释时要注意两点：一是应配稀些，如果太稠厚，封片时容易产生气泡；二是配制时不能加热，因高温会使树胶变质发黑，不能使用。同时还要避免日光照射，应装入深色瓶中，放置于阴凉避光的地方。

（2）中性树胶　浅黄色透明油状液体，是一种天然树脂，溶解于二甲苯中成60%溶液。呈中性反应，不溶于水，折射率1.578。干燥后凝结成透明无色固体，无收缩、变黄、纹裂等现象。与玻璃黏着力很强，封片后盖玻片与载玻片黏合紧密。使用与加拿大树胶相同。

（3）合成树胶　随着科学的发展，合成树胶的种类也越来越多。合成的树胶，一般都具有较高的折射率，溶液的色泽也比较浅或无色透明，这是其特点。但切片材料封固其中，能否长时间保存颜色不褪还有待进一步研究和鉴定。

2.8.4　其它封固剂

（1）达马树脂蜂蜡　达马树脂和蜂蜡等量配合而成。配制时将蜂蜡在玻璃或瓷器中水浴加热熔化，达马树脂则在铁器中直接加热熔化（注意避免加热过度），然后将熔化的蜂蜡倒入达马树脂中掺和而成，配成后放在铁容器中保存。

（2）DPX封固剂　二甲苯40mL＋磷酸甲苯（或磷酸三甲酚）7.5mL＋迪士春80 10mL。上述三种成分混合保存。

（3）Apathy氏封固剂　折射率为1.52，无荧光性，适用于荧光观察。阿拉伯胶50g＋蔗糖50g＋蒸馏水50mL＋麝香草酚0.05g。将上述四种成分加入瓶中密封稍加热使其溶解，密封保存。

第3章 常用染色剂及染色方法

3.1 常用染色剂

3.1.1 苏木精

苏木精（Hematoxylin）也叫苏木色素，是植物制片中最常用、最重要的染料之一。它是苏木科植物的苏木（*Hematoxylon Campechianum* L.）的木材（心材）用乙醚浸制提取出来的一种色素。

苏木精的分子式为 $C_{16}H_{14}O_6$，它与巴西木素相似，只是在化学结构上比巴西木素多一个羟基。配好的苏木精溶液，要经过较长时间的氧化作用成为有色的氧化苏木精，此时分子式即变为 $C_{16}H_{12}O_6$。难溶于冷水和乙醚，易溶于热水和热乙醇，溶于碱、氨和硼砂的溶液。

苏木精是细胞核和染色质的良好染料，还具有明显的多色性，由于细胞中的性质、结构不同而分化出各种颜色。只要染色、分色得当，可在切片上得到几种由蓝到红的不同色调，十分美观，并能长期保存不退色。

苏木精本身对于组织的亲和力很小，而必须借助于金属盐，如铁、铝、铜等的媒染才有作用，才容易沉淀而附于组织内，一般不单独使用。在应用苏木精时，需要一种媒染剂，常用的媒染剂有硫酸铝铵（又称铵明矾）、硫酸铁铵（又称铁铵矾）、铜盐等，所以苏木精的染色作用，实际上是一种物理学上的吸附作用。

苏木精的染色效果根据所用的媒染剂性质及染色后的处理方法而不同。酸性条件下呈红色，碱性条件下呈蓝色。在海氏铁矾-苏木精的染色中，染色体及淀粉核呈黑色、海绵组织细胞质为灰色；如果氨气熏片，颜色则渐渐变蓝。

常用的苏木精染色液浓度（水溶液）是 0.5%（经过一段时间，约一个月的氧化作用，“成熟”后才能使用）。一般是将苏木精溶解于无水乙醇中成 10% 的基液，需要时再稀释到 0.5%。苏木精染色液的配合方法很多，有数十种之多，且不同的配合方法其染色效果有差异。制片时，主要根据制片者的经验及要求选用其中一种，灵活应用。下面介绍几种常用的配合方法。

3.1.1.1 海得汉苏木精

海得汉苏木精（海氏苏木精，Heidenhain’s Hematoxylin）是植物制片中最重要的一种染色液。1892 年海氏发现这种染色液不久即被广泛采用，至今仍然是研究细胞学、胚胎学等方面常用而重要的一种染色液，尤其对于染色体、线粒体、淀粉核等染色效果良好。它还可与番红或曙红做二重染色，其由甲、乙两种溶液配合而成。

甲液：4%硫酸铁铵（铁矾）水溶液，为媒染液；

乙液：0.5%苏木精水溶液，为染色液。

甲、乙两种溶液要单独应用不能混合应用。甲液只起媒染作用，它本身并不染色。在配合时要注意须用紫色的硫酸铁铵结晶体，不要用绿色的亚硫酸铁铵。此液存放过久，在温度18℃以上时在瓶壁上形成黄色的氧化铁薄膜，对染色有不良的影响，必须过滤后才能使用。此液可保存两三个月，以新鲜配制为好，时间过长效力就逐渐消失而变为无用。

苏木精水溶液在高温下容易水解，在溶液的表面形成一层金属薄膜或变成黑褐色时，说明染液变质，不宜再用。从溶液的颜色也可以判断苏木精是否已氧化“成熟”（“成熟”的苏木精呈棕红色）。

下面介绍另一种比较稳定的苏木精溶液配合方法。

苏木精（10%的无水乙醇溶液）5mL＋甲赛珞素100mL＋蒸馏水50mL＋普通水（含有钙化物）50mL。配合后放在瓶中摇动，如不呈红色，可加少许碳酸钙搅匀，不久即可成熟应用。用此法所配的苏木精溶液，就是在较高的温度下也能保持长久不变质，仍能保持它的染色能力。

应用海氏苏木精染色的关键是合理退色及分色。同一浓度的铁矾溶液，不能既当媒染剂又当分色剂，一般分色剂比媒染剂稀1倍。应用三价铁的硫酸铁铵为媒染剂可以避免沉淀，使厚的切片染色清楚，无黄褐色产生。另外，常用饱和苦味酸溶液作分色剂（段续川1938年首先介绍并采用，得到良好的效果）。用时将苦味酸液加热至50℃，则退色作用更为迅速，经过这种退色之后，不一定是原来自然黑白颜色那么分明，有时可得到极好的结果，能将某一部分的构造显示得十分清楚。凡是用苦味酸作分色的切片，用70%乙醇脱水（其中加一两滴氢氧化铵）可将苦味酸洗去，并使颜色变蓝，分色作用明显。

用海氏苏木精染色困难之处，主要是退色与分色比较困难。这主要是染色过度、颜色太深所致。染色太深再进行退色时，深浅很难掌握，且步骤较麻烦，一般的方法用4%铁矾水溶液媒染2～4h，用蒸馏水洗后再置于0.5%苏木精水溶液染色2～4h或更长的时间，这样染色的结果往往是染色过度。

若使用极稀的铁矾水溶液和苏木精水溶液染色，在时间上也大大缩短。把切片过渡到蒸馏水然后放入1%的铁矾水溶液染10～20min；然后用蒸馏水洗数次，再置于0.1%的苏木精水溶液染色10～20min；再用自来水冲洗5～10min，然后用极稀的铁矾（0.5%水溶液）分色2～3min（有的只需在染色缸中搅动几下即可）；用显微镜检查，若颜色过深，多停留几分钟，然后用自来水流水冲洗30min，颜色会逐渐变蓝。这样可得到很清晰的颜色。如用洋葱根尖显示细胞的有丝分裂各个时期特别清楚，染色体被染为深蓝色，纺锤丝为浅蓝色。

若进行50%乙醇梯度脱水时，加少量番红复染，可以得到更漂亮的颜色。细胞质被染上浅红色，把蓝色的细胞核及浅蓝色的纺锤丝衬托得更漂亮。

加速苏木精成熟（氧化）的方法有如下几种：

① 在新配的苏木精溶液中，加入5～10mL H_2O_2，可加快其氧化速度。

② 将蒸馏水煮沸，再加入苏木精，等冷却后，即可应用。

③ 配好的苏木精溶液置于大而浅的玻璃器皿或大烧杯中，然后在2m外放一小型的银弧光灯，用强烈的光照射溶液上，并用玻璃棒搅动溶液，大约45min即可使用。

④ 将配好的溶液放入大烧杯中，杯口用细纱布扎好置于空气流通的地方，加速其氧化过程，15～20d即可使用。

3.1.1.2 代氏苏木精

代氏苏木精（Delafield's Hematoxylin）也是植物制片中常用的良好染色剂。染色容易掌握，同时能得到良好的效果。对于细胞壁、染色质及造孢细胞等，分色恰当，均可得到满意的结果。

代氏苏木精原来的配制方法：

甲液：硫酸铝铵的饱和水溶液 400mL＋苏木精 4g＋95％乙醇 25mL；

乙液：纯甘油 10mL＋木精（甲醇）100mL。

甲液配成后曝于空气中，经过 2～3d 再将乙液（甘油与甲醇）加入，要经两个月左右，颜色变深、过滤后才可应用。如果急用，可加入 H_2O_2，使之“早熟”，几分钟后即可应用，或水晶汞光灯照射 2h 后使用。但这两种方法都不如自然“成熟”的好，所以最好应提早配制让它自然“成熟”。这种溶液“成熟”后，可经久不坏，配制时可多配些，以免临时配制“成熟”不好，但要注意塞紧瓶塞放在阴凉地方。“成熟”后的代氏苏木精是极强的染色剂，在使用时要用蒸馏水稀释两倍。

3.1.1.3 勃氏苏木精

勃氏苏木精为 Bohmer 所发明，他是各种苏木精配制法的先驱者，现今制片技术上所用的各种苏木精配制法，大都由勃氏苏木精法改良而成，其配制方法：

甲液：苏木精 1g＋无水乙醇 12mL；

乙液：明矾 1g＋蒸馏水 240mL。

甲液需经两个月氧化“成熟”然后才能使用。用时可将 10mL 的甲液加于 10mL 的乙液中。染色时间为 10～20min。染色后的处理与前述一般苏木精染色法相同。

这种染色，可将纤维素的细胞壁染成深紫色，而木质化、角质化和栓质化的组织，则着色很浅（只染成淡黄色或淡棕色）或不着色。

3.1.1.4 爱氏（Ehrlich）苏木精

用爱氏（Ehrlich）苏木精染色剂染色省去了媒染步骤，简化程序，节省时间；染色不会过深，也不会染不上色。切片后镜检蜡带时，容易识别部位结构。镜检合格贴片后，只要烘干脱蜡，就可封片，完成全部制片工作。

配制方法如下：爱氏苏木精原液，苏木精 5g＋95％乙醇 250mL＋冰乙酸 25mL＋甘油 250mL＋硫酸铝钾（钾矾）25g（饱和量）＋蒸馏水 250mL。配制时先用少量 95％乙醇溶解苏木精，再加入甘油和剩余的 95％乙醇。硫酸铝钾研磨、溶于温水逐滴加入。置于暗处放置 1～2 月后可使用（中间摇晃）。如急用，加入 1g 碘酸钠可立即“成熟”。使用时，按照原染液 2 份、冰乙酸 1 份、50％乙醇 1 份的比例稀释。

3.1.1.5 Mallory 磷钨酸苏木精

Mallory 磷钨酸苏木精配制方法：苏木精 0.1g，磷钨酸 2g，分别加蒸馏水溶解，蒸馏水总量为 100mL。苏木精必须加热溶解，冷后二液混合，置光线充足处，经两个月成熟备用。

3.1.1.6 哈瑞（Harris）氏苏木精

为 Harris 发明，它的染色效能与代氏苏木精相似，但其配方不同，它的配制方法是：苏木精 5g＋硫酸铝铵 3g＋50％乙醇 1000mL。

配制时，将苏木精及硫酸铝铵一同溶于乙醇中，加热使它们完全溶解，然后再加入 6g

红色的氧化汞粉末，再加热煮沸，经 30min 后进行过滤，然后再补充加入 50%乙醇，使它的总容量仍为 1000mL。每 1000mL 的溶液中，加入一滴盐酸，可以促进它的酸化。哈氏苏木精液对于整体染色十分美观理想。

甲液：苏木精 1g，无水乙醇 10mL；

乙液：硫酸铝钾（铵）20g，蒸馏水 200mL。

两液分别溶解后混合，加热煮沸后徐徐加入氧化汞 0.5g，此时有大量气泡生成，故容器宜大，以防液体溢出；然后使染液迅速冷却，冷却后过滤即可应用。使用时每 100mL 加冰乙酸 4mL。

配制后即可使用，保存时间为数月至一年，时间过久则染色力减弱甚至失效；保存过程中易发生沉淀，使用时要进行过滤；配制时加入氧化汞速度要经过试验确定，加入过快或温度过高时，产生的大量气泡使溶液溢出，加入过缓或温度过低时，苏木精氧化不充分而影响染色；在用过一定次数或一定时间以后，染色力逐渐减弱到一定程度时，将染液过滤后再加入少量冰乙酸。这样不仅能增强其染色能力，而且能长期保持染液的稳定，延长有效期；染过大量切片之后，溶液呈现暗红色，如遇水即变蓝色时，说明染液已经失效不能再用。

3.1.1.7 Mayer 氏苏木精

Mayer 氏苏木精配制方法：苏木精 0.5g，硫酸铝钾 25g，碘酸钠 0.1g，水合氯醛 25g，柠檬酸 7.5g，蒸馏水 500mL。

先将苏木精加入煮沸的蒸馏水内，搅拌充分溶解后，再依次加入硫酸铝钾和碘酸钠，全部溶解后再加入水合氯醛和柠檬酸，加热煮沸 5min，冷却后过滤，放置 8～12h 即可使用。

3.1.1.8 吉尔（Gill）氏及改良的半乳化苏木精

吉尔（Gill）氏及改良的半乳化苏木精配制方法：苏木精 2g，乙二醇或无水乙醇 250mL，硫酸铝钾 17.6g，蒸馏水 750mL，碘酸钠 0.2g，冰乙酸 20mL。

先将苏木精溶于乙二醇或无水乙醇，再将硫酸铝钾溶于蒸馏水中。两液溶解后将其混合，加入碘酸钠，最后加入冰乙酸。可将硫酸铝钾减少为 4.4～8.8g，用柠檬酸代替冰乙酸，另加甘油 50mL 成为改良液。配制时无需加热，配后即可应用，无沉淀及凝胶形成，性能比较稳定，色素及试剂的用量少而经济。

3.1.2 洋红

洋红（Carmine）也叫胭脂红，是从一种热带昆虫胭脂虫的雌虫体经研磨、提炼得来的，为深红色的染料即虫红，虫红再加上明矾处理后，除去一部分杂质，即成洋红。洋红为一种复杂的化合物，洋红染色的分子式为 $C_{22}H_{22}O_{13}$，略呈酸性，其颜色的主要成分为洋红酸（Carminic acid）。

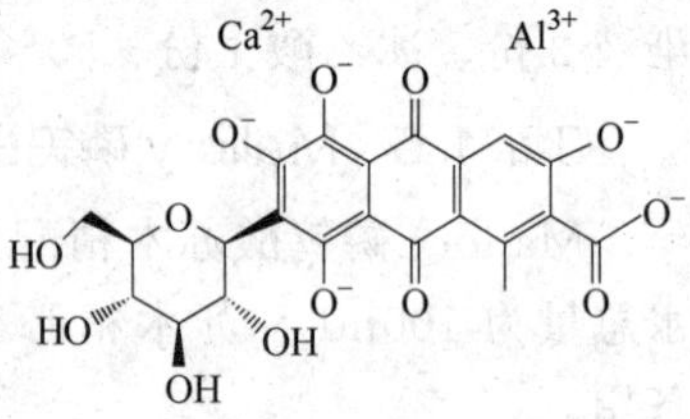

洋红是一个较强的二元酸，与碱金属成为易溶解的盐类，与重金属成为不溶性的盐类。具有极大的渗透力，它能把幼嫩或小型的材料整块着色，如团藻、花粉母细胞等。染色后的材料可直接用树胶封存，不必进行切片过程，非常适用于涂抹制片，细胞核染成深红色，十分清楚，细胞质呈浅红色，且能长久保存不退色。洋红染色是研究细胞学与染色体最简便的染色方法，应用十分广泛。

洋红

洋红对组织没有直接的亲和力，因此通常要和铁、铝或某些其它金属一并使用，即以这些金属的盐类，先作媒染或与洋红同时染。

3.1.2.1 乙酸洋红（醋酸洋红）

乙酸洋红（醋酸洋红）配制时，将冰乙酸 45mL 与蒸馏水 45mL 混合并煮沸，然后再加入洋红粉末到饱和，冷却后过滤即可应用，并可长期保存。

该染色液对花粉的染色十分好。用新鲜的材料加上乙酸洋红，有着固定和染色的作用，但只染细胞核。

另有一种乙酸洋红染液，即贝林（Balling）铁乙酸洋红液，配制方法：将冰乙酸 50mL 和蒸馏水 50mL 混合后，加 1g 洋红并煮沸（煮沸时间不超过 30s），冷却后过滤。再加入铁水乙酸（在 50mL 水中加 50mL 冰乙酸再加氢氧化铁，直到溶液变为葡萄酒色而不发生沉淀为止）数滴（或加入 2%～4%铁明矾水溶液 5～10 滴，即铁矾-乙酸-洋红）。这种溶液对于需涂抹制片的材料如花粉粒等最为有效，染色体显示清楚，但它只能保存数天。

3.1.2.2 铁矾-乙酸-洋红

铁矾-乙酸-洋红常用于细胞学的染色，可获得极好的效果，其配方也较简单：溶解 1g 洋红在 100mL 的 45%乙酸溶液中并煮沸，冷却后过滤，再加数滴 4%的铁矾水溶液，几小时后即可使用。亦可先将乙酸溶液煮沸，再徐徐加洋红。由于乙酸溶液蒸发快，应储存于细口瓶，密封，置于避光处。

这种溶液对于临时染色和涂抹制片是十分理想的，如用涂抹法观察小麦的花粉粒形成过程（从造孢细胞形成花粉母细胞，经减数分裂形成二分体、四分体到花粉粒的一系列过程），铁矾-乙酸-洋红染色可获得良好效果：染色体、细胞核显示十分清楚，被染成深红色，细胞质染成浅红色。对其它材料如洋葱根尖及其鳞茎表皮细胞的染色都得到同样的效果。

3.1.2.3 硼酸洋红

硼酸洋红又名格林额史氏乙醇硼酸洋红（简称硼酸洋红），配制方法：洋红 2～3g＋4%硼酸水溶液 100mL＋70%乙醇 100mL。

配制时先将洋红溶于硼酸水溶液中，加热煮沸 30min，冷却后静置 3～4d，再加入等量的 70%乙醇，充分摇动，使其完全混合后过滤、备用。

硼酸洋红是对于小型植物材料的整体染色十分简便的一种方法。如做石蜡切片，可将整体染色的材料，脱水、透明、浸蜡、包埋、切片后溶去石蜡，即可用树胶封片。如需做二重染色，可将材料过渡到低度乙醇中，再用其他染料进行复染，然后再脱水、透明、封片。

3.1.2.4 靛蓝洋红（Indigo carmine）

靛蓝洋红（Indigo carmine）是由木蓝提出的靛蓝（Indigo），加上亚硫酸钠（Na_2SO_3）而成。为蓝色酸性染料，作为细胞质的染色剂，常与苦味酸配制成苦味酸靛蓝洋红，呈绿色，可与碱性品红做对比染色。

3.1.2.5 苦味酸洋红

苦味酸洋红配制方法：洋红 1g＋氢氧化铵 40mL＋蒸馏水 200mL＋苦味酸 50g。

配制时先将洋红与氢氧化铵加在 200mL 的蒸馏水中，等完全溶解后再加入苦味酸。配好后可盛入烧杯中并充分摇动，需放置数天，并要经常摇动它，让其自然蒸发，待此原液蒸发到只剩下 1/5 时再过滤，除去杂物。然后让此过滤液再继续自然蒸发至红色结晶状粉末出现为止。染色时取上述红色结晶状粉末 2g 加入 100mL 蒸馏水中即可进行染色。

3.1.2.6 格氏铵矾洋红

格氏铵矾洋红是应用最早的洋红染剂，优点是使用简便，不易发生过度染色。取1g洋红粉末溶于5%硫酸铝铵水溶液中，加热煮沸10～20min；等完全冷却后，用滤纸过滤；在滤液内加入微量麝香草酚晶体，以防止霉菌污染。

3.1.2.7 梅氏（Meyer）明矾洋红

梅氏（Meyer）明矾洋红对于藻类等小型群体的封藏，极为有效。将1g洋红及10g硫酸铝铵溶于200mL的蒸馏水中，必要时可加热促进溶解；等冷却后，过滤，加入0.2g的水杨酸或少许麝香草酚晶体，防止霉菌的污染；染色时取配制的溶液加蒸馏水冲淡，将材料浸入其中进行染色。染色时间可长达数周或几个月而不致着色过深。

3.1.3 番红O

番红O（Safranin O）为碱性染料，其分子式为$C_{20}H_{19}N_4Cl$。浓硫酸中呈绿色，稀释后呈蓝色，并转变为红色。其水溶液加入氢氧化钠产生棕红色沉淀，加入盐酸呈蓝光紫色。番红是植物组织学及细胞学上的重要染料，常用作细胞核及高等植物组织中的木化、角化、栓化细胞壁的染色，并常与其它染料配合，用作双重、三重或四重的染色。如与固绿及苯胺蓝等做二重染色、与结晶紫和橘红G等做三重染色，它对孢子、花粉粒的外壁染色效果也特别鲜艳。番红的种类很多，平常是指有甲基的一种，通称番红O或番红Y。其配法有如下几种：

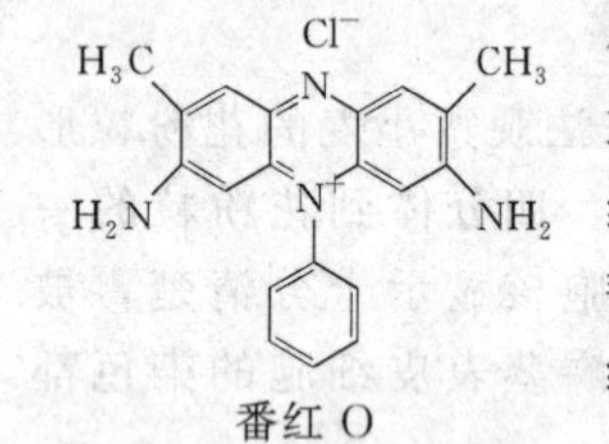

番红O

(1) 水溶液　番红1g+蒸馏水100mL。

(2) 乙醇溶液　番红1g+50%或95%乙醇100mL。

(3) 其它　番红4g+甲赛路素200mL+蒸馏水100mL+95%乙醇100mL+乙酸钠4g+甲醛8mL。此液配制时，先将4g番红加入200mL的甲赛路素中，待完全溶解后，再加入100mL 95%乙醇及100mL蒸馏水。加入乙酸钠可增加染色效力，甲醛则有媒染作用。

番红配制后，要放置氧化3～5个月或更长时间，以获得较好的染色效果。

3.1.4 亮绿

亮绿（Light green）又名光绿，是酸性染料。常用其1%水溶液或0.5%的95%乙醇溶液进行染色，它常与番红、玫瑰红做二重染色。在亮绿的水溶液中加入盐酸时，其颜色因所加酸量的不同而变为浅绿黄色、黄色或浅黄色。溶于浓H_2SO_4后，生成黄色溶液，用水逐渐稀释时，其颜色依次变为浅红黄色、浅黄绿色及绿色。水溶液遇氢氧化钾溶液呈淡绿色沉淀。亮绿在植物组织学上，用以染细胞质和纤维素细胞壁。它与一般品红混合，可以染花粉管；在细胞学上，可使非染色质部分染得十分鲜艳，且着色快，只需几分钟到十几分钟即可。但它的缺点是退色快，尤其在光照下，退色十分迅速。故在永久制片中，已为固绿所代替。

其常用配法有：

① 亮绿　0.2～0.5g+95%乙醇100mL；

② 亮绿　0.2～0.5g+丁香油50mL+无水乙醇50mL；

③ 亮绿　0.2～0.5g+丁香油100mL。

3.1.5 固绿

固绿（Fast green）又称快绿、坚固绿，属于酸性染料，其分子式为 $C_{37}H_{34}N_2O_{10}S_3Na_2$。带金属光泽的红至棕紫色颗粒或粉末。水中溶解度为 4%，乙醇中溶解度为 9%。溶于浓硫酸呈棕橙色，加水稀释后转为绿色。常配成 0.5%～1.0%的乙醇溶液或配成 0.5%的 1/2 无水乙醇＋1/2 丁香油染液。固绿最大的优点是染色牢固，不易退色，且方法简便时间短（3～5min 或更短）并能清晰地显示细胞结构，应用十分广泛。它与苏木精、番红并列为植物组织上三种最常用的染料，通常多与番红对染做二重染色，为植物制片中最常用的一种二重染色方法。还可加橘红 G 做三重染色，再加结晶紫或甲基紫做四重染色。

固绿

常用配法如下：

① 水溶液　固绿 0.5g＋蒸馏水 100mL；

② 乙醇溶液　固绿 0.1～0.2g＋95%乙醇 100mL；

③ 丁香油溶液　固绿 0.2～0.5g＋丁香油 50mL＋无水乙醇 50mL。

3.1.6 孔雀绿

孔雀绿（Pigment green）为碱性染料，其分子式为 $C_{23}H_{25}N_2Cl$。绿色闪光结晶，溶于冷水和热水呈蓝绿色，易溶于乙醇，也呈蓝绿色。遇浓硫酸呈黄色，稀释后呈暗橙色；其水溶液加氢氧化钠形成微带绿光的白色沉淀。属三苯甲烷系碱性染料。在 26℃水中的溶解度为 7.60%，95%乙醇的溶解度为 0.75%。以前应用甚广，后来多被甲基绿所代替，但在植物病理学中仍常应用它。孔雀绿常与番红或刚果红做二重染色。它对于被菌类感染后的材料染色效果较好，能将寄主的栓化、木化及角化的细胞壁、细胞核以及菌类的细胞核染成红色，寄主的细胞质及细胞壁则染成绿色。此外，孔雀绿可用于细菌芽孢的染色。其常用的配法有两种：

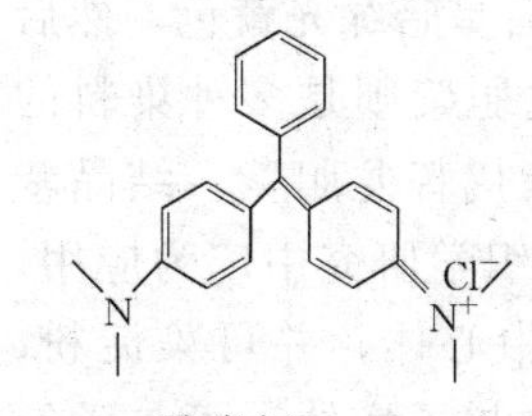

孔雀绿

① 孔雀绿 1g＋蒸馏水 100mL；

② 孔雀绿 0.5～1g＋95%乙醇 100mL。

3.1.7 甲基绿

甲基绿（Methyl green）为碱性染料，其分子式为 $C_{26}H_{33}N_3Cl_2$。绿色粉末状，能溶于水，在 26℃时水中的溶解度为 4.8%，95%乙醇中的溶解度为 0.75%。它是一种不纯的染料，是由结晶紫中制出，因此往往含有结晶紫或甲基紫（检查此染料是否纯粹，可以放入氯仿中加以振荡，如出现紫色，即表示有甲基紫或结晶紫存在，因甲基绿不溶于氯仿）。但平常含有少量的结晶紫或甲基紫并不影响染色，有时更有增进分色的作用。

甲基绿在植物组织学中，是细胞核的优良染料。常用它与乙酸洋红衬染，它与一般的品红合用，可染木质化的细胞壁。但甲基绿的缺点是会退色不能保存很久。其配法有两种：

① 甲基绿 1g＋蒸馏水 100mL；

② 甲基绿 1g+70%乙醇 100mL。

使用时，也可在溶液中加 1~2 滴冰乙酸使用。

甲基绿　　　　碘绿

3.1.8 碘绿

碘绿（Iodine green）为碱性染料，其分子式为 $C_{27}H_{35}N_3Cl_2$。它的染色效能与甲基绿很相似，是染细胞核与染色质的染料。可用它与碱性品红染植物细胞的染色质，亦可用它与酸性品红染木质化的细胞壁。其配法：碘绿 1g+70%乙醇 100mL。染色时间一般 1h 左右即可，但脱水要快，因其在乙醇中易退色。

3.1.9 结晶紫

结晶紫（Crystal violet）为碱性染料，分子式为 $C_{25}H_{30}N_3Cl$。暗绿色闪光粉末或粒子。溶于冷水和热水，呈紫色，极易溶于乙醇。浓硫酸中呈红黄色，稀释后呈暗绿光黄色，然后转变成蓝和紫色。结晶紫是纯净的染料，而龙胆紫则是多种染料的混合物，由于染色反应难以一致，多用结晶紫代替龙胆紫。结晶紫是细胞核及染色质的良好染料，在细胞学及组织学研究中广为应用，它是细胞核染色常用的，用来显示染色体的中心体，并可染淀粉、纤维蛋白、神经胶质等。它可染真菌的菌丝体与子实体，可与番红做二重染色，在细胞研究中常与番红、橘红 G 做三重染色（即弗来明染色），亦可做四重染色，是细菌学上的重要染料。

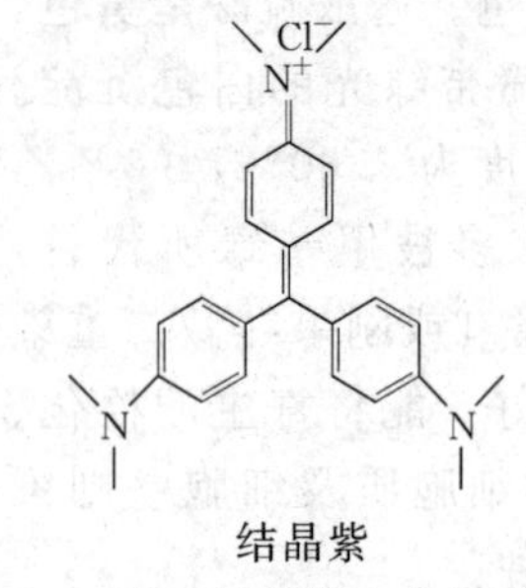

结晶紫

常用的配法有四种：

① 结晶紫 1g+蒸馏水 100mL；

② 结晶紫 0.5g+95%乙醇 100mL；

③ 结晶紫 0.5g+无水乙醇 100mL+丁香油 100mL，先将结晶紫溶于无水乙醇，再加入丁香油摇匀即可；

④ 95%乙醇结晶紫饱和溶液。

3.1.10 橘红 G

橘红 G（Orange G）为强酸性染料，其分子式为 $C_{16}H_{10}N_2O_7S_2Na_2$。20℃水中溶解度为 5g/100mL。溶于水为橙色，微溶于乙醇呈金橙色，溶于溶纤剂，不溶于其他有机溶剂。遇浓硫酸呈橙色，将其稀释后呈黄色，遇浓硝酸呈酒红色，然后变为橙色。其水溶液遇浓盐酸为黄橙色，遇浓氢氧化钠呈橙棕色。通常将此染料溶于丁香油饱和液用作染色的分化剂。在番红与固绿对染后，用此染料加以迅速复染可获得十分鲜艳的分色效果。亦常与番红、结晶紫做三重染色，多用作衬染。

其配法：

① 水溶液　橘红 G 1g＋蒸馏水 100mL；

② 乙醇溶液　橘红 G 1g＋95％乙醇 100mL；

③ 丁香油溶液　橘红 G 1g＋无水乙醇 100mL＋丁香油 100mL。

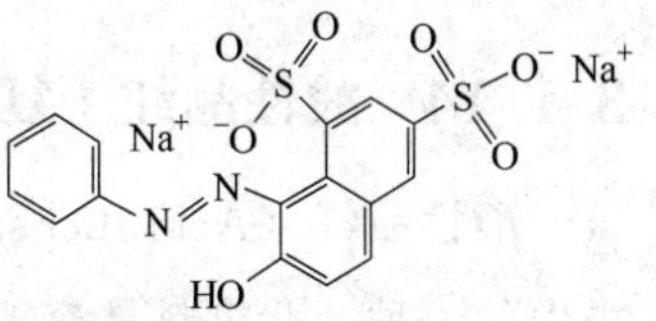

橘红 G

上述三种方法以第三种为佳，配时先将橘红 G 溶于无水乙醇中摇匀，再加入丁香油，置于温箱中（40～45℃），待全部溶解使乙醇蒸发至 100mL 为止，贮存于细口瓶中备用。

3.1.11 曙红

曙红（Eosin）又称伊红，为酸性染料。此种染料种类很多，常用的有两种，即带蓝色的曙红 B（Eosin bluish）、略带黄色的曙红 Y（Eosin yellowish），前者的分子式为 $C_{20}H_{6}N_{2}O_{9}Br_{2}Na_{2}$，后者为 $C_{20}H_{6}O_{5}Br_{4}Na_{2}$。此染料易溶水（15℃时达 40％），又称水溶性曙红。较不易溶于乙醇（2％）。它是一种很好的细胞质染料，常作为苏木精的衬染，或与甲基蓝做二重染色。在甘油制片法中常用它（在甘油制片法中，须用 1％水溶液染色 24h，再用 2％乙酸水溶液处理 5～10min），更换数次，洗去多余曙红。再置入甘油中，待浓缩后封固。

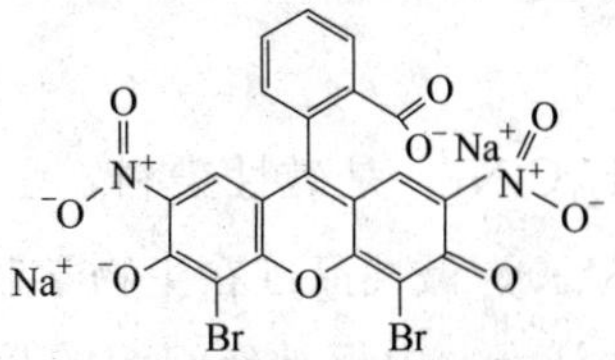

曙红 B 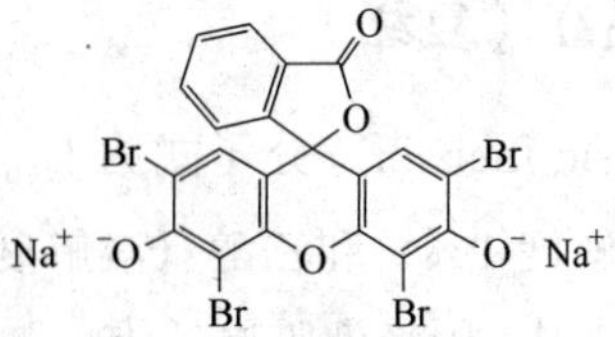　　曙红 Y

3.1.12 真曙红

真曙红（Erythrosin）为酸性染料，它的性质与曙红相似，其分子式中碘分子代替溴分子。此染料易溶于水（10％）和乙醇（50％），其应用范围与配法和上述曙红相同。

3.1.13 中性红

虽称中性红（Neutral red），实为微碱性染料，其分子式为 $C_{15}H_{17}N_{4}Cl$。它在碱性溶液中呈现黄色，而在弱酸性溶液中则呈现红色，在强酸性溶液中则变蓝色。因此，根据这一性质，可以用作指示剂。此染料溶于水（26℃溶解度为 5.64％）和乙醇（26℃溶解度为 2.45％）。它无毒性，是活体染色的重要染料。常用于细胞质和活体染色，同时又是良好的指示剂，染色后细胞核呈红色、细胞质呈橘黄色而显示出植物组织中活细胞的结构。通常用其 1％的水溶液作为染色剂。

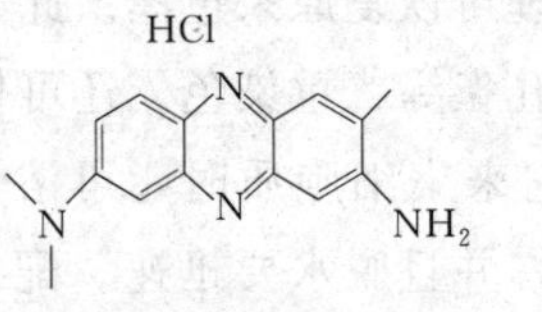

中性红 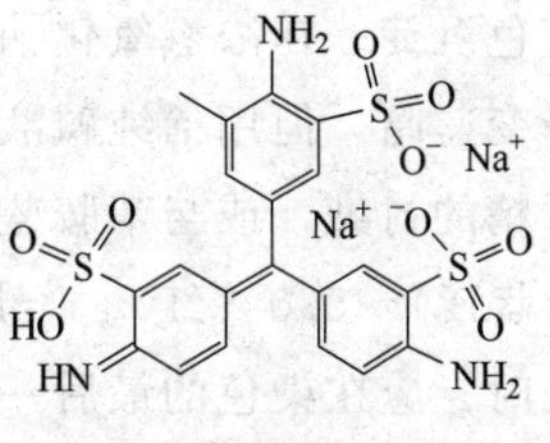　　酸性品红

3.1.14 酸性品红（复红）

酸性品红（Acid fuchsin）分子式为 $C_{20}H_{17}N_3Na_2O_9S_3$，酸性染料，是三氨基三酚甲烷类中的一种。此染料易溶于水，它可与水成任何比例混合。但在乙醇中的溶解度只有3%左右。酸性品红是染细胞质膜的良好染料，在植物制片中一般用它来染皮层、髓部及纤维质的细胞壁；在细菌学的研究上常用作指示剂；在植物病理解剖中，对于菌类侵入后的维管束组织的染色效果很好；与甲基绿同染，可显出线粒体。

其配制的方法有两种：

① 水溶液　酸性品红0.5～1g＋蒸馏水100mL；

② 乙醇溶液　酸性品红1g＋70%乙醇100mL。

在植物制片上，一般多采用70%的乙醇溶液，染色快，只需2～3min（染胚囊、花粉粒等需1～2h）。染后用饱和苦味酸的10%乙醇进行分色1～3min。分色后以70%乙醇洗去黄色而显示出红色为止，注意脱水应迅速，因其在乙醇中容易退色，尤其在高浓度乙醇中，退色极快。它还常与甲基绿做二重染色。

3.1.15 碱性品红（复红）

碱性品红（Basic fuchsin）分子式为 $C_{20}H_{20}ClN_3$，是碱性染料，呈暗红色粉末或结晶状，能溶于水（溶解度1%）和乙醇（溶解度8%）。碱性品红在生物学制片中用途很广，可用来染胶原纤维、弹性纤维、中枢神经组织的核质。在生物学制片中用来染维管束植物的木质化壁，又可用于原球藻、轮藻的整体染色。在细菌学制片中，常用来鉴别结核分枝杆菌。在福尔根氏反应中用作组织化学试剂，以检查脱氧核糖核酸。它还可作活体染料、染高等植物的维管束的木质部等。

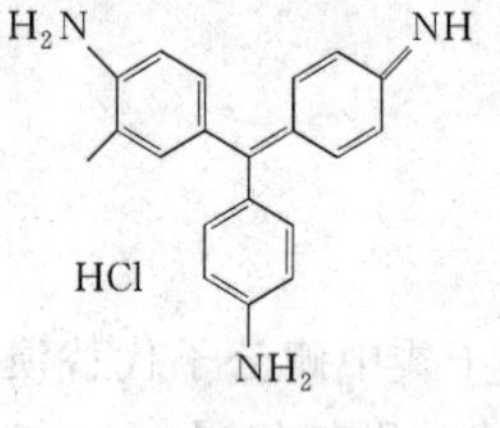

碱性品红

其配制方法如下：

碱性品红50mg＋95%乙醇2mL＋蒸馏水100mL。配制时先将碱性品红溶解于95%乙醇，然后再加入蒸馏水。

3.1.16 刚果红

刚果红（Congo red）又名棉红-B，是一种酸性染料，分子式为 $C_{32}H_{22}N_6O_6S_2Na_2$。棕红色粉状物，易溶于热水，溶液呈黄红色；溶于乙醇呈橙色；极微溶于丙酮，几乎不溶于醚。浓硫酸中呈深蓝色，稀释后呈浅蓝色。水溶液加浓盐酸生成蓝色沉淀；加乙酸生成呈蓝光紫色转为较红的蓝色沉淀。在浓氢氧化钠中不溶解。对酸、盐敏感，即使从空气中吸收二氧化碳，也会使色泽变蓝暗，但用稀纯碱液处理可恢复原来色泽。此染料多用于细胞学的研究上，常作海氏苏木精的衬染，或与苯胺蓝、孔雀绿二重染色。还可作为酸碱指示剂，即刚果红试纸，pH3.0（蓝紫）～5.0（红）。若用它来染细胞质时，可溶于低度乙醇进行染色，而与其它染料做复染时，应在染色的最后一步，并且脱水要迅速。配制时，取刚果红0.5～1g溶于蒸馏水100mL。

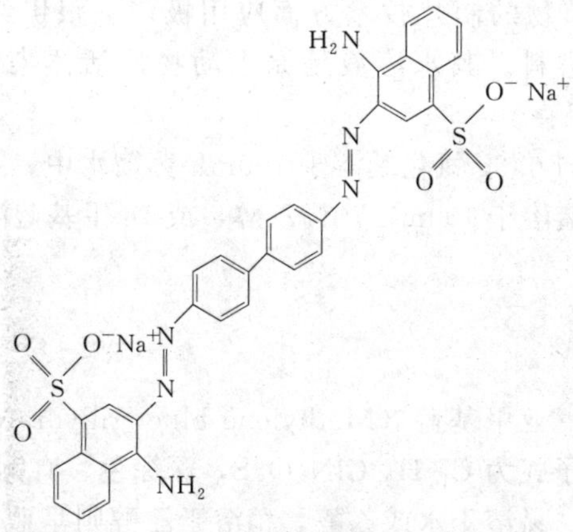

刚果红

3.1.17 甲苯胺蓝

甲苯胺蓝（Toluidine blue）分子式为 $C_{28}H_{20}N_2Na_2O_{10}S_2$，它与不同的组织作用会呈现几种颜色反应，染色质—蓝色、木质素—浅绿色、细胞质—紫红色、纤维素—无色、RNA—紫色、淀粉—无色、细胞壁（初生壁、中层）—红色。

配方有以下几种：

① 甲苯胺蓝缓冲液

A 液（0.2mol/L 柠檬酸液）：柠檬酸 4.2g 溶于蒸馏水 100mL；

B 液（0.2mol/L 柠檬酸钠液）：柠檬酸钠 5.9g 溶于蒸馏水 100mL；

甲苯胺蓝 0.5g 溶于 55mL A 液与 45mL B 液的混合液（pH=4.5）。

② 甲苯胺蓝水溶液：甲苯胺蓝 0.5g，蒸馏水 100mL。

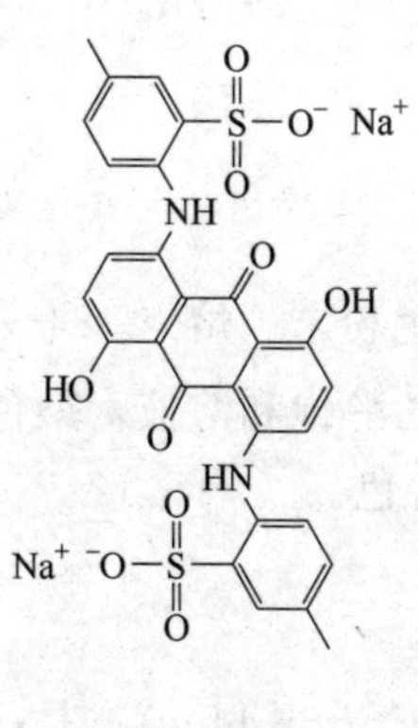

甲苯胺蓝 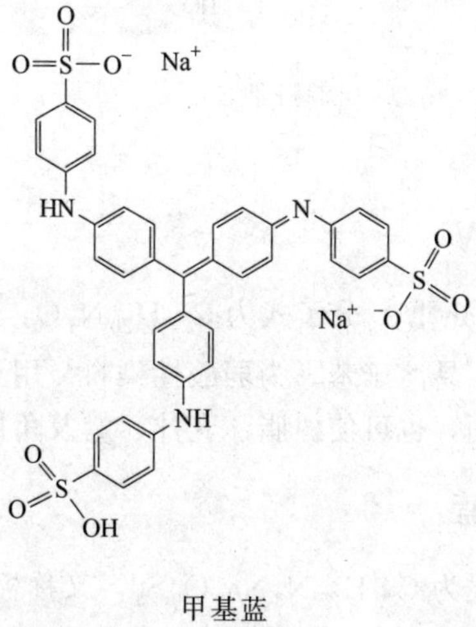　　　　甲基蓝

③ 甲苯胺蓝酸液：甲苯胺蓝 0.5g，溶于 0.5mL 冰乙酸与 99.5mL 蒸馏水的酸液。

3.1.18 甲基蓝

甲基蓝（Methyl blue）分子式为 $C_{37}H_{27}N_3Na_2O_9S_3$，弱酸性染料，闪光红棕色粉末，

极易溶于冷水和热水中，呈蓝色。溶于乙醇呈绿光蓝色。遇浓硫酸呈红棕色，将其稀释后呈蓝紫色。甲基蓝在动植物的制片技术方面应用极广。跟伊红合用能染神经细胞，也是细菌制片中不可缺少的染料。其水溶液是原生动物的活体染色剂。甲基蓝极易氧化，因此用它染色后不能长久保存。

① 水溶液　1g 甲基蓝与 0.6g 氯化钠溶于 100mL 蒸馏水中。

② 乙醇溶液　1g 甲基蓝溶于 100mL 70%乙醇，或 1g 甲基蓝溶解在 29mL 70%乙醇中，再加 70mL 水。

3.1.19　亚甲基蓝

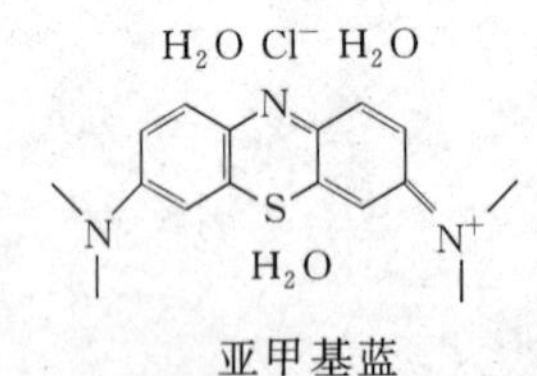

亚甲基蓝

亚甲基蓝（Methylene blue trihydrate）又称美蓝、次甲基蓝。分子式为 $C_{16}H_{24}ClN_3O_3S$，深绿色、有铜光的柱状结晶或结晶性粉末。易溶于水或乙醇，稍溶于乙醇则呈蓝色，能溶于三氯甲烷。遇浓硫酸呈黄光绿色；稀释后呈蓝色；水溶液中加入氢氧化钠溶液后呈紫色或出现暗紫色沉淀。

配制时，取 0.5g 亚甲基蓝，溶解在 30mL 95%乙醇中，再加 100mL 1% KOH 溶液。用来染细菌、细胞核。

3.1.20　苏丹Ⅲ

取 0.1g 苏丹Ⅲ（Sudan Ⅲ），溶解在 20mL 95%乙醇中。用来染植物组织以及细胞的木栓、角质层和脂肪成分。配制时可加热促其溶解，染色时间一般需数小时。

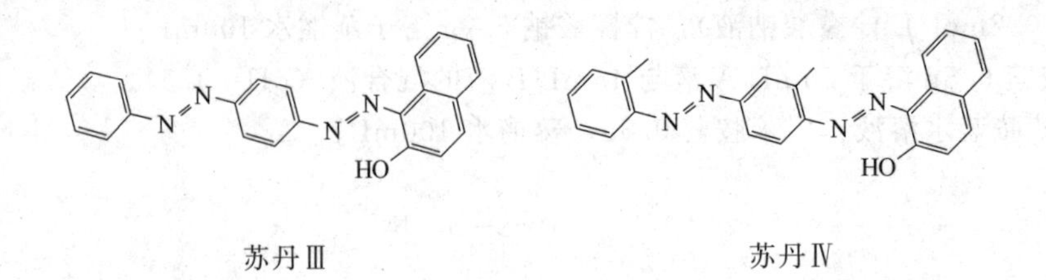

苏丹Ⅲ　　　　苏丹Ⅳ

3.1.21　苏丹Ⅳ

苏丹Ⅳ（Sudan Ⅳ）分子式为 $C_{24}H_{20}N_4O$，暗红色粉末。熔点 184～185℃。不溶于水，溶于乙醇和丙酮，易溶于苯。为弱酸性染料。用 70%乙醇饱和溶液，染色时间为 10s，是目前最好的脂肪染剂，也可使树脂、乳汁、蜡及角质等着色。

3.1.22　苯胺蓝

苯胺蓝分子式为 $C_{32}H_{25}N_3Na_2O_9S_3$，又称棉蓝（Cotton blue），是一种混合酸性染料。此染料一般很难溶于水，也不易溶于乙醇（1.5%）。植物制片中可与番红合用，用于组织染色；也可用于藻类植物染色。因为这种染料的成分很不一致，染色效果不易掌握。在植物方面用于纤维素细胞壁、非木质化组织、鞭毛等的染色。在动物组织学中的对比染色，能显示胞质、神经轴。

水溶液：苯胺蓝 1g 溶于 100mL 蒸馏水中。

乙醇溶液：苯胺蓝 1g 溶于 100mL 85%或 95%乙醇。

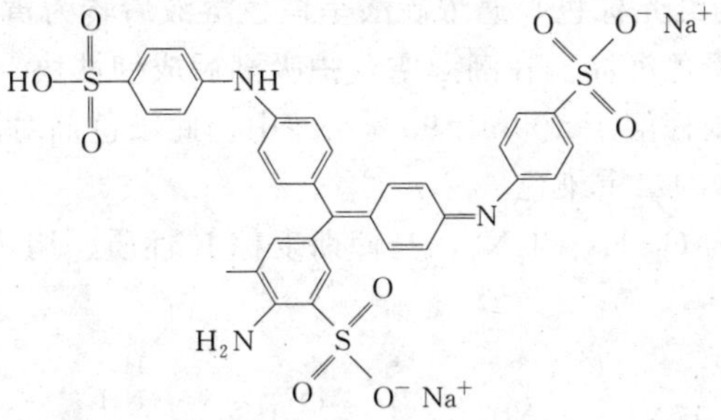

苯胺蓝

3.1.23 地衣红

地衣红（Orcein）分子式为 $C_{28}H_{24}N_2O_7$，地衣红是从茶渍衣中提出来的，可在酸性及碱性溶液中染色，但通常是溶于乙酸中染色。植物细胞学中应用较多，用作花粉母细胞及根尖等的固定和染色，其优点是细胞质着色较浅，效果较乙酸洋红还佳（目前已常用其合成染料）。

其配制方法与乙酸洋红相似，用法亦同：地衣红 1g＋45%乙酸 100mL，加热搅拌至沸，冷却后过滤即成。

3.1.24 天青石蓝

天青石蓝（Celestine blue）分子式为 $C_{17}H_{18}ClN_3O_4$，性能稳定，染细胞核较好，若与酸性染料（如葡萄海红 2R）同用，可一次完成细胞核、细胞质的染色，效果与 HE 染色相似。

天青石蓝 0.18g 溶解于 100mL 5%的铬矾水中染组织切片，细胞核呈蓝色。

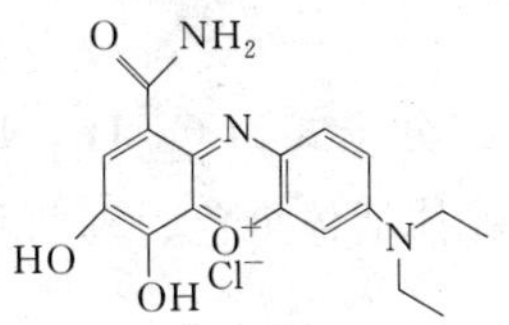

天青石蓝 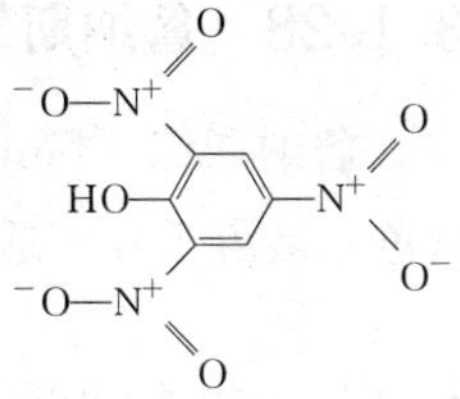　　苦味酸

3.1.25 苦味酸

苦味酸（Picric acid）分子式为 $C_6H_3N_3O_7$，黄色晶体，不易吸湿。难溶于冷水，较易溶于热水，溶于乙醇、乙醚、苯和氯仿。苦味酸对于组织渗透缓慢，且能使组织强烈收缩。但可使蛋白质、核酸等沉淀，并防止过度硬化，对以后增进染色作用很大。一般很少单独使用，常与其他药剂混合使用。固定后需要用 50%或 70%乙醇洗涤。

配制时，取 1g 苦味酸，溶解在 100mL 水或 100mL 70%乙醇中，配成 1%乙醇溶液，用于细胞质染色。

3.1.26 俾斯麦棕

俾斯麦棕（Bismarck brown）分子式为 $C_{21}H_{26}Cl_2N_8$（$C_{21}H_{24}N_8 \cdot 2HCl$），又称盐基棕或俾斯麦棕 R，偶氮碱性染料，为紫黑色、红黑色或深棕色粉末。溶于热水呈黄光棕色，微溶于冷水，水溶液加热时极不稳定；不溶于丙酮、苯、四氯化碳等溶剂；微溶于乙醇。遇浓硫酸呈棕色，稀释后为红光棕色，遇浓硫酸呈橙色溶液后转为黄色。其水溶液加盐酸不变色，加 10%氢氧化钠呈橙色沉淀。在潮湿空气中吸潮后成韧性块。

使用时，0.3g 俾斯麦棕溶于 100mL 95%乙醇中。此染色剂对活体染色十分有效，常和苏木精一起用于纤维素壁的二重染色。

俾斯麦棕 Y 分子式为 $C_{18}H_{20}Cl_2N_8$，与俾斯麦棕 R 性质、用法相似。

俾斯麦棕 R　　　　俾斯麦棕 Y

3.1.27 玫瑰红

玫瑰红（Rose bengal）又称孟加拉红、虎红、四碘四氯荧光素、酸性红 94 号。分子式为 $C_{20}H_2Cl_4I_4Na_2O_5$，紫红至红褐色颗粒或粉末。易溶于水及乙醇，溶于甘油、乙二醇，不溶于油脂、乙醚。1%水溶液 pH 为 6.5～10，呈带蓝的红色。

使用时，取 0.5g 溶于 100mL 蒸馏水配制成 0.5%溶液。有时依据染色需要，添加 0.5g 氯化钙。

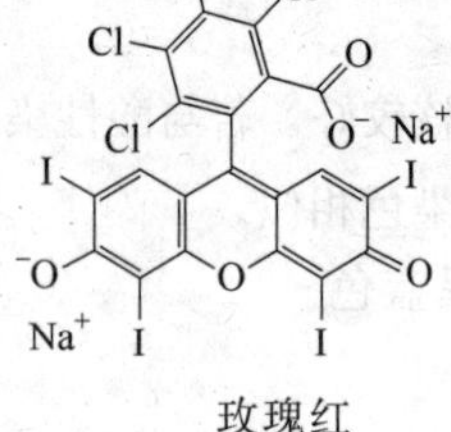

玫瑰红

3.1.28 詹纳斯绿

詹纳斯绿（Janus green）分子式为 $C_{30}H_{31}N_6Cl$，棕色、深棕色结晶性粉末。溶于水呈蓝色，微溶于醇。适用于线粒体活体染色、真菌和原虫染色、胚胎切片染色等。

线粒体活体染色常用 1/5000 詹纳斯绿染色液，称取 0.5g 詹纳斯绿溶于 50mL Ringer 氏溶液中，稍微加热（30～40℃）使之很快溶解，用滤纸过滤后，即为 1%原液。取 1%原液 1mL 加入 49mL Ringer 氏溶液中，即成 1/5000 液，装入滴瓶中备用，最好用时现配，以保持它的氧化能力。

詹纳斯绿　　　　红四氮唑

3.1.29 红四氮唑

红四氮唑（2,3,5-Triphenyltetrazolium chloride）分子式为 $C_{19}H_{15}ClN_4$，白色或黄白

色的粉末状盐类晶体，遇到 H^+ 后可被还原成为红色。

1%溶液：称取 1g 红四氮唑，加 100mL 蒸馏水溶解；

0.5%溶液：称取 0.5g 红四氮唑，加 100mL 蒸馏水溶解；

0.1%溶液：称取 0.1g 红四氮唑，加 100mL 蒸馏水溶解，或取 10mL 的 1%溶液，加 90mL 蒸馏水。

当药品不易溶解时，可先用少量甲醇或乙醇溶解后，再加需要的蒸馏水量，或加温 40～45℃。如果蒸馏水或自来水的 pH 值不在 6.0～8.0 范围内，就应在缓冲液里溶解红四氮唑。

3.1.30 间苯三酚

间苯三酚（Phloroglucinol）分子式为 $C_6H_6O_3$，白色至淡黄色晶体，光照后颜色变深，有甜味。从水中结晶时带有两分子结晶水。在沸点时升华并分解。微溶于水，溶于乙醇、乙醚和吡啶，并溶于碱溶液。

使用时，将 0.5g 或 1g 间苯三酚，溶于 100mL 蒸馏水中即成。盐酸溶液配制时称取 1g 间苯三酚，加 10mL 乙醇，再加 90mL 的 10%盐酸混匀。临用新配。染色分色清楚，木质化细胞被染成红色。

OH

HO OH

间苯三酚

一般植物组织、细胞结构与染料的选择参考表 3-1。

表 3-1 植物组织、细胞结构与染料的选择参考

植物组织、细胞结构		染料名称
整体染色		洋红、洋红酸、俾斯麦棕、哈氏苏木精
细胞壁	纤维素细胞壁	酸性品红、苯胺蓝、俾斯麦棕、刚果红、代氏苏木精、结晶紫 真曙红、甲基紫、固绿、亮绿、甲基绿、亚甲基蓝、亚甲基绿、碱性品红
	角化细胞壁	酸性品红、结晶紫、真曙红、甲基绿、甲基蓝、番红 O
	木化细胞壁	结晶紫、碘绿、甲基绿、亚甲基绿、番红 O
	栓化细胞壁	番红 O、苏丹Ⅲ、苏丹Ⅳ
	中层	海氏苏木精
细胞质		酸性品红、苯胺蓝、真曙红、固绿、孔雀绿、靛青洋红、橘红 G、刚果红、苦味酸
细胞核		洋红、结晶紫、甲基紫、碱性品红、海氏苏木精、碘绿、番红 O、甲基绿、甲基蓝
染色体		洋红、洋红酸、苏木精、碘绿、番红
质体		结晶紫、甲基紫、海氏苏木精
线粒体		橘红 G、苏木精、酸性品红、结晶紫、甲基紫
后含物		酸性品红、结晶紫、海氏苏木精、詹纳斯绿 B
脂肪		苏丹Ⅲ、苏丹Ⅳ
胶质		俾斯麦棕、刚果红
角质		番红 O

3.2 染色方法

3.2.1 染色方法的种类

植物制片的染色方法种类很多，一般可分为三类。

（1）植物显微化学反应法　这一方法有的叫组织化学法，即选用一些对植物的组织或细胞结构有特殊的反应的化学药品、染料或试剂进行测定，以鉴别出各种组织或细胞中的各个部分及所含的成分。此法简单容易掌握，对生产、科研十分有用。

（2）活体染色法（活细胞染色法）　选用对细胞无毒性的染料，如中性红、甲紫、大丽紫等，对生活的细胞或组织进行染色，以便在显微镜下观察而不影响其生命。如观察花粉粒、精子、游动孢子等。

（3）死组织染色法　即材料经过杀死固定后再进行染色，一般适用于各类切片的染色，如石蜡切片、滑走切片、薄切片等，是植物解剖学中最常用的方法。

染色的具体步骤又可分为如下两种。

（1）前进染色法　亦称积累染色法。先用比较稀的染色液进行染色，然后再逐渐加入较浓的染色液，使组织的染色慢慢加深，并不断地在显微镜下检查，染到所需的深度为止。

（2）逆行染色法　亦称为回复染色法，先将材料放在浓度较高的染色液中，将其染成过深的颜色，然后再用其它化学药品进行退色或分色，除去组织中多余的染料，达到所要求的程度。由于各种组织的细胞或细胞不同部分，对于染料的亲和力不同，因此退色或分色以后，可出现各部分不同的颜色或颜色深浅不同层次。有的把这个步骤叫作染色上的“分化”或“分化染色”。作为退色或分色的溶液，一般来说，如果染料是碱性的，就用酸性溶液来退色、分化，通常用稀盐酸，即 100mL 的蒸馏水中加几滴盐酸或稀乙酸（0.5%～1%）；若染料是酸性的，就用碱性溶液退色、分化（通常用带有微碱性的自来水或稀氨水）。

一般来说酸性染料对组织染色的渗透作用比碱性染料快，例如用番红（碱性染料）与固绿（酸性染料）做二重染色的时候，植物组织染上固绿的速度要比番红迅速得多。前者几分钟就可着色，后者要几小时到二十多小时，所以采用酸性与碱性染料做二重染色时（如上述番红-固绿二重染色），其染色原则：要先染碱性染料（如番红），将某些组织或细胞核染上较深的颜色，然后再染酸性染料（如固绿），将细胞质染色。酸性染料对已染成碱性染料的颜色，还能起到退色或分色的作用。因此染碱性染料的时候要适当染得深一些。

3.2.2　常用的染色方法与步骤

染色的方法很多，下面就石蜡切片介绍常用的二重染色法、三重染色法及四重染色法。

3.2.2.1　二重染色法

二重染色法又称逆对染色（对染），就是采用两种不同性质的染料（如选用酸性及碱性染料）来染不同的组织或细胞不同的部分，使其色泽明显，便于观察，易于区别。

一般植物制片技术上采用单一染料染色较少，多采用两种或两种以上染料，进行二重或三重及四重的染色。

（1）番红-固绿二重染色法　番红-固绿二重染色法是植物制片中最常用的一种染色方法，尤其高等植物的根、茎、叶组织的普通制片的染色，均可得到很好的效果。木质化的细胞壁及细胞核染成红色，纤维素的细胞壁及细胞质染成绿色。

下面以石蜡切片染色介绍其染色具体步骤。

① 溶蜡　将粘片、烤干后带蜡的切片置于二甲苯中溶去石蜡（即脱蜡）。需 10～20min。冬季室温过低，溶蜡的时间还须延长至半小时或放到 40℃左右温箱中（只需几分钟）将蜡除净（石蜡除不净则有碍染色或根本染不上色）。

② 复水　将去净石蜡的切片经过各级高浓度乙醇到低浓度的乙醇，即无水乙醇→95%乙醇→90%乙醇→80%乙醇→70%乙醇→50%乙醇。在每一级乙醇中停留 1～3min。

③ 染色　将切片由50%乙醇中移到0.5%或1%的50%（70%）乙醇番红染色液中染色6～24h。染好后用同级乙醇洗去多余的染料（番红在乙醇中极易退色，要适当染深些，在各级乙醇脱水的时间不可太长，一般20～40s即可）。

④ 脱水、复染　染了色的切片再经过不同浓度的乙醇脱水并复染，如50%乙醇→70%乙醇→80%乙醇→90%乙醇→95%乙醇→固绿染色液中染色（0.5%的95%乙醇溶液）10～60s，95%乙醇中洗去多余的染料再移入无水乙醇，脱净水分。切片在各级浓度乙醇中脱水的时间为3～5min。若在乙醇中容易退色的切片，脱水的时间应短些，不易退色的切片，脱水时间尽可能长一点，使水分彻底除净。总之，应以在乙醇中的切片材料内的水分能全部除净又不会退色为原则（固绿是一种着色极快的染料，因此染色时间不要过长，一般30s左右即可，否则能退去番红的颜色；染色常采用滴染的方法，即用吸管吸取固绿染色液，滴于材料上，数秒钟后将载片倾斜回收染色液，染色液可重复使用）。

⑤ 透明、封固　切片经脱水后由无水乙醇中移到1/2无水乙醇+1/2二甲苯→1/3无水乙醇+2/3二甲苯→二甲苯各经3～5min使组织透明，最后用树胶封固。

上述整个过程一般可总结为以下过程：

二甲苯（溶去石蜡10～15min）→1/2无水乙醇+1/2二甲苯（2～3min）→无水乙醇Ⅰ（2～3min）→无水乙醇Ⅱ（2～3min）→95%乙醇（2～3min）→80%乙醇（2～3min）→70%乙醇（2～3min）→50%乙醇（2～3min）→番红染色液（1%的50%乙醇中染色6～24h）→70%乙醇（30～60s）→95%乙醇（30～60s）→固绿染色液（0.5%的95%乙醇中染色10s或滴染1min）→95%乙醇（30～60s）→无水乙醇Ⅰ（30～60s）→无水乙醇Ⅱ（30～60s）→1/2无水乙醇+1/2二甲苯（2～3min）→二甲苯Ⅰ（2～3min）→二甲苯Ⅱ（3～5min）→封固。

（2）番红-结晶紫二重染色法　研究植物组织学与胚胎学常用的一种方法，只要染色适度，一般均可得到较好的染色效果，颜色为红紫对称，十分鲜明美观。

其步骤如下：材料切片经过溶蜡→各级乙醇过渡→50%乙醇→番红染色液（1%的50%乙醇中染色6～24h）→70%、95%乙醇（各30～60s）→苦味酸的95%乙醇溶液中染色（5～10s）→95%乙醇（洗去苦味酸溶液）（10～20s）→无水乙醇（10～20s）→结晶紫、无水乙醇及丁香油溶液染色（10～20s）→1/2二甲苯+丁香油（10～15s）→二甲苯Ⅰ（2～3min）→二甲苯Ⅱ（3～5min）→封固。

注意：①切片材料经苦味酸分色后，应用同浓度乙醇洗净苦味酸，否则会继续退色；②结晶紫的丁香油和丁香油、二甲苯混合液，一般都是采用滴染的方法，染后可回收再用；③结晶紫的无水乙醇丁香油染色液的配法是，0.1g结晶紫溶解于20mL无水乙醇中，再加20mL丁香油。

（3）番红-苯胺蓝二重染色法　应用番红-苯胺蓝二重染色法，对高等植物的根、茎的组织及胚胎发育的染色，均可获得十分满意的结果，对于许多材料用苯胺蓝染色要比固绿好，因固绿往往染色过深，苯胺蓝则无此缺点，它的缺点是时间长了略有退色的现象。其染色方法与番红-固绿染色法相同，即用苯胺蓝代替固绿。染色体、核仁染成红色，纤维素壁染成蓝色，细胞质几乎无色。

其步骤如下：切片材料经脱蜡、复水至50%乙醇→番红染色液[1%的50%乙醇中染色（6～12h）]→95%乙醇（各30～60s）→苯胺蓝染色液（1%的95%乙醇中染色1～2min）→无水乙醇Ⅰ（2～3min）→无水乙醇Ⅱ（1～2min）→1/2二甲苯+1/2无水乙醇（2～3min）→二甲苯Ⅰ（3～5min）→二甲苯Ⅱ（2～3min）→封固。

注意：苯胺蓝一般极少染色过度，所以染色后，不必进行退色或分色。

(4) 甲紫-真曙红二重染色法　甲紫-真曙红染色法对于根尖细胞的有丝分裂的染色效果极好，能将分裂期的染色体及休止期的染色质染成紫色，细胞质染成粉红色，细胞壁染成红色，十分美观。

其染色步骤如下：切片材料经脱蜡降至蒸馏水中→1%甲紫水溶液中染色（15～30min）→用水洗去多余的染料（1～2min）→脱水至95%乙醇的苦味酸饱和液中分色（10～15min）→95%的氨乙醇以停止其酸化作用（10～15min）→无水乙醇（10～15s）→真曙红染色液（1%的无水乙醇及丁香油混合液中染色10s左右）→丁香油（透明20～30s）→二甲苯Ⅰ（2～3min）→二甲苯Ⅱ（3～5min）→封固。

注意：在100mL 95%乙醇中加2～3滴氨水即为氨乙醇。

(5) 海氏铁矾苏木精-番红二重染色法　海氏苏木精染色法是植物解剖中最常用的染色方法，一般都可获得较好的效果。番红能将木化、角化、栓化的细胞壁及细胞核染成红色；而苏木精可将纤维素的细胞壁及细胞质染上蓝黑色，可明显区别不同组织的解剖结构。

切片材料经脱蜡降至蒸馏水→4%铁矾冲媒染（30min～2h）→流水冲洗（3～5min）→蒸馏水更换2～3次（1～2min）→0.5%苏木精中染色（30min～4h）→自来水洗去多余染料→1%或2%铁矾溶液中分色（显微镜下检查）→流水冲洗20～40min→蒸馏水→30%乙醇→50%乙醇→1%番红的50%乙醇中染色（2～24h）→70%乙醇（30～60s）→95%乙醇（30～60s）→无水乙醇Ⅰ（30～60s）→无水乙醇Ⅱ（30～60s）→二甲苯（3～5min）→封固。

注意：①一般细胞学上的研究，如观察根尖、茎尖的细胞分裂的各期，以铁矾苏木精染色即可，不必加番红复染；②铁矾溶液与苏木精染色的浓度与染色的时间，应根据材料的性质与实践灵活掌握，初学者要多在显微镜下检查染色程度；③经铁矾溶液媒染后，一定要用水洗净，经蒸馏水后，再移到苏木精染色，若铁矾溶液未去净，易使苏木精变坏；④用铁矾溶液分色后，必须在流水冲洗20～30min，洗净铁矾溶液，才能脱水，以免退色，而且自来水一般呈碱性，有增色作用，颜色会更加呈蓝黑色。

(6) 甲基绿-酸性品红二重染色法　这种染色方法对于植物细胞的有丝分裂的染色效果十分好，可将染色体及细胞核染成绿色，而纺锤丝及细胞质染成红色。

其染色步骤：切片材料经溶蜡降至蒸馏水→甲基绿（1%水溶液）中染色（1～12h）→水洗（更换3～5次）→蒸馏水→酸性品红（1%水溶液）中染色（3～5min）（用吸水纸吸去片上多余染料）→95%乙醇（3～5min）→无水乙醇Ⅰ（5～15s）→无水乙醇Ⅱ（30～60s）→丁香油透明（1～2min）→二甲苯Ⅰ（2～3min）→二甲苯Ⅱ（3～5min）→封固。

注意：①甲基绿与酸性品红的染色时间因材料不同变化很大，要多在显微镜下检查，掌握适当的颜色；②此种染色在乙醇中极易退色，故脱水的时间应缩短。

(7) 福斯特鞣酸-氯化铁二重染色法　这种染色方法常应用于对分生组织如植物生长点的染色，该法可将细胞壁染成深蓝色或黑色，细胞质染成灰色而细胞核染成红色。

其染色步骤：切片材料经溶蜡降至蒸馏水→1%鞣酸水溶液（媒染5～10min）→蒸馏水（更换2～3次）→3%氯化铁水溶液（3～5min）→水洗（更换2～3次）→50%乙醇（3～5min）→番红染色液（1%的50%乙醇）（12～48h）→70%乙醇中分色（1～2min）→90%乙醇（2～3min）→无水乙醇Ⅰ（2～3min）→无水乙醇Ⅱ（2～3min）→二甲苯Ⅰ（2～3min）→二甲苯Ⅱ（3～5min）→封固。

注意：①在每100mL的鞣酸水溶液中加1g水杨酸钠防腐；②经鞣酸溶液媒染后，一定要用蒸馏水洗净后，才能用三氯化铁溶液染色，否则会产生不易除去的黑色沉淀。

3.2.2.2 三重染色法

（1）番红-结晶紫-橘红 G 三重染色法　亦称弗来明染色法，是细胞学研究中常用的一种方法，尤其对分裂细胞的染色更佳。染色体可染成红色，纺锤丝与质体染成紫色而细胞质染成橘红色。采用此法染色的材料宜用含有锇酸或铬酸的固定液固定。

其染色步骤：切片材料经溶蜡、过渡至 70%乙醇→1%番红的 50%乙醇溶液中染色（6～24h）→50%乙醇→蒸馏水→1%结晶紫水溶液染色（30～60min）→水（或 50%乙醇）冲洗去多余染料→50%乙醇（2～3min）→95%乙醇（2～3min）→无水乙醇（2～5s）→橘红 G 丁香油饱和液（滴染）→二甲苯Ⅰ（2～3min）→二甲苯Ⅱ（3～5min）→封固。

注意：①在番红中染色的时间，根据不同材料的性质而不同，大多数掌握在 12～24h；②结晶紫亦可配成 95%乙醇溶液进行染色，但染色效果不如水溶液好；③橘红 G 丁香油饱和溶液除作染色作用外，同时作为番红与结晶紫的分色剂，染色时间要短，不要超过 10s，否则会退去番红与结晶紫的颜色；④橘红 G 丁香油饱和液染后可回收重复利用。

（2）结晶紫-苦味酸-碘三重染色法　植物细胞分裂中染色体染色较好的方法，染色体可染成紫色，细胞质则染成黄色。

其步骤如下：材料至蒸馏水→95%乙醇→碘-碘化钾溶液中媒染 15min→蒸馏水洗（1～2min）→1%结晶紫水溶液（10～15min）→蒸馏水洗（1～2min）→碘-碘化钾水溶液（3～5min）→95%乙醇（1～3min）→苦味酸（0.5%无水乙醇）（滴染 1s）→无水乙醇Ⅰ（5～10s）→无水乙醇Ⅱ（5～10s）→丁香油分色（滴染，至紫色物质不再溶出为止）→二甲苯Ⅰ（2～3s）→二甲苯Ⅱ（3～5s）→封固。

注意：①碘化钾溶液的配制为碘化钾 0.5g＋碘 0.5g＋蒸馏水 5mL＋无水乙醇 45mL，先将碘化钾溶于水，待全溶后再加入碘（否则碘难溶解），然后再加入无水乙醇，充分混合备用；②第一次在碘-碘化钾溶液媒染后，必须用水彻底洗净；③在苦味酸中时间不能过长，否则结晶紫会退色。

3.2.2.3 鞣酸-铁矾及番红-橘红 G 四重染色法

对根尖、茎尖分生组织的染色较佳，能够克服因分生组织的细胞壁较薄而一般染色剂染色模糊、不易区分的缺点。

其染色步骤如下：切片材料至蒸馏水→2%氯化锌水溶液染色（1～2min）→自来水洗（5min）→1/2500 番红水溶液（5min）→自来水洗（3～5min）→橘红 G＋鞣酸溶液染色（1～2min）→自来水洗（3～5s）→5%鞣酸水溶液（在 100mL 鞣酸溶液中加数粒苯酚结晶）→自来水（3～5s）→自来水洗（3～5s）→50%乙醇、70%乙醇、80%乙醇、95%乙醇（各 5～10s）→无水乙醇Ⅰ（5～10s）→无水乙醇Ⅱ（5～10s）→二甲苯Ⅰ（5～10s）→二甲苯Ⅱ（5～15s）→封固。

注意：①染色过程的每一个步骤都要迅速进行；②1/2500 的番红水溶液的配制是在 100mL 蒸馏水中加入 4～5 滴普通配制的番红溶液即可；③橘红 G＋鞣酸染色液的配制方法为橘红 G 2g＋鞣酸 5g＋蒸馏水 100mL＋苯酚结晶数粒。

3.2.2.4 高碘酸-希夫反应

简称 PAS 反应法，是一种组织化学反应法，常作为高等植物纤维素细胞壁、淀粉粒的染色。目前被广泛应用于动植物制片的染色。应用药剂如下：

① 1mol/L 盐酸：8.25mL 浓盐酸用蒸馏水定容至 100mL。

② 希夫试剂：0.5g 碱性品红溶于 100mL 煮沸的中性蒸馏水中，搅拌几分钟，冷却至

50℃，过滤于有色的小口玻璃瓶中，并加入 10mL 1mol/L 盐酸、0.5g 偏亚硫酸钠（$Na_2S_2O_5$）或偏亚硫酸钾（$K_2S_2O_5$），充分搅拌后，加 2g 活性炭，搅动 1min，过滤于细口瓶中，将瓶塞盖紧，置于黑暗处，经 18～24h 后，染色液为淡茶色或无色，可以应用。

③ 漂洗溶溶液：1mol/L HCl 15mL＋10％偏亚硫酸钠水溶液 5mL＋蒸馏水 100mL；现用现配。

④ 高碘酸溶液：0.5g 高碘酸溶入 100mL 的蒸馏水，配成高碘酸水溶液；或 0.5g 高碘酸钾溶入 100mL 的 0.3％硝酸，配成高碘酸溶液。

其染色步骤如下：切片至蒸馏水→自来水冲洗（5min）→0.5％高碘酸水溶液（5～15min）→蒸馏水洗（3～5s）→希夫试剂处理（15～30min）→漂洗液漂洗 3 次（每次 3～5min）→自来水冲洗（3～5min）→脱水、透明、封固。

3.2.2.5 多色反应染色法（福尔格法）

染色时间短、操作比较简单、容易掌握，应用较普遍。只需用两种染料即可将植物组织染成多种颜色，效果非常好。对植物发育胚珠的染色效果更佳，如花生花芽分化、发育胚珠染色时，外珠被的表皮染成红色、内层为蓝紫色、内珠被染成紫色、珠心组织染成鲜绿色、胚囊内游离核染成蓝绿色、细胞核染成紫红色，而核仁成鲜红色、细胞质为淡蓝色。总之，组织或细胞的不同部位呈现不同色泽。

染色步骤如下：切片至蒸馏水→酸性品红乙酸液（5min）→水洗（5min）→亮绿或固绿（0.1％水溶液，5min）→水洗（5min）→50％乙醇、70％乙醇、90％乙醇、95％乙醇（各 2～3min）→无水乙醇Ⅰ（2～3min）→无水乙醇Ⅱ（2～3min）→二甲苯Ⅰ（2～3min）→二甲苯Ⅱ（2～5min）→封固。

注意：①酸性品红-乙酸液的配制方法为酸性品红 0.5g＋4％冰乙酸水溶液 100mL；用时配制，长时间（5～7d）就逐渐失去效力，可将酸性品红配成 10％水溶液，应用时再按下列方法配制，即酸性品红（10％水溶液）5mL＋蒸馏水 91mL＋冰乙酸 4mL。②脱水到无水乙醇Ⅱ以后，可以加橘红 G 丁香油饱和液滴染（2～5s），可呈现出更多的色泽层次。

3.2.2.6 核酸染色

（1）福尔根（Feulgen）反应法　准确地说这不是一种染色法，而是鉴别细胞中核酸反应的组织化学方法，反应的结果为产生一种特殊的紫红色。当染色质中所有的醛类与一还原无色的碱性品红作用时，就出现这种颜色。

染色之前，需先配制 1mol/L 盐酸、希夫试剂、漂白（洗）液。

染色步骤：材料入蒸馏水中→1mol/L HCl 溶液保持在 60℃水浴中 6～15min→1mol/L HCl 溶液中 1min（室温）→脱色碱性品红染色液中（1～5h）→漂白液中更换 3～5 次（每次 1～10min）→流水冲洗（10～15min）→蒸馏水洗→70％乙醇→95％乙醇→无水乙醇Ⅰ（30～60s）→无水乙醇Ⅱ（30～60s）→1/2 无水乙醇＋1/2 二甲苯→二甲苯Ⅰ（2～3min）→二甲苯Ⅱ（3～5min）→封固。

注意：①配制脱色碱性品红时，需十分注意保持干净，所用的玻璃用具洗净后均需用重蒸馏水再洗一次，配制用的蒸馏水也必须用重蒸的，所用染料也必须十分标准，应放置在黑暗处，否则容易变质；此液反应受温度的影响，在 9～11℃时反应最活跃，如过高（30～35℃）往往受影响。②材料在 60℃ 1mol/L HCl 溶液中处理的步骤，是一水解作用，为了使核内蛋白质释放醛基，从而与脱色碱性品红（为 SO_2 漂白）起化学反应而组成有色的化合物，水解时间的长短因各种固定剂与组织的不同而有差异。其中最主要的是温度，必须保持在60℃±0.5℃，因为温度过高蛋白质被破坏，过低不能达到水解的目的。③所用的漂白液必须新鲜配制，如果溶液中已失去 SO_2 刺激味即不能应用。材料在此液中有分色的作用，可除掉多余染色。④将用福尔根染色法染色的材料，经脱水至95%乙醇。需要时可用固绿或橘红G对染。⑤此染色法可用作整体或切片后染色，效果都良好，如果用作整体染色，则在染色液和漂白液中的时间要长些，如要制成石蜡切片，脱水时间按一般石蜡切片法即可。⑥此种染色所应用的固定液除含苦味酸的固定液以外，其他固定液都适用。

(2) 甲基绿-派洛宁G显示DNA和RNA　甲基绿能将染色质中的脱氧核糖核酸(DNA)染成绿色，而派洛宁则能把核仁和细胞质中的核糖核酸(RNA)染成不同程度的红色。这种染料已被广泛地应用到细胞学和胚胎学的研究范围中，最早是翁那(Vnna)确定了一个配方，即黄色结晶状的甲基绿0.5g、派洛宁0.25g溶于2.5mL 95%乙醇中，再把此混合液用20mL的甘油和100mL的0.5%浓度的苯酚水溶液稀释。

切片染色20min，迅速用水洗净，然后很快地放入无水乙醇中脱水。之后再用柑橘油或二甲苯透明，用加拿大树胶封存。

用乙醇固定液固定的材料，可以获得理想的颜色。

另有一种是特列冯(Tpebah)等(1951)所创造的配方。

溶液A：5%派洛宁水溶液17.5mL+2%甲基绿水溶液10mL+蒸馏水250mL；

溶液B：0.2mol/L的pH=4.8的乙酸盐缓冲液。先将1.2mL乙酸液用水稀释到100mL，再将2.75g的乙酸钠用水稀释到100mL，然后将此二液按前者77mL和后者100mL比例混合。在应用之前，把A液与B液按等量混合，混合液有效期一周左右。

切片在溶去石蜡以后，逐步由乙醇进到水中，将切片从水中移入混合液中(10～20min至24h)，此后再把切片移入水中数秒(时间过长会把派洛宁洗去)，并用滤纸把切片材料周围的液体吸去，待切片稍干再放入100%丙酮中，再顺序经1∶1、1∶9的丙酮、二甲苯混合液，然后切片再经纯二甲苯，用加拿大树胶封存。

染色体被染成绿色、蓝绿或绿红色，而核糖核酸成红色。

由于甲基绿中总含有少量的甲基紫，因此应事先把它除去，只有在不含甲基紫时才能做组织化学反应试验。在把派洛宁和甲基绿混合以前，应先把后者用氯仿洗净，方法是向染料中加入略为过量的氯仿，经充分摇动后，静置2～3d。此时上层含有甲基绿的液体即可分出(最好用分液漏斗)。而氯仿和溶于其中的甲基紫即沉降于下部。染料应用此法要反复洗2～3次，一直到氯仿内差不多没有甲基紫为止。此时染料即适宜应用，染色质由于有甲基紫的存在会被染成绛红色。

3.2.2.7　线粒体染色

线粒体是生活细胞中的微小颗粒体，形状变化很多，有杆状、线状、粒状、螺旋状等。线粒体很容易被一般的固定液，特别是含有酸的固定液所破坏，即为酸类能溶解或改变它们原来的形状；固定液中如有乙醇，也会将线粒体破坏，因此，须用特别的固定液处理，应尽量减少或避免应用乙醇。

(1) 彭达固定剂　1%铬酸水溶液16mL+2%锇酸水溶液4mL+冰乙酸2滴。

材料固定后，用水冲洗，彻底除去其中的酸类，然后依一般的铬酸-乙酸固定液处理，逐渐脱水。用铁矾-苏木精染色，由此制成制片，往往可得到极好的效果。

(2) 彭雷固定液　2%锇酸溶液1份+2.5%氯化汞水溶液4份。

在每10mL的固定液中，加一滴冰乙酸，材料在此液中固定24～48h，然后用水冲洗，除去酸类。在材料切成薄片黏于载玻片上以后，用过氧化氢进行漂白，再用水彻底冲洗，并用碘液检查氯化汞是否完全洗去，如已洗净，再用水冲洗，这时即可进行染色，最适用的染色液为铁矾-苏木精染色液。

(3) 雷加特法　此法对洋葱等的根尖细胞的线粒体的染色极佳，其步骤如下：

①将材料固定于重铬酸钾-甲醛液（3%重铬酸钾水溶液 8 份+4%甲醛水溶液 2 份）中 4d，并时常换液；②移入 3%重铬酸钾水溶液中一周，每天换液一次；③用水冲洗；④脱水、透明、包埋、切片、脱蜡，下降至水（与一般石蜡制片法相同）；⑤用铁矾-苏木精染色；⑥脱水、透明至封片。

3.2.2.8 胞间连丝（原生质连丝）染色

(1) 简便方法

①将材料切成薄片，或贴好的切片置于等量的硫酸和水的混合液中，2～10min，使细胞膨胀；②用水彻底洗去材料中的酸类；③在苯胺蓝水溶液中染色（苯胺蓝 1g 溶解于饱和苦味酸的 50%乙醇溶液 100mL 中，并加几滴乙酸）；④染色后用水冲洗；⑤脱水、透明（可用丁香油）、封固。

(2) Meyer 法

①将材料固定在硫酸水溶液中（硫酸 2mL+水 100mL+苦味酸约 0.25%）固定 2h；②70%乙醇冲洗；③放入 2%～5%的硫酸中 30min；④染色（一份甲基紫的饱和乙醇溶液，用 30 份 25%硫酸稀释，另加碘的碘化钾溶液数滴作为媒染剂）至染色适度为止；⑤用 70%乙醇洗涤；⑥脱水、透明、封片。

3.2.2.9 花粉管染色

关于花粉管的染色法及全部封存，有各种不同的方法，下面介绍几种较简便的方法。

(1) Newcomber 法　煮 0.5g 琼脂加适量的糖（约 1g）于 25mL 清水或其它营养液中，冷却至 35℃，再加 0.5g 明胶，搅匀溶解为止，将此物质保存在 25℃的温箱中。制片时，用手指涂抹少量在清洁的玻片上，然后把花粉撒上，放在湿润器中让它萌发并时常在显微镜下观察，认为适合时即进行固定。

最适用的固定液为拉瓦兴固定液，固定 12～24h，用结晶紫染色 5min，用橘红 G 丁香油溶液分色。然后脱水、透明、封存。

(2) 柱头固定染色　花粉在柱头上自然萌发后，用洋红-钾钒染色。脱水后用稀胶渗透，在封存前，将柱头解剖或压碎于玻片上然后在显微镜上观察，封存。

洋红-钾矾的配法与染色：溶 12g 硫酸铝钾于 160mL 蒸馏水中，加热煮沸，加入 12g 洋红，并继续加热 20min，然后放置使其冷却，待完全冷却后倾出上面的溶液，并加入适量的水，再加热煮沸，待冷却再倾出上面的浮液。将这种液体过滤，然后让它缓缓蒸发到 100mL 为止，加入少量麝香草酚以防止霉菌污染，此液可贮藏备用。染色时间为 24～48h，然后用水冲洗 20～60min，除去其中的钾钒，脱水、透明、封片。

(3) 授粉的花柱染色　授粉后的花柱纵切后放入乳酸酚-苯胺蓝中染色。染色液浓度应低，以不超过 0.1%为宜，材料可直接封存在染色液里。

乳酸酚-苯胺蓝的配法：乳酸酚、甘油、水各 100mL，先把酚溶在水里（不要加热，以防氧化），然后再加入甘油及乳酸，再把苯胺蓝溶解在该溶液中配成 1%苯胺蓝乳酸酚溶液，染色时再稀释至 0.1%。

(4) 花粉管中染色体染色　其步骤如下：

① 琼脂0.5g、蔗糖1g、水25mL加热煮沸，0.5g的明胶粉加入其中搅拌，然后涂在热载片上，把花粉撒在上面，放在湿润环境萌发；

② 待花粉萌发后，用拉瓦兴固定液固定；

③ 在1%的高锰酸钾溶液中染3min，用5%草酸洗1～3min；

④ 在10%铬酸中媒染30min，水洗后在1%结晶紫水溶液中染4h；

⑤ 用碘-碘化钾溶液（1.1：100，80%乙醇）处理后用95%乙醇洗；

⑥ 用橘红G的1%丁香油溶液套染（用几种含不同染料的染液分先后两次进行浸染，从而染得由这几种颜色调配而成的色彩）2～4min（染色体可染成很深的颜色）；

⑦ 用无水乙醇洗涤，透明、封片。

3.2.2.10 整体染色

所谓整体染色法即指在材料经固定之后，于脱水之前先行染色，然后再按常规方法脱水、透明、浸蜡、包埋和切片，切片经脱蜡后即可封片观察，即“先染后切”。由于这种方法可以一次染大量材料，免去了切片后一片片单独染色和分色的繁重工作，节省时间、人工和药品，而且切片不会脱落，染色清晰，制片效果和常规方法无异，因而广泛应用于教学和科研中，特别是在大批量生产切片时，其优越性更为突出。

（1）爱氏（Ehrlich）苏木精整体染色

① 选取根尖、茎尖、花药、子房或胚珠、花芽等作为材料；

② 材料经拉瓦兴固定液（或按需要选用的固定液）固定24h后经水漂洗，或在30%乙醇中洗涤数次，换入50%乙醇1～2h（如需保存材料可继续脱水至70%乙醇中，贮存于冰箱中）；倾去乙醇，加入上述经稀释的苏木精染液，染色2～3d。倾去染液，加入蒸馏水漂洗，换洗数次至水中无浮色。换入自来水使材料返蓝，换水数次，最后经过蒸馏水换入30%乙醇，然后按常规石蜡切片法脱水制片。

此法制片染色清晰，一般不需要复染。如要复染时，整体材料可在脱水过程中用95%乙醇配制成0.1%的橘红G溶液，或1%伊红溶液，脱水兼染色2～3h。

（2）乙酸-水合氯醛-铁矾苏木精整体染色

贮备液A：2g苏木精溶于100mL 45%冰乙酸中；

贮备液B：0.5g铁明矾溶于100mL 45%冰乙酸中。

使用前一天将A液与B液等量混合，在每5mL混合液中溶入2g水合氯醛，即为染液。染液存放时容易产生沉淀和使细胞质着色，因此，以配制后2～14d的新鲜液效果最佳。染色过程中不需媒染和分色。整体染色时间一般为12～24h，部分材料亦可持续染3～4d。

① 固定后的材料在70%乙醇中保存备用；

② 蒸馏水漂洗后，在1mol/L HCl中浸20min；

③ 在60℃、1mol/L HCl中水解8～10min；

④ 蒸馏水漂洗2h后在乙酸-水合氯醛-铁矾苏木精染液中染色12～24h；

⑤ 用自来水稍加冲洗后，常规石蜡切片。

此法制成的小麦和玉米的受精过程及胚胎发育切片和常规方法制成的效果无异，但省时省力，效率高。如需复染可按爱氏苏木精方法进行。

（3）福尔根（Feulgen）反应整体染色法

① 材料固定后在70%乙醇中保存备用。存放较长时间的材料，可在染色前用新配制的卡诺固定液重新固定一次；

② 材料复水至蒸馏水后，浸入1mol/L HCl中20min；

③ 材料在 60℃、1mol/L HCl 中水解 10～15min；

④ 经蒸馏水漂洗后，材料在希夫试剂（Schiff）中整体染色 3h 以上；

⑤ 用漂洗液漂洗 10h 以上，其间更换漂洗液至少三次；

⑥ 按常规石蜡切片法脱水和制片。

如在染色后整体材料脱水至 95%乙醇时，用 0.1%的固绿 95%乙醇溶液脱水兼复染 2～3h，则制片更为精美。

(4) 高碘酸-希夫（PAS）反应整体染色法

① 材料经固定后保存于 70%乙醇中备用；

② 材料复水至蒸馏水，然后在高碘酸氧化剂中氧化 1h；

③ 材料经流水冲洗 30min，然后用蒸馏水漂洗 2h；

④ 材料浸入希夫试剂中染色 3h 以上；

⑤ 用漂洗液换洗 3～5 次，约 10h；

⑥ 如需复染，材料经蒸馏水漂洗 2h，再用爱氏苏木精染色 2～3d；

⑦ 蒸馏水换洗，去掉浮色后经自来水返蓝，然后按常规石蜡切片法脱水制片。

3.2.2.11 活体染色

(1) 线粒体活体染色　詹纳斯绿 B 对线粒体有特殊染色性，由于线粒体中的细胞色素氧化酶系的作用，染料始终保持氧化状态呈蓝绿色，而周围的细胞质中的染料被还原成无色的色基。因此可以用体外活体染色的方法观察线粒体的形态。

Ringer 溶液：NaCl 8.5g、$CaCl_2$ 0.12g、$NaHCO_3$ 0.2g、KCl 0.14g、Na_2HPO_4 0.01g、葡萄糖 2g，加蒸馏水定容至 1000mL。

1%和 1/5000 詹纳斯绿溶液：称取 0.5g 詹纳斯绿溶于 50mL Ringer 溶液中，稍加热（30～40℃）使之很快溶解，用滤纸过滤，即成 1%原液。临用前，取 1%原液，加入 49mL Ringer 溶液混匀，即成 1/5000 工作液，装入棕色瓶备用，以保持它的充分氧化能力。

① 酵母线粒体活体染色　取一装有 2mL 米曲汁固体培养基的试管，溶化后冷却至 48℃左右，接入一定量的培养适时的酿酒酵母，混匀后，迅速滴在无菌载玻片上，轻轻加上盖玻片，使其在载玻片上形成一层均匀的薄膜，置于无菌培养皿中的支架上。取下盖玻片，盖好培养皿，待标本完全冷却且表面干燥后，置于 1/5000 詹纳斯绿中染色 30min，然后用 Ringer 溶液洗涤，最后将标本上残留的溶液吸干，加上盖玻片于显微镜的油镜下观察。酵母细胞质中线粒体被染成蓝绿色。

② 植物细胞线粒体的活体染色　用吸管吸取 1/5000 詹纳斯绿染液，滴在干净的载玻片上，然后用镊子撕取洋葱鳞茎内表皮一小块，置于染液中，染色 10～15min 后吸去染液，加一滴 Ringer 液，使内表皮展平，盖上盖玻片，显微镜下观察。可见表皮细胞中央被一大液泡所占据，细胞核被挤至旁边，线粒体染成蓝绿色，呈颗粒状或线条状。

(2) 液泡活体染色　1%和 1/3000 中性红溶液：称取 0.5g 中性红溶于 50mL Ringer 溶液，稍加热（30～40℃）溶解，滤纸过滤后装入棕色瓶，暗处保存（防止氧化沉淀，失去染色能力）。临用前，取 1%中性红溶液 1mL，加入 29mL Ringer 溶液混匀，装入棕色瓶备用。

撕取洋葱鳞茎内表皮，放在加有一滴 1/3000 的中性红染液的载玻片上，染色 5～10min，用吸水纸吸去中性红染液，换上 Ringer 溶液，盖上盖玻片，显微镜观察，可见到被染成砖红色的中央大液泡。

3.3 染色中必须注意的几个问题

3.3.1 染色液浓度

染料在溶液中的浓度，对于材料的染色有很大的影响。一般高浓度染色液的效果，不如用低浓度的染色液加长染色时间的效果好。但是有的材料在低浓度染色液中，染色困难不易着色，需要高浓度的染色液以获得良好的效果。因此，要根据材料与经验确定使用的染色液的浓度。

3.3.2 染色温度与时间

温度对染色影响较大，较高温度可促进染色，但在一般情况下，室温就可以了。有时要加速染色作用，可以提高温度，以便于加快着色；染色时间也要根据染料性质及材料而定。缺乏经验的时候，在染色过程中要不断镜检，确定合适时间。

3.3.3 固定液对于染色的影响

固定液对于染色影响很大，有的固定液对于某些染色有促进的作用，有的固定液则会阻碍染色。要依据整个制片程序，选择合适的固定液。

如用洋紫苏茎尖显示细胞有丝分裂时，采用不同的固定液，分别用拉瓦兴固定液与 F. A. A. 固定液固定，然后用同样的方法染色（番红-结晶紫-橘红 G 三重染色），应用拉瓦兴固定液固定材料，可获得良好的结果。细胞核、染色体被染成红色，核仁染成深红色，细胞质染成紫色，而用 F. A. A. 固定液固定的材料，则分色不清，细胞核及细胞质均染成紫红色不易辨别。在拉瓦兴固定液中含有铬酸，起到媒染的作用，增加了番红对细胞核与染色质的亲和力，使颜色加深。用 F. A. A. 固定的材料在染色之前，如用铬酸液处理（即媒染 1d），可得到同样良好的效果。

若干种固定液可将有丝分裂中的染色质网保存得很完全，在此类固定液中，某些物质对于染色质网发生媒染作用，因此，在以后染色时染色质网就能着色。但有的固定液则不发生媒染作用，必须加用其他媒染剂；有的用了媒染剂反而不好。

3.3.4 染色时应注意的几个问题

① 染色之前，应该根据材料的结构和性质以及观察目的来选定染色方法。

② 材料从溶液转入染色液时，两种溶液的浓度应当相同。例如，用水溶液的染色液，材料必须过渡到水中才放进染色液；用 50%乙醇溶液的染色液，应过渡到 50%乙醇中再进入染色液。

③ 染色宁深勿浅。部分染色过程，在染色后必须进行分色。

④ 加酸或碱退色后，必须注意彻底洗净，否则后续其它染料不易染色成功，同时制好的片子本身的颜色也会渐渐退掉。

⑤ 每种染色方法的染色、分色都有一个时间范围，但在实际操作时，因材料性质不同，或其它条件不同，往往会有出入，染色、分色时间应由制片者灵活掌握，制作开始时最好以少数材料作尝试，成功后，再以同样的时间和方法大量制作，以免造成不必要的损失。

⑥ 染色后或已制成制片，不可置于日光下，以免退色。

第 2 篇 植物细胞与组织制片方法和技术

在自然状态下，即使利用显微镜也无法观察到植物体的内部组织构造，必须经过特殊的技术手段，将要观察的植物材料做成极薄的片状体，使光线能通过观察的材料，才能利用显微镜对植物组织结构进行观察研究。

植物的制片方法很多，可根据保存的时间分为两种类型，一种是临时制片，另一种是永久制片。

临时制片是主要为了临时观察研究，不需要长时间保存的一种简便方法，也是教学科研中常用的一种方法。临时制片的方法很多，如新鲜材料的组织切片、药材粉末的临时装片、药材的解离装片等，可根据需要选用。

永久制片是为了使切片长期保存的一种制片方法，这种制片方法较为复杂，特别是用新鲜的材料制片，必须经过固定、脱水、透明、包埋、切片、染色、封藏等过程。一些小的生物的整体制片及一些特殊需要研究的制片也常采用这种方法。

根据制片的方法又可分为切片法和非切片法。

切片法是用切片刀或切片机将材料按要求切成一定厚度的薄片后进一步处理而形成切片的方法，如徒手切片、石蜡切片、滑走切片、冰冻切片、火棉胶切片、超薄切片等。

非切片法是用物理或化学的方法将材料分离成为组织碎片或单个细胞，也可将适当的材料进行整体封藏的制片方法。如压片、涂片、解离制片及整体制片等。

第4章 石蜡切片法

石蜡切片技术是显微技术中最重要、最常用的方法之一。此法是将材料包埋在石蜡中，然后连同石蜡在切片机上一同进行切片，所以称作石蜡切片法。最初的石蜡切片方法，切片材料仅仅是被石蜡所围绕，并非被石蜡所渗透。直到 1882 年 Bourne 发表一篇关于石蜡包埋技术的报告之后，石蜡包埋法才被广泛地采用，在植物细胞、组织研究史上发挥了重要作用，并且在今后仍将作为一项常规技术而发挥作用。它的主要优点是不仅可以把材料制成极薄的切片（可薄至 2～3μm），而且能制成连续的切片，这是其他制片法难以达到的。除一些小材料因经不住石蜡切片法中所应用的各种药剂处理，而不能应用石蜡切片法外，一般材料都可以应用石蜡切片法制片。它的缺点是石蜡包埋的较大组织块不易切好，容易破碎，组织在脱水、透明过程中会产生收缩，易变硬、变脆。石蜡切片法的主要步骤如固定、脱水、染色等基本原理已在前边有关章节中作了详细叙述。下面介绍其主要步骤。

4.1 取材、固定、保存、洗涤

4.1.1 取材

选择好材料是一切制片法中的第一个重要步骤，是制片成败的关键。石蜡切片法由于步骤复杂，制作过程时间长，所以更显得重要，如果材料选择不当，会造成无法挽回的损失。材料的选择，主要根据制片的目的、需要，同时应尽可能选取有代表性的、新鲜的材料，然后将其切取、分割，除个别特殊要求需要大材料外，一般宜尽量小些，以便投入固定液后迅速固定。

如何取材、切割参见本书第 2 章。

4.1.2 固定

将选取的新鲜材料立即投入固定液内，迅速杀死细胞以保持组织及细胞的原有结构和状态。对固定液的选择，应根据不同组织的性质及制片的目的，选用不同的固定液。而各种固定液所固定的时间长短亦有差异。关于固定液的用量和必须注意的事项参考第 2 章。

4.1.3 冲洗

将固定好的材料，根据固定液的不同，分别用水或低浓度乙醇（如 50%）进行冲洗，以洗去固定液。洗涤后的材料，如不急于制作切片，应从低浓度的乙醇换至 70%乙醇中长期保存。

4.2 脱水、透明

4.2.1 脱水

组织经固定和洗涤后，会有大量的水分留在组织中，而水又不能与石蜡融合，因此必须在包埋前脱去组织中的水分。用某些溶剂将组织中的水分置换出来的过程称为脱水。用作脱水剂的药品，应具备两个特性：其一，必须是亲水性的，能与水以任何比例混合，以便代替细胞内的水分；其二，必须能和其它有机溶剂互相混合和取代，可以在后续操作中被取代。

4.2.1.1 乙醇脱水

固定后材料洗涤以后，接着进行脱水，将组织内的水分除净。脱水的步骤，一般通过低浓度的乙醇，逐渐过渡到高浓度乙醇（70%乙醇→70%乙醇→85%乙醇→90%乙醇→95%乙醇→无水乙醇），以除尽组织内的水分。

用无水乙醇处理，完全除去组织中的水分后，才能换用二甲苯透明。

① 材料用F. A. A. 或其他固定液固定；

② 70%乙醇换洗2次，每次20min；

③ 85%乙醇处理1h；

④ 90%乙醇处理1h；

⑤ 95%乙醇处理1h；

⑥ 无水乙醇换2次，每次1h；

⑦ 3/4无水乙醇和1/4二甲苯的混合液处理1h；

⑧ 1/2无水乙醇和1/2二甲苯混合液处理1h；

⑨ 1/4无水乙醇和3/4二甲苯的混合液处理1h；

⑩ 纯二甲苯换2次，每次1h。

脱水的时间与材料的大小成正比。一般在每级乙醇中需停留1～4h，材料块大的脱水时间要延长些，而材料块小的相应地缩短脱水时间。脱水至95%乙醇时，可加入少许番红或伊红使材料外表着色，以便包埋在石蜡中易于看清楚，切片时好掌握材料的位置和切片的方向。在无水乙醇中时间不宜过长，以免材料发脆。无水乙醇应多换一次新液以保证彻底除净水分。若脱水的时间过短或乙醇浓度不够，则会影响到下一步骤的透明和浸蜡，以致最后难以切片。

4.2.1.2 苯脱水

苯可以代替无水乙醇进行脱水。

材料按以上方法用乙醇脱水，到第五步经过95%乙醇处理后，按照以下步骤脱水：①3/4 95%乙醇+1/4苯混合液处理1h；②1/2 95%乙醇+1/2苯混合液处理1h；③1/4 95%乙醇+3/4苯混合液处理1h；④纯苯换洗1～2次，每次几小时；⑤石蜡渗透。

4.2.1.3 丁醇脱水

正丁醇、仲丁醇、叔丁醇都能用于脱水，但常用的是叔丁醇和正丁醇。丁醇是最理想的脱水剂，它与水和乙醇都能混合，并且也是石蜡的溶剂；它比石蜡轻，比氧化二乙烯效果要好。正丁醇可以使组织稍微硬化（它的硬化作用小于乙醇和二甲苯），同时水在正丁醇中的溶解度也比较小（8%），它的气味也较浓而刺鼻，因此使用不如叔丁醇。

（1）叔丁醇脱水是目前最好的方法　用 F. A. A. 或 F. P. A. 固定液固定的材料，可以直接脱水。用含有升汞或铬酸的固定液固定的材料，都要洗过以后经 10%、20%和 50%的乙醇处理（每个梯度 1～2h）后再脱水。其它固定液固定的材料，要看固定液中乙醇的含量，如果浓度不到 50%，先要经过乙醇处理，然后再用叔丁醇脱水。

① 按以下比例，配成四种含醇量（包括叔丁醇和乙醇）不等的混合液（表 4-1）。

表 4-1　叔丁醇、乙醇含量不等的混合液

项　目	第一液(70%)	第二液(85%)	第三液(95%)	第四液(100%)
蒸馏水	30	15		
95%乙醇	50	50	45	
叔丁醇	20	35	55	75
无水乙醇				25
处理时间	过夜	1～2h	1～2h	1～2h

② 经过第四液处理后，更换纯叔丁醇 2 次，其中 1 次过夜，然后进行石蜡渗透。

（2）正丁醇代替叔丁醇，按以下步骤脱水，效果也很好。

①材料用 F. A. A. 或其它固定液固定；②50%乙醇处理 12h；③70%乙醇处理 12h；④按表 4-2 比例，配成三种含醇量（包括正丁醇和乙醇）不等的混合液；⑤纯正丁醇换洗几次，每次几小时；⑥石蜡渗透（表 4-2）。

表 4-2　正丁醇、乙醇含量不等的混合液　单位：mL

项目	水	95%乙醇	正丁醇
第一液	15	50	35
第二液	5	40	55
第三液	0	25	75

表 4-3　氧化二乙烯水溶液（比例：体积比）

项目	氧化二乙烯	水
第一液	1/3	2/3
第二液	2/3	1/3
第三液	纯	0

4.2.1.4　氧化二乙烯脱水

氧化二乙烯的性能与丁醇相似，但密度比石蜡大，溶解石蜡后很难将溶剂完全除去，使用不多。脱水过程为组织经过水洗，或者用 30%的乙醇或丙酮处理以后，接着依次用表 4-3 中三种混合液处理。

每个混合液处理时间是 8～12h，再用纯二氧杂环乙烷换洗 2 次，每次 4～8h，最后石蜡渗透。

4.2.2　透明

由于乙醇这种脱水剂不能溶解石蜡，因此脱水后的材料，必须经过能溶解石蜡的透明剂透明，石蜡才能渗入。透明剂必须既能溶解石蜡，又能替换出脱水剂。石蜡切片法中常用的透明剂是二甲苯。其步骤是先经 2/3 无水乙醇+1/3 二甲苯的混合液再过渡到 1/3 无水乙醇+2/3 二甲苯，最后换入二甲苯，然后再换一次二甲苯新液，以便除尽脱水剂。每级停留 1～4h，在二甲苯中的停留时间不宜过长，以免材料发脆。若材料放入二甲苯时出现白色浑浊现象，说明材料中脱水不彻底，应返回无水乙醇中，继续进行脱水。最后一次使用二甲苯后，材料应是透明的。

4.3 浸 蜡

材料经完全透明后，即将石蜡慢慢溶于上述浸有材料的透明剂中。溶解在透明剂中的石蜡逐渐渗入材料的组织中，最后使透明剂完全被石蜡所代替，组织内的一切空隙填满石蜡。浸蜡的过程一般是从低温到高温顺序进行，使石蜡慢慢地渗入组织内而将透明剂替换出来，这一过程不能操之过急，否则浸蜡不彻底而影响切片。

石蜡有软蜡和硬蜡之分。软蜡的熔点有 45℃、52～54℃，硬蜡的熔点有 56～58℃、58～60℃和 60～62℃。浸蜡的顺序是先软蜡、后硬蜡。根据组织不同而确定不同的浸蜡时间。

浸蜡的方法：先将石蜡切成小块，然后取石蜡少许轻轻放入溶解有材料的透明剂中，使其随着透明剂渗入组织中去，等到完全溶解后，再不断地加入少许石蜡块，所加石蜡的量约占透明剂的一半，达到饱和石蜡不再溶解为止。然后放到 36～40℃温箱中，经过 2～6h 后，打开瓶盖移入 52～58℃的温箱中，让透明剂慢慢挥发，因而石蜡的浓度逐渐变浓，经过 2～4h 后，更换一次已熔化的纯石蜡，依次用纯石蜡更换 3～4 次后，即可进行下一步的包埋。为达到理想的切片效果，可适当延长浸蜡时间；遇到较致密材料可 12～24h 换一次石蜡，连续换 3～4 次。

浸蜡也可用浮石蜡法，即将石蜡熔化后，让其冷却时用玻璃棒搅拌，使石蜡中充满空气，凝固后即变成浮蜡，切成小块加入透明剂中让它慢慢溶解。这样加蜡的方法，是为了避免石蜡（空气使石蜡密度变小）与材料直接接触而引起材料收缩。

4.4 包 埋

4.4.1 包埋方法

材料经浸蜡以后，即可进行包埋。在包埋之前，要先准备好用具，如镊子、解剖针、酒精灯、温台、冷水（夏天还要加些冰块），然后准备好包埋框或折好包埋用的纸盒。纸盒就是包埋蜡块用的模型，盒的大小深浅，应视材料大小和数量多少而定。折纸盒用的纸要质地坚韧光滑不易透水的纸。折纸的方法可参照图 4-1。

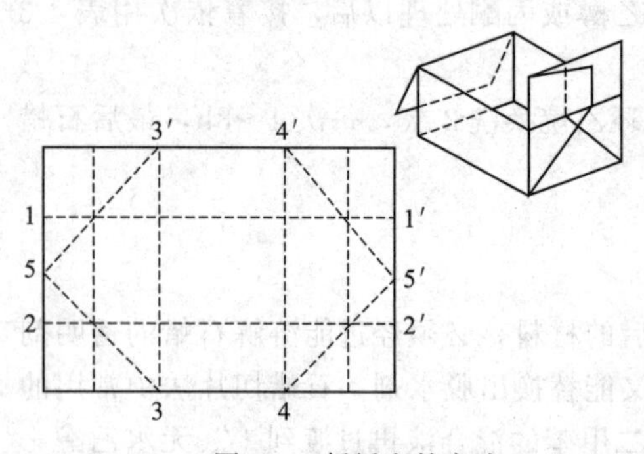

图 4-1 折纸盒的方法

先将 1-1′和 2-2′向内折叠；再向内折叠 3-3′和 4-4′；然后再折叠 3-5、3′-5 和 4-5′、4′-5′；按上述折好后拉开沿着折叠痕折成小盒。

包埋时将纸盒放在温台上，使温台保持高于石蜡熔点的温度。然后将材料连同石蜡迅速倒入纸盒内，若石蜡不够可再加入熔化的石蜡。用镊子或解剖针在酒精灯上烧热后伸进蜡中，迅速而轻轻地把材料按所需的切面摆好位置，材料与材料之间要有一定的间隔并排列整齐。若蜡中有气泡产生，可用烧热的解剖针把气泡烫去。材料安置妥当后，向蜡面微微吹冷气，使蜡的表面凝结一层，然后左右两手平稳地持纸盒的两端半浸于冷水中，经 5～6min 后，盒中的石蜡凝结成不透明状态时，用力把纸盒全部沉入冷水中。注意不能突然、迅速沉入水中，否则会产生蜡块破裂或融蜡的部分漂浮水面的现象造成失败，并翻转纸盒使其很快均匀地全部凝固，即成为蜡块。

这里要注意两点：包埋过程要尽量迅速，若自然凝固或凝固太慢，往往会在蜡块中产生结晶，不能进行切片（因此，夏天进行包埋时要在冷水中加些冰块）；要控制好温度，若温度太高，则石蜡凝固太慢，容易产生气泡，温度过低石蜡迅速冷却成半凝固状态，难以操作，且材料与周围的石蜡不能紧密地凝结在一起，常造成材料与石蜡分离的现象，这样就无法进行切片。

4.4.2 包埋石蜡选择

植物制片用石蜡是专用的生物组织切片石蜡，目前使用的主要有以下几种：

① 国产石蜡　常规使用的块状石蜡，使用前需预先熔化、过滤几次。

② 进口石蜡　小球状、可迅速熔化，熔点为 56℃；纯度高、可获得优质的切片，新蜡不需过滤，切片厚度 2～4μm。

③ 低熔点蜡　与石蜡性质相似，比石蜡软；切片方法同常规石蜡切片，适合切片厚度大于 5μm 的连续切片。熔点为 35～37℃，溶于乙醇。目前，主要应用在植物细胞骨架的免疫荧光标记、对组织切片进行 DAPI 染色和荧光显微镜观察等方面。

按不同的要求选用不同规格的石蜡。软材料用 54～56℃熔点的石蜡，若切 5μm 以下的厚度或夏季切片时，宜用 58～60℃的石蜡。石蜡商标上须注明为生物组织切片用蜡字样，选用时还必须检查石蜡细致度，石蜡应当无气泡、无灰尘、无透明点痕、切片时不断不碎等。工业用蜡不能使用。新石蜡和用过的碎蜡需熔化、过滤后才能再使用。废旧石蜡可以回收再利用。

现代化的操作，也可以通过石蜡包埋中心来实现石蜡包埋过程（图 4-2）。

图 4-2　MSP-P1/P2 石蜡包埋中心

4.5 修块、切片

包埋好的蜡块撕去外面的纸盒，即可进行切片。切片是石蜡切片法中最重要的步骤之一。上面几个步骤的实施，是为了切片的顺利进行，若切片这一步掌握不好，则会影响后续各步骤的进行。切片通常用旋转切片机进行。在切片之前必须对所使用的切片机结构及性能有所了解，并熟练地掌握操作技术。

4.5.1 修块、粘固

4.5.1.1 修块

修整蜡块的目的在于使切成的蜡带成一直线而不弯曲、使每个切片中组织的距离相似以便于镜检或连续切片。在修整时，需将石蜡块上、下两面修成平行的面，这样切成的蜡带就能够形成直线，如果上、下两面不平行的话，蜡带会弯曲，不利于后续工作。如果在组织的上下、左右的蜡留得太多，切出的蜡片所占位置大，在一张载玻片上只能贴几个切片，既不经济，而在镜检时也不方便。所以在修整时应将上下、左右多余的石蜡修掉，但也必须注意不要太靠近组织，把组织暴露在外又会造成切片时易破碎的不良后果。此外，为了便于识别在蜡带上的每一切片，可将石蜡块的一角切去。

用小刀或解剖刀在所要切取的材料四周逐渐刻划成适当的直线沟（1～2mm），刀口不宜过深，四周要平行，然后用两手轻轻地将蜡块掰开。如果不易掰开，再用小刀沿原划沟处深划，绝不可用力硬掰，否则容易损坏材料或使石蜡块内部碎裂而无法切片。把切下的蜡块修成梯形的六面体（有材料的一面较小，相对固着的一面应较大些，这样固着较牢固）。将组织块以外的多余石蜡切去，但注意不要太靠近组织，让组织四周留有1～2mm的石蜡。

4.5.1.2 粘固

包埋有材料的蜡块，必须粘固在载物（蜡）器上（图4-3），方可切片。

一般旋转式切片机上都附带有固着石蜡块用的金属小盘，但数量有限，可用小木块自制台木备用。无论金属盘还是台木，在固着石蜡块之前，都要事先涂一层较厚的石蜡。台木得由较坚硬的材料制作，并在熔化的石蜡中浸1～2d才能使用。

在载蜡器有纹沟的一面融化石蜡，再把修好的蜡块固着的一面，用烤热的解剖刀烫熔化，并迅速粘贴在载蜡器上，蜡块的基部四周再用些碎蜡烫牢（图4-4）。放入冷水中使其迅速凝固。粘牢凝固后用刀片再整修好四周，准备切片。

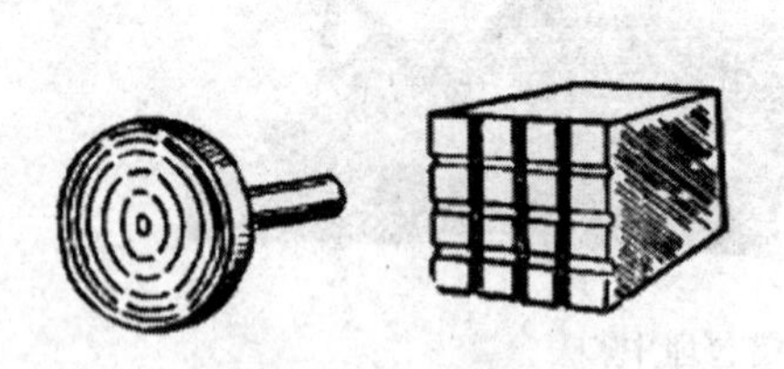

图4-3 载蜡器

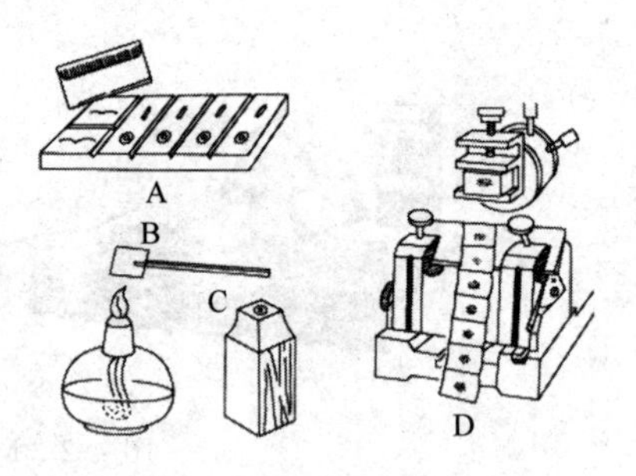

图4-4 蜡块的切割、粘固（李和平，2009）

4.5.2 组织切片机的结构及操作步骤

组织切片机是一种专为制作各种动植物组织切片设计的精密器械。组织切片机有多种式样，性能也各有差异。从其性能来分，一般可分为两类，即滑走（行）切片机与旋转（或称手摇式）切片机。它们主要的结构均由如下四部分组成的：①控制切片厚薄的微动装置；②供装置组织材料块的夹物部分；③供装置切片刀的夹刀架部分；④机座。

现对202A型手摇式（旋转式）切片机的构造和操作步骤加以介绍（图4-5）。

切片刀被固定在切片机的刀架上，依据实验要求调节切片厚度，通过转动轮盘推进器将固定在切片台上的蜡块向前推进，然后调节装置以确定切片的厚度，同时做上下运动，切片刀与蜡块接触一次，即切取蜡块而得到一张石蜡切片，连续转动手轮即可获得连续的石蜡切片（切片蜡带）。

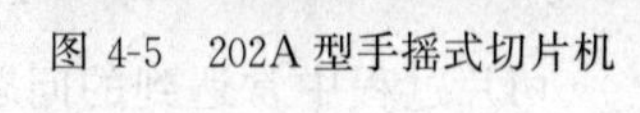

图 4-5　202A 型手摇式切片机

① 将石蜡包埋后的组织块修整、粘固于载蜡器，夹紧于蜡块钳上；

② 旋松两个锁紧的螺帽，将刀片插于刀夹中，调整切片刀角度，一般以 5°～8°为宜（图 4-6、图 4-7）。然后转动切片刀调节螺丝来调节切片刀刃口的位置，再拧紧螺丝将刀片夹紧，保证无松动；

③ 拧紧螺丝，进行切片的角度调节，然后锁紧螺丝帽将其锁牢；

④ 放松刀架固定手柄，回转手轮将组织块下降至与刀架相对应的位置，另一方面移动刀架至所需要处，拧紧刀架固定手柄，将刀架固定牢；

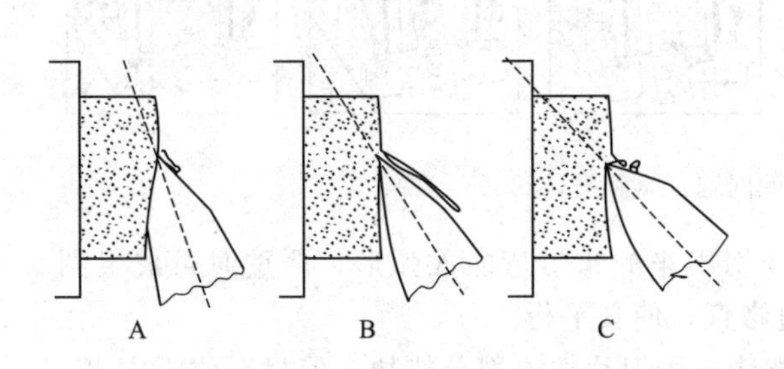

图 4-6　切片刀的角度

A. 倾斜角过小，损坏材料的表面，不能切去切片；

B. 倾斜角恰当，5°～8°，切取良好的切片；

C. 倾斜角过大，材料变形，不能切取切片

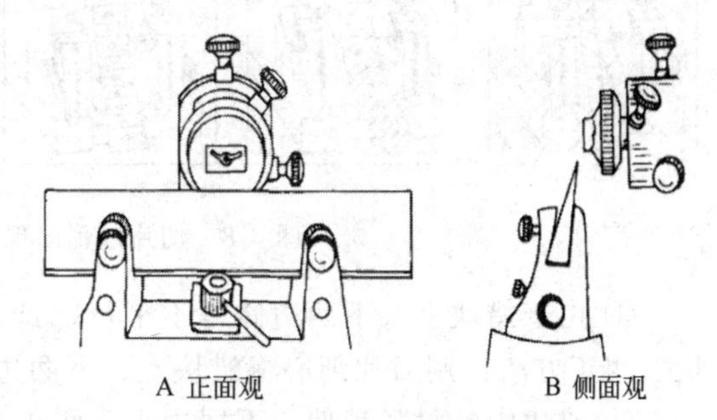

图 4-7　蜡片边缘与切片刀关系

（李贵全，2001）

⑤ 同时按不同方向旋转蜡块角度调节螺丝，进行组织块的角度调节，角度合适后将其拧紧；

⑥ 调节厚度调节器至所需的切片厚度处，一般植物组织厚 6～12μm；

⑦ 用右手回转手轮进行组织块的切片，并做均匀连续回转，使切下的蜡片一片粘着一片，粘连成一条蜡带，进行连续切片；

⑧ 以左手执毛笔，把蜡带轻轻托住略向外拉，切到一定的长度（20～30cm）时，停止切片，拧转停切轧防止其下落。右手再提一支毛笔（或用镊子）从刀片上挑起蜡带将其放在切片盘上（注意靠刀面的光滑的一面朝下，按顺序排好，以便检查、粘片）；

⑨ 回转棘轮将小拖板退至原来的位置，然后取下组织块和刀片；

⑩ 将刀片擦干净（用软布蘸以二甲苯擦去刀片上的蜡质）后，涂上一层防锈油，放入刀盒内；

⑪ 清除切片机上的废蜡及其它杂质和油污，擦干后在各活动处加注适量的润滑液，扣上罩壳或放回木箱中以利清洁及保养。

这种切片机最适用于做石蜡切片，所以通常叫它石蜡切片机，如果安装上冷冻附件装置后，即可作冰冻切片机使用。

另有推拉式切片机，切片刀被固定于滑行轨道上的持刀架内，沿滑行轨道移动切片刀，

标本蜡块与刀刃接触后即可得到一张石蜡切片，连续推拉持刀架即可获得连续的石蜡切片（切片蜡带）。推拉式切片机分单轨推拉式和双轨推拉式。双轨推拉式切片机可用于较大的标本切片制作，主要用于火棉胶切片。双轨所起的作用就是有助于克服切片刀在切片中遇到的阻力，同时也有助于增加切片刀的稳定性。目前，只有少数的实验室使用推拉式切片机进行石蜡切片，而多数实验室则是将推拉式切片机用于火棉胶切片。此切片机的使用要求操作人员具备一定的切片技术水平。

4.5.3 切片注意事项

切片过程中常遇到的问题、困难及其纠正的措施：

（1）切出的蜡带不直、弯曲（图 4-8B）

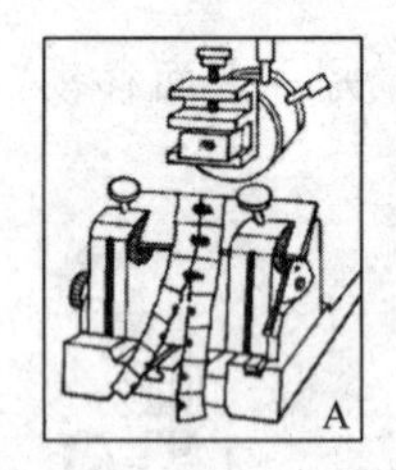

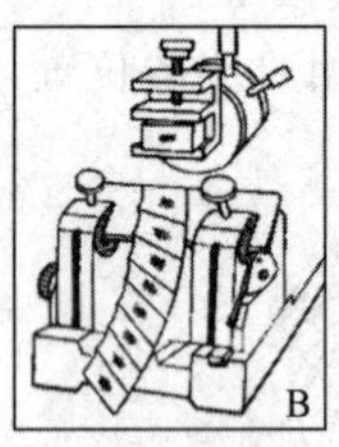

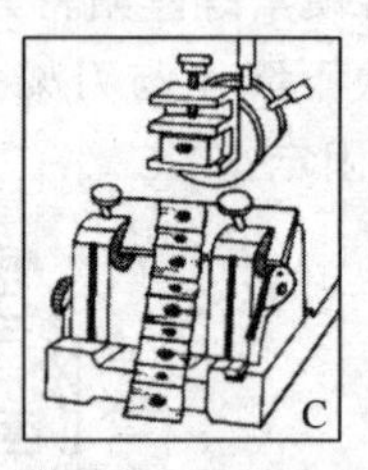

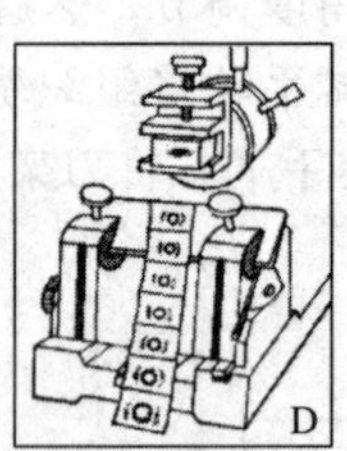

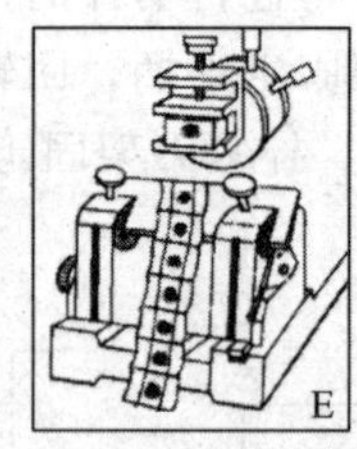

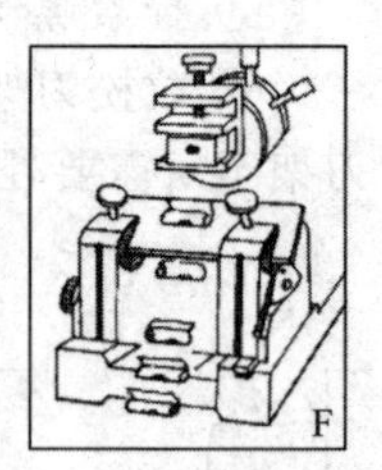

图 4-8 切片过程出现的问题（李和平，2009）

① 由于蜡块上、下两边修得不平行，这样切出来的蜡带弯曲成弧形，严重时可成半圈状。纠正方法：用刀片细心将蜡块上、下两边修直，使其平行。

② 蜡块中的材料稍偏、不居中央。纠正方法：用刀片切去部分蜡块，使材料位于中央。

③ 蜡块中的材料较大且不对称或形状不整齐，切片时由于受力不匀，结果形成弯曲的蜡带。纠正方法：用刀片切去材料少的那一角的蜡块部分，使蜡带直且不弯曲。

（2）蜡片卷曲或不能切成长的蜡带（图 4-8F）

① 刀口钝、不锋利是蜡片卷曲或切不成长蜡带的主要原因。首先要磨好刀，使用锋利的切片刀，才能顺利切片。

② 切片刀的角度（倾斜度）不正确。调整切片刀与蜡块的角度，一般倾斜度以 5°～8°为宜。

③ 切片太薄或太厚。应调节到适宜的厚度，一般适宜的厚度为 6～12μm。如需切特别薄的切片（2～3μm）需用硬蜡并在低温（冷冻）条件下操作。

④ 石蜡太软或太硬。若石蜡太软或切片时温度过高，蜡带容易发生皱缩（夏天常发生），此时可将蜡块（连同载蜡器）浸于冰水中（或置于冰箱中）随切随取。室温太低或蜡太硬，也会使切片破碎或卷曲，可调整室温，或在切片机旁放置电灯或酒精灯以提高温度。若是石蜡太硬可换熔点低的石蜡重新包埋，或将蜡块浸于温水（25～35℃）中浸泡几小时后再切。

（3）材料与蜡片分离或材料处出现空洞（图 4-8D）

① 材料与蜡片分离，原因可能是包埋时操作不熟练，使材料的温度与石蜡的温度不一致而产生的。应将蜡块放回恒温箱熔化后重新包埋。

② 蜡片上材料处出现空洞，是由于透明或浸蜡过急，石蜡未完全浸入材料或材料内含有二甲苯、水、空气等，应将蜡块熔化后材料退回到二甲苯重新浸蜡和包埋。

（4）蜡带上出现裂缝、条纹（图 4-8A、E）

① 蜡带上出现裂缝和条纹，主要原因是切片处的刀口有缺刻或刀口已钝，可改用新刀口。最根本的办法是把刀磨锋利、磨平刀口上缺口。

② 在石蜡或材料上有尘土颗粒或材料内含有坚硬的物质（如钙盐、硅或结晶体）也会出现此现象。此时，要用新的材料，并将上述物质去除后，进行包埋切片。

③ 刀口上粘有尘土、材料或石蜡细屑等，也可出现上述现象，此时可用毛笔或纱布蘸二甲苯擦干净。

(5) 切片时材料破碎或吸附于刀片上（有带电现象） 其主要是由浸蜡或包埋过程中温度太高，或透明时间过长，使材料发脆所致。由于材料太脆切片时与刀口摩擦产生静电。一般可在材料上涂些水，几分钟后擦干再切；严重的只能重新制作。

(6) 切片厚薄不均

① 切片厚薄不均主要是切片机机件失灵，或关节部位油腻太厚，应检查维修或清洗切片机有关机件。

② 由于切片刀没有夹紧或载蜡器没有夹紧，应检查夹紧。

③ 材料太硬，亦可产生切片厚薄不均的现象，可将蜡块在水中浸泡一夜，可使其稍稍软化，之后再切。

(7) 组织压缩、切片变窄且不易展开（图 4-8C）

① 组织浸蜡不足、石蜡硬度不够或室温过高。可将蜡块冰冻增加硬度或选换硬蜡。

② 组织块太大，可适当修块后再切。

③ 刀刃斜面不平，磨刀后使用。

④ 组织内纤维成分过多。

4.6 粘片、展片、烤片（烘片）

粘片是将切好检查合格的蜡带，用粘贴剂粘贴在载玻片上。展片，就是将切好的蜡带在水环境及适当温度下使其折叠部分完全扩展开。烘片即在一定温度下，使蜡带紧贴到载玻片上并逐渐干燥。其中粘片、展片是连续进行的。展片时，可在温台上进行展片，也可用摊烤片机进行展片。

(1) 温台粘片、展片 将彻底洗净的载玻片擦干，滴上一小滴粘片剂（用量尽量少，不可多用），以左手执载玻片，用右手的小拇指将粘片剂在粘贴的范围内涂匀（如有多余的粘片剂应除去）；滴 2～3 滴蒸馏水，用镊子取蜡片放在蒸馏水液面上（蜡片的光滑面应向下，这样才粘得牢固）。再把带有蜡片的载玻片放在温台上或温箱内（温度调至 35～40℃）。由于蜡片受热后即慢慢伸展，待蜡片完全伸直，用解剖针把材料在载玻片上摆好位置，用吸水纸吸去多余的液体。经烤干后，再放入 35～40℃的恒温箱中继续烘烤 1～2d（或让其自然干燥，但时间要长些）。未完全干燥的切片在脱蜡或染色过程中，会从载玻片上脱掉。待蜡片完全干燥后再进行后续操作。

(2) 摊烤片机展片、粘片 将蜡带光滑面朝下平铺在摊烤片机的 35～40℃水浴内，立即用毛笔轻轻拉展以切片无褶皱为最好。如有褶皱时用镊子、解剖针逐个轻轻拨开，注意不可拨破组织。然后分开每张切片，选取其中最完整的、没有褶皱的切片，将载玻片垂直插入水中以涂有粘片剂面轻靠切片，并用毛笔将切片一边拨于载玻片上，随即将载玻片直立提起，趁载玻片上仍有少量水分时用毛笔拨正切片位置。如组织较小，可在载玻片上多贴几片或几排，但排列应密集、整齐。用滤纸吸去多余水分，置于恒温箱内干燥。

常用粘片剂有郝伯特粘片剂、蛋白粘片剂等。

(1) 郝伯特 (Haupt) 粘片剂

溶液甲：动物胶 (明胶) 1g、蒸馏水 100mL、甘油 15mL、苯酚 (结晶) 2g。

溶液乙：甲醛 4mL、蒸馏水 100mL。

配制时，先将明胶放入 36～40℃蒸馏水中完全溶解，然后加入甘油和苯酚，搅拌溶解后过滤，置于棕色瓶中保存。使用时，先滴一小滴甲液，涂抹均匀后，再滴加乙液，进行粘片、展片。

(2) 蛋白粘片剂　新鲜鸡蛋白 25mL、甘油 25mL、苯酚 0.5g。配制时，先将鸡蛋打一小孔，使蛋白 (蛋清) 流出，加入甘油和苯酚，搅拌均匀，使苯酚溶解，过滤除去上层泡沫或静置后倾去泡沫。

4.7 脱蜡、复水、染色、脱水、透明

粘贴好的蜡片，完全干燥后，即可按照制片目的，采用不同的染色方法进行染色。在染色之前，必须先将石蜡溶去，即“脱蜡”。

将粘贴有材料的载玻片放入二甲苯中，一般须放置 20～30min (若室温过低，脱蜡的时间则需延长，如放在 40℃左右温箱中，脱蜡则只需 3～5min 即可溶净石蜡)。然后移到 2/3 二甲苯＋1/3 无水乙醇→1/3 二甲苯＋2/3 无水乙醇→无水乙醇→95％乙醇和各级浓度乙醇，下降至染色剂溶液溶剂的浓度后放入染色液中染色。染色后，用二甲苯透明。

上述脱蜡及染色过程均可在染色缸中进行。染色缸应事先贴好标签按顺序排列好。

实际操作可通过预试确定，下面是番红-固绿染色的一般参考程序：

二甲苯Ⅰ (约 20min)→二甲苯Ⅱ (约 30min，以脱掉石蜡为止)→1/2 二甲苯＋1/2 乙醇 (3min)→100％乙醇 (3min)→95％乙醇 (3min)→83％乙醇 (3min)→70％乙醇 (3min)→50％乙醇 (3min)→30％乙醇 (3min)→蒸馏水→1％番红 (2～4h 至过夜)→蒸馏水 (2min)→30％乙醇 (1～3min)→50％乙醇 (1～3min)→70％乙醇 (1～3min)→83％乙醇 (1～3min)→95％乙醇 (1～3min)→0.5％固绿 (过一下，10～40s)→无水乙醇Ⅰ (1～3min)→无水乙醇Ⅱ (1～3min)→1/2 二甲苯＋1/2 乙醇 (1～3min)→二甲苯Ⅰ (3min)→二甲苯Ⅱ (3min)。

使用丙酮复水时：二甲苯Ⅰ (约 20min)→二甲苯Ⅱ (约 30min，以脱掉石蜡为止)→1/2 二甲苯＋1/2 无水丙酮 (3min)→无水丙酮 (5min)→70％丙酮 (3min)→30％丙酮 (3min)→蒸馏水→染色。

脱蜡时，可用苯代替二甲苯，相对比较缓慢，但效果较好。

苯Ⅰ (20min)→苯Ⅱ (10min)→1/2 苯＋1/2 丙酮 (10min)→丙酮 (5min)→70％丙酮 (3min)→30％丙酮 (3min)→蒸馏水→染色。

4.8 封　片

染了色的切片，还必须经过脱水、透明，最后用封藏剂封藏，才完成石蜡制片的全过程。将完成制片全过程的材料用封藏剂封固以便长期保存；同时选用适合在显微镜下观察的较高折射率 (加拿大树胶 $n=1.524$) 封藏剂，获得透明和显示组织详细结构的制片，供分析、照相、研究用。

封片时把载玻片从二甲苯中取出，在二甲苯挥发完之前迅速滴一小滴（半滴或一滴）中性树胶（或其他树胶）在材料上，用镊子夹盖玻片，使盖玻片中央对准材料和胶滴，慢慢水平下降盖玻片待盖玻片接触树胶后，撤离镊子，使盖玻片缓慢自然下降将树胶压成均匀薄层。

切片封藏好后，在切片的右侧贴上标签，平放在切片盘上或切片盒中。再把它放在50℃左右温箱内烤数天即可干固（或让其自然干固，但时间较长）。待树胶干固后便可使用。若制成的切片上树胶太多，溢出盖玻片外，可用解剖刀轻轻刮去，再用纱布蘸少许二甲苯将树胶擦干净。

第5章 半薄切片技术

用切片机切出 1～2μm 厚的切片，称为半薄切片或光学切片。半薄切片比石蜡切片薄，细胞重叠少，结构清晰度高，在高倍镜下视野清晰、细胞界限分明。半薄切片制作较容易，组织收缩小，但染色较难，组织块面积小，不能切成连续的切片。利用切片机、树脂切出 50～70nm 厚度，用于透射电镜观察细胞内超微结构的切片，称为超薄切片。在进行超薄切片时，使用半薄切片技术可以在光学显微镜下找出包埋块中材料的某一特殊细胞或组织（例如胚珠中的胚囊、卵细胞、反足细胞等），以便于进行超薄切片时判断切割方位，更快地切到所需部分。因此，配合石蜡切片和电镜技术，能够满足在光学显微镜下进行组织学、细胞学、组织化学研究的半薄切片技术，正在蓬勃发展。

半薄切片与石蜡切片相同，也要经过取材、固定、脱水、渗透、包埋、切片、染色、封片等步骤进行制片。样品在用包埋剂包埋之前，进行清洗、渗透时，根据使用的包埋介质的不同性质，对样品的清洗、渗透和包埋方法也不相同，下面分别介绍水溶性树脂、环氧树脂两类包埋介质制片技术。

5.1 水溶性树脂包埋

应用水溶性树脂作为包埋剂有多种配方，着重介绍用作研究一般结构形态的 GMA 或 GMA-Quetol 523、用于组织化学定位的 JB-4、用于光学显微镜自显影的 GMA-Quetol 523 和用于光学免疫荧光的 Lowicryl K_4M 等四种树脂包埋剂的配方和包埋方法。

5.1.1 GMA 包埋法

5.1.1.1 GMA 的包埋机制

甲基丙烯酸羟乙酯（或称乙二醇单甲基丙烯酸酯）(glycol methacrylate，又名 2-Hydroxyethyl methacrylate) 简称 GMA，分子式 $C_6H_{10}O_3$，为无色透明、流动性较好的液体，熔点－12℃，沸点 67℃，密度 1.073g/mL，闪点 207℉（97.22℃），储存条件 2～8℃，溶于水，对空气敏感。

作为一种水溶性包埋树脂，GMA 分子中有许多极性基团，能与水和许多其它亲水性的溶剂混合。单体 GMA 为无色、透明、黏性极低的液体，易渗入植物的各种组织和细胞。经加热或紫外光照射即可聚合凝固，将细胞内的各种分子包围和支撑起来，而不与材料的分子结合。因此，由 GMA 混合液包埋的材料可以保存组织、细胞中很多化合物（如蛋白质、核酸）而很少使之变性；与一些非凝固性固定液（如甲醛、戊二醛等）配合使用，可以保持细胞的酶活

HO O O

甲基丙烯酸羟乙酯

性。所以，由GMA制成的切片既可进行组织、细胞结构的形态学观察，也适合做多种成分的组织化学、酶活性和荧光试验。

一般市售的GMA由于出厂时加入了氢醌类防聚合剂（hydroguinone），使用前应将其除去。将GMA单体同少量活性炭混合后，进行振摇、静置、过滤，所得清液保存备用。如果经过提纯的GMA中还残存较多的游离甲基丙烯酸，使GMA单体的pH偏低，致使介质容易被碱性染料着色，在使用前应先测量单体的pH值（测定方法为取0.5mL GMA单体溶液，加入50mL蒸馏水，混合均匀，而后用pH计检查、测定），如果偏低，可用下面任一方法进行纯化。

（1）Frater法

① 取定量GMA单体加热至60℃，以每毫升加入0.072g的比例加入*N*，*N*′-二环己基碳二亚胺（*N*,*N*′-dicyclohexylcarbodiimide，DCDI），搅拌混合1h，待冷却至室温后，加入100g/L的乙二醇单丁醚（2-butoxyethanol），搅拌均匀，置－10℃过夜。其间有许多白色沉淀析出，过夜后抽气过滤，收集滤液。

② 向滤液中加入0.5%偶氮二异丁腈（*α*,*α*′-azoisobutyronitrile）加速剂，或加入1%过氧化苯甲酰（benzoyl peroxide），搅匀，置5℃下保存备用。

（2）Tippett O'Brien（1979）提纯法

① 离子交换树脂——Amberdyst A-21的处理。将250g树脂放入盛有2L蒸馏水的大烧杯中清洗、过滤，然后加入0.5mol/L HCl溶液搅拌混合，静置30min，以除去树脂中的胺，并使树脂充分膨胀，再滤掉HCl溶液，用蒸馏水清洗树脂2～3次，用10%NaOH溶液，按上述步骤处理和清洗树脂，直至清洗液为中性为止。

② 将洗成中性的树脂浸泡在无水乙醇内，过夜后抽气过滤，除去乙醇，再将树脂在室温下风干备用。

③ 将处理好的干燥树脂分为三份，分别置于玻璃烧瓶内（Ⅰ、Ⅱ、Ⅲ），取700mL GMA原液倒入烧杯Ⅰ，搅拌6h，再用布氏漏斗抽滤，依次用Ⅱ、Ⅲ烧杯中的树脂重复提纯，纯化后的GMA约为200mL，损失很多，但纯度高，pH值一般为6.8～8。树脂可以回收继续使用。

5.1.1.2 GMA包埋剂的配方

使用GMA单体作包埋剂还得附加一定量的增塑剂和加速剂，制成混合液，才能得到具有良好凝固和切割性能的树脂块。下面介绍几种GMA包埋剂的配方。

配方Ⅰ：

GMA	93g
聚乙二醇400（增塑剂）	7.0g
过氧化苯甲酰（加速剂）	0.6g

配方Ⅱ：

GMA	90g
乙二醇单丁醚（增塑剂）	10g
偶氮二异丁腈（加速剂）	0.5g

配方Ⅲ：

GMA	95g
聚乙二醇400（增塑剂）	5g
偶氮二异戊腈（加速剂）	0.4g

将选用的上述任一种配方中的各种成分混在一起，用磁力搅拌器搅拌至加速剂完全溶解、混匀为止（需 30min～1h）。配好的包埋混合液盛装于棕色细口瓶内，置 0～4℃下可保存数年。调节配方中增塑剂和加速剂的用量，可以改变包埋块的硬度。

5.1.1.3 材料固定、洗涤、脱水

固定常用四氧化锇（OsO_4）固定液、戊二醛固定液、F. A. A. 等。

固定后可用缓冲液进行洗涤。磷酸盐缓冲液对细胞无毒性作用、缓冲能力强，但固定时易产生沉淀、易长菌；二甲胂酸盐缓冲液不易长菌，与低浓度钙质（1～3mmol/L）不发生沉淀反应，但本身有毒，须在通风橱中操作；乙酸-巴比妥缓冲液固定时不产生沉淀但易长菌，只适于配锇酸固定液，不适合配戊二醛类固定液（缓冲失效）。

在室温下，用 0.2mol/L 磷酸缓冲液（pH6.8）清洗材料 3 次，每次 15～30min，以除去其中的固定液，然后进行脱水。

脱水方式虽有多种，大都是用各种低级醇，如乙醇、2-甲基乙醇、丙醇、正丁醇或丙酮。为方便起见，只着重介绍常用的乙醇梯度脱水。

用滴管吸去最后一次清洗液，按 30％乙醇、50％乙醇、70％乙醇、85％乙醇、95％乙醇、无水乙醇的顺序逐级更换乙醇，前面每级 15～30min，最后无水乙醇时间延长至 1～2h 且需更换两次。也可在 0～4℃下，在无水乙醇中过夜。

5.1.1.4 渗透与包埋

材料渗透的时间和 GMA 混合液的浓度，视材料大小和致密度而定。材料为 0.5～2.0mm 大小的，用 1/2（GMA 混合液＋无水乙醇）置换 100％无水乙醇，静置或慢速摇动 10～12h。然后用新鲜 GMA 包埋剂替换，放置 24h 后包埋。以上步骤均在 0～4℃下进行，如在室温下，可适当缩短渗透时间。材料大小超过 2mm 且结构致密的，则渗透时间要适当延长。

材料包埋用药用胶囊或包埋板进行。

用药用胶囊包埋时，取载玻片的硬纸盒作为支架，用打孔器在纸盒的底部或盖上钻若干排孔，孔的直径比胶囊的略小，或用公司生产的包埋管架。然后将胶囊插入孔内，胶囊的底部悬空。打开胶囊盖子，用滴管将 GMA 包埋剂加入胶囊内至 3/4 的位置。再将纸盒置于解剖镜下，小心地将材料连同少许包埋混合液移入胶囊内，材料自然下沉到胶囊底部后，用一支细的清洁铜丝（或铂丝）调整材料的方位。完成后置于恒温箱中升温聚合。

如果材料是长条形、细圆柱形或片状（如小麦叶片、茎段等），在胶囊中很难直立，不易控制切片方向，那就需要进行定向包埋。

常用的定向包埋方法有两种：

① 包埋板包埋，即用耐温橡胶包埋板、锡箔纸或其它耐热材料制成的小浅槽，加入包埋液，再移入材料，调整好所需方位，然后升温聚合。

② 用卡片剪一长条形纸条，纸条较胶囊直径稍宽。将纸条一端修成楔形，末端要比材料稍宽。再以平行于纸条长轴的方向，在末端劈出一狭缝，并浇一小滴包埋剂，再小心将材料按所需方位嵌入窄缝，把夹有材料的一端向下，垂直插入胶囊，直至材料接近底部。聚合时，依据使用的 GMA 单体的生产厂家及特性进行加盖或其它处理。如 Hartung Associates 公司生产的 GMA 单体配成的，可将盖子顶端用微热的玻璃棒尽量压凹后加盖，以避免留在盖子顶部的空气中的氧妨碍包埋剂聚合；E. Merck 公司生产的单体，则无需加盖。最后将载有胶囊的纸盒置恒温箱中，按 40℃ 1d、50℃ 1d、60℃ 1d 的顺序升温聚合。

如果要在薄切片上进行酶活性测定，就需要进行紫外光照射聚合。将载有胶囊的纸盒放

在318nm波长紫外光下照射聚合1～2d。为了增强GMA包埋剂对紫外光的吸收，缩短凝聚时间，可在包埋混合液中加入0.025%的吖啶黄素。

由于GMA包埋剂在加热凝固时释放出大量热，在胶囊内形成气泡，因此采用加热固化最好是将温度保持在比较低的范围，或逐步升高，切忌骤然提高温度，致使产生大量气体损伤材料。紫外光照射聚合同样需要采取降温措施，以防酶活性丢失，最好是将全部照射装置置于0～4℃下进行。

5.1.2 Quetol 523包埋

5.1.2.1 GMA-Quetol 523塑料包埋剂的配方

基本配方包括三种试剂：GMA、Quetol 523、QCU-1。GMA的性能和制备同前。Quetol 523是比GMA略稠的液体。QCU-1（偶氮二异丁腈）是一种糊状液体。日本日新EM株式会社生产的三种试剂使用时按以下配方混合：

GMA	85mL
Quetol 523	15mL
QCU-1	0.05g

上述包埋剂在60℃时需12h便可固化，若将QCU-1的量增至0.4g，在39℃时只需36h便可固化。

5.1.2.2 包埋步骤

使用GMA-Quetol 523塑料包埋剂包埋材料及切片的具体步骤与GMA包埋法基本相同，需要说明的是，GMA-Quetol 523包埋剂酸度较大，切片经碱性染料染色后，塑料本身易着色，但对一些酸性染料则影响不大。

5.1.3 JB-4包埋

5.1.3.1 JB-4试剂介绍

（1）JB-4包埋试剂盒简介　JB-4包埋试剂盒是独特的高分子包埋材料，可以比石蜡切片更高清晰地描述形态细节。作为水溶性介质，除致密组织、血液或脂肪组织标本外不要求绝对乙醇脱水。对于非脱钙的骨骼类样品的常规染色、特殊染色、组织化学染色效果极佳。不需要二甲苯和氯仿等透明剂。包埋材料可以切到0.5～3.0μm厚或更厚。塑料切片需用玻璃刀、Ralph刀或碳化钨刀。

JB-4包埋试剂盒中甲基丙烯酸乙二醇难以从切片移除而封闭大部分抗体反应的抗原位点，不适用于免疫组织化学过程。

（2）JB-4包埋试剂盒组成　JB-4溶液A（单体）、JB-4溶液B（促进剂）、JB-4催化剂C（过氧化苯甲酰，塑化剂、催化剂）。

（3）包埋过程

① 材料固定　样品可用10%中性甲醛缓冲液或其它常规固定液固定。组织常规尺寸不要大于2.0cm×2.0cm×2.0cm，固定时间4h至过夜。致密组织要过夜固定。大的高淀粉材料要过夜或更长时间，以渗透和固定。

② 材料脱水　可在室温或2～8℃完全脱水。该过程也可以在常规组织处理器中进行，在最后一步停止，移至下一步的渗透环节。但不要在常规病理组织处理器中使用。脱水和渗透可以利用无水乙醇和逐渐增加的渗透液梯度同时进行。(50%乙醇+50%渗透液)→(25%乙醇+

75%渗透液)→(10%乙醇+90%渗透液)→渗透液。包埋前进行三次，然后进入包埋过程。

③ 渗透　渗透在室温或2～8℃进行，样品不要遇热或光照直射。样品经过2～3次渗透液，以替换完全乙醇或组织液。渗透液的量是样品的8～10倍，小的样品10～90min换一次渗透液，每次更换间隔时间依据样品大小确定。渗透结束后组织一般是透明，而且绝大部分会沉在容器底部。渗透一般在慢速旋转、摇床进行或在渗透过程中颠倒数次以使渗透完全饱和。

④ 包埋　包埋过程需要使用塞子制造无氧环境或使用真空器或密封容器。预先准备包埋液，准备以下材料：包埋板、塞子、标签、手套、说明书、冰浴、样品。

无需预冷包埋板以防止冷凝甚至聚合到塞子表面。为防止过快聚合或组织过热，包埋过程可在冷藏、冰浴或2～8℃进行。这样聚合过程延长至数小时至过夜。较大的样品使用更多（10～20mL）包埋液，放热效应更为明显，室温下可超过100℃。因此大样品在冷藏、冰浴或2～8℃环境中包埋。大的样品需要更长的包埋时间，包埋块表面可能出现更多未聚合的液体。这些液体（“糖浆”）可以通过倒转包埋板拭去。包埋过程中戴手套。

聚合过程中使用包埋板制造无氧条件，不使用包埋板时用密封膜包被包埋块，或放置于<15psi（1psi=6894.757Pa）的真空抽气装置中。最好在冷藏、冰浴或2～8℃进行以使放热温度降至55℃以下。如果有氧气渗入，聚合会不完全或者不聚合。小样品在室温下1～2h即可聚合，大的样品时间延长。

包埋块颜色可从淡黄至暗黄色或琥珀色，颜色变化并不影响包埋块硬度。包埋块表面可能有一层液体膜，可以倒掉或干燥器中干燥数小时至过夜去除。

⑤ 切片和染色　JB-4树脂是乙二醇甲基丙烯酸聚合物而不能从切片上移除，但一般也无需有机溶剂溶除。常规组织染色和大部分组织化学染色可在切面上进行。大分子染色或免疫组织化学反应不能穿透聚合的树脂。

5.1.3.2 Sigma JB-4包埋试剂盒

（1）Sigma JB-4包埋试剂盒（800mL）组成

JB-4溶液A（单体）	800mL
JB-4溶液B（促进剂）	30mL
过氧化苯甲酰（塑化剂，催化剂）	12g

（2）使用说明

渗透溶液的制备（100mL）：

JB-4溶液A	100.0mL
催化剂C（Catalyst C）	1.25g

准确称取1.25g催化剂C，加入100mL JB-4溶液A中，磁力搅拌器上搅拌15～20min直到完全溶解。催化剂的称量是关键，因为它决定/控制塑料树脂的聚合和放热过程。渗透液可以在黑暗、阴凉处或2～8℃冷藏放置2周。

包埋剂的制备：准备25mL新鲜的渗透液，不能用旧的或用过的渗透液。

按以下比例制备包埋剂：

渗透液	25.0mL
JB-4溶液B	1.0mL（精确量取）

将渗透液与JB-4溶液B迅速完全混合均匀后立即进行包埋。

5.1.3.3 Polysciences JB-4包埋试剂盒

（1）美国Polysciences出售的JB-4包埋试剂盒（80mL）组成

溶液 A：单体　　　　　　　　　　　　　　40mL×2

JB-4 溶液 B：促进剂溶液　　　　　　　　2.0mL

溶液 C：过氧化苯甲酰（塑化剂，催化剂）　　0.5g×2

此试剂盒 A、C 各两瓶，使用时，一瓶用于渗透，一瓶用于包埋，配制极为方便。但由于试剂较少，适用于少量样品或较大的样品的制片。

（2）使用说明

渗透液配制：配制时，将一瓶催化剂 C 全部加入 40mL A 的瓶中，并使其完全溶解。此渗透液可在原瓶中 4℃暗处保存 2 周。

包埋剂的制备：将一瓶催化剂 C 全部加入 40mL JB-4 溶液 A 的瓶中，并使其完全溶解，即配制成渗透液。包埋时与 1.6mL JB-4 溶液 B 混合后，立即包埋。

其它容量的试剂盒，配制试剂时，同 5.1.3.2。

（3）制片过程　制片过程同 5.1.3.1。

5.1.4 Lowicryl K_4M 包埋法

5.1.4.1 Lowicryl K_4M 包埋剂的配方

Lowicryl 塑料为一种 2-甲基丙烯酸和丙烯酸盐混合物（acrylate-methacrylate mixtures）。其中包括亲水性的 Lowicryl K_4M 和疏水性的 Lowicryl HM_2。两类包埋剂，每类都包括三种溶液：聚合剂、塑料单体、启动剂。美国 Polysciences 生产的试剂盒使用方法为：

K_4M-A（聚合剂）　　　　4g

K_4M-B（塑料单体）　　17.3g

C（启动剂）　　　　　　0.1g

5.1.4.2 材料的固定、清洗与脱水

使用 2%戊二醛或 2%甲醛（用 0.2mol/L 二甲胂酸钠缓冲液配制）固定 24h，而后用缓冲液清洗 2 次，每次 30min，再用 80%乙醇脱水 2h（0℃）。然后在 0℃下将材料移入 K_4M∶乙醇混合液中（1∶1）1h→K_4M∶乙醇（2∶1）1h→100%K_4M 混合液 1h→100%K_4M 混合液 3d。

5.1.4.3 聚合

将材料和混合液移入胶囊，加盖，放在 4℃下，用紫外光（360nm）照射（样品与紫外光灯管应保持距离 30～40cm），过夜。样品虽经紫外光照射，但尚未完全聚合，需在室温下放置 2～3d 使之固化。固化后要立刻切片，否则长期贮存会导致干缩。

5.1.4.4 切片

当薄切片放置在载玻片水滴上展开后，应用滤纸吸去多余的水，放在室温下干燥（约需 4～6h），用作免疫荧光测定等后续操作。

5.2 环氧树脂包埋法

5.2.1 环氧树脂包埋的机制和配方

凡是制做超薄切片用的环氧树脂包埋剂，都可用作半薄切片材料的包埋剂。环氧树脂为

一种黄色的高分子树脂。单体状态为液体，能渗入植物组织。与组织结构聚合硬化后，适宜用来做半薄切片和超薄切片，供光学显微镜和电子显微镜观察。单体环氧树脂是疏水性的淡黄色、黏度大的液体。

环氧树脂分子中有两种反应基团——环氧基和羟基，末端环氧基很容易打开与含有活性氢原子团的某些化合物，例如胺类和被包埋材料分子中的活性氢原子团，形成首尾相连的长链状聚合物，所以由环氧树脂包埋块做成的薄片染色性能较差。聚合时环氧树脂分子中的羟基与交联剂（也叫固化剂）分子中的酸酐起反应，形成树脂分子中的横向联络而固化。纯的环氧树脂本身不易形成交联、硬化而聚合缓慢，需要借助一些交联物质（即硬化剂或固化剂）才能快速硬化。应用环氧树脂包埋剂时，除硬化剂外，通常还附加加速剂（或聚合加促剂）来加快硬化的速度。在有些配方内还得附加一些软化剂或增塑剂来调节环氧树脂聚合的硬度，以利于切片。当上述各种化合物混合后，在60℃保温一定时间，即可聚合成坚硬的包埋块。

一般来说，包埋块硬度受树脂种类，硬化剂、软化剂和加速剂的比例，聚合时的温度、时间及气候等因素影响。

5.2.1.1 Epon 812（又名 Epikote 812）

Epon 是一种黏度比较低的环氧树脂，吸潮性能很强，在潮湿和炎热的环境条件下，已硬化的树脂会变软，影响切片性能。市售单体为无色或淡黄色液体，黏度较低。作为包埋剂时需要按一定比例添加固化剂（MNA）、加速剂（DMP-30）和软化剂（DDSA）。

Epon 812 包埋剂配方如下：

Epon 812	13mL
DDSA（十二烷基琥珀酸酐，软化剂）	8mL
MNA（甲基丙次甲基邻苯二甲酸酐，固化剂）	7mL
DMP-30（2,4,6-三甲氨基甲基苯酚，加速剂）	7～8 滴

上述成分必须按顺序加入，每加一种用电磁搅拌器连续搅拌混匀 5～10min。如用手动搅拌，则需要 2～3h。操作时要戴上防护手套，并在通风橱内进行。混合好的包埋液放置在盛有氯化钙干燥剂的干燥器中，干燥、阴凉处可存放数月。

Epon 812 包埋剂可以通过调节各组分的配比获得不同硬度的塑料树脂块。

A 液	Epon 812	62mL
	DDSA	100mL
B 液	Epon 812	100mL
	MNA	89mL

使用时，将 A、B 混合再加入 DMP-30 加速剂。A 液多则软，B 液多则硬。

A 液（mL）	10	7	5	3	3
B 液（mL）	0	3	5	7	10
DMP-30（mL）	0.15	0.15	0.15	0.15	0.15

软→硬

5.2.1.2 ERL-4206（又称 Spurr）

分子中含两个环氧基，化学名称为 vinylcyclohexene dioxide，简称 VCD。广泛用于植物材料特别是细胞壁木质化的厚壁组织（如小麦的茎、叶）和高度液泡化的薄壁组织细胞（如胚囊）包埋，也适于富含脂肪、蛋白质、淀粉和其它内含物的胚乳和胚（如小麦胚乳、花生子叶）及其它贮藏组织的包埋。

包埋剂的配方如下：

ERL-4206	10g
DER-736（增塑剂）	6.0g
NSA（固化剂）	26g
DMAE（加速剂/催化剂）	0.4g

新配好的包埋剂为黄色，4～7d 后变为无色。其黏度在室温下可保持数小时不变，在 0～5℃下，在氯化钙干燥器中可保持 2～3 个月。可通过增加或减少催化剂的量来增加或减慢包埋剂在常温下的聚合速度和时间。如果改用 DMP-30 作催化剂，可以缩短聚合时间。新配制的包埋剂在 70℃下 8～10h 过夜，即可完成聚合。经过贮存的包埋剂，聚合时间缩短。

通过改变 ERL-4206 配方中的配料比，也可以获得不同硬度的塑料树脂块。

	硬度适中/mL	硬/mL	软/mL
VCD	10	10	10
DER-736（增塑剂）	6	4	7
NSA（固化剂）	26	26	26
DMAE（加速剂）	0.4	0.4	0.4

聚合条件：70℃聚合 8h。

5.2.1.3 国产 618 包埋剂的配方

618	5mL
顺丁烯二酸酐（maleic anhydride）	2g
邻苯二甲酸二丁酯（dibutyl phthalate）	1.5～2mL
二乙基苯胺（diethyl aniline）	0.4mL

配制时，先将 618 单体置 30～50mL 三角瓶内，在温箱中加热至 80℃，再加入顺丁烯二酸，保温 5～10min，冷至室温后加入 DBP（邻苯二甲酸二丁酯），搅混均匀（约 5min）。使用前滴入 3～4 滴二乙基苯胺，搅拌 5～10min。新配成的包埋剂置氯化钙或硅胶的干燥器中，于低温下可保存一周左右。

配方中，顺丁烯二酸酐（$C_4H_2O_3$）为斜方晶系无色针状或片状结晶体，溶于水生成顺丁烯二酸，溶于乙醇生成酯。

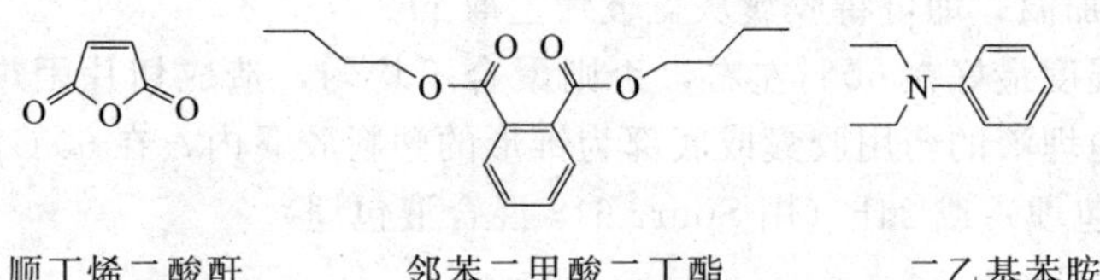

顺丁烯二酸酐　　邻苯二甲酸二丁酯　　二乙基苯胺

邻苯二甲酸二丁酯（$C_{16}H_{22}O_4$）为无色透明油状液体，沸点 340℃，不溶于水，但易溶于乙醇、乙醚、丙酮和苯等有机溶剂，也能与大多数烃类互溶，挥发性较低，可由邻苯二甲酸酐和正丁醇加热酯化制得。

二乙基苯胺（$C_{10}H_{15}N$）为无色至黄色液体，有特殊气味，微溶于水，溶于乙醇、乙醚、氯仿和苯等有机溶剂。

5.2.2 材料洗涤、脱水

材料进行渗透和包埋之前，应彻底清洗干净固定液。一般来说，如果固定液是缓冲液配成的，用相应的缓冲液进行清洗，但也可用水洗涤。清洗 2～3 次，每次 30～60min（在室温下进行），或在低温处放置过夜。

脱水通常是用乙醇或丙酮进行。因为乙醇和丙酮能与水混合又能同包埋剂亲和，既便于除去材料中的游离水又可利于包埋液的渗透。脱水宜采用浓度逐级升高的乙醇或丙酮，避免骤然升高浓度引起材料收缩。

脱水步骤可参看第 2 章，但要注意，脱水应该彻底，用于脱水的乙醇或丙酮必须是无水的，为此可向市售无水乙醇或丙酮加入无水硫酸钠或无水硫酸铜，静置数小时后迅速过滤，滤液收集在干燥的细口棕色瓶内，置盛有氯化钙或硅胶干燥剂的干燥器中保存备用。脱水过程中更换各级溶液时，动作要快，切忌将材料露在空气中，引起重新吸水。

5.2.3 渗透与聚合

应用 Epon 812 和 618 混合液包埋时，材料经乙醇脱水后，进行包埋剂的渗透和聚合。但当最后转入纯包埋剂时，应根据材料的大小、致密和坚实程度而停留一至数天（例如花药为 1d，胚乳和茎段为 2～3d），且必须每天更换新的渗透液（包埋剂）。

如果用 Spurr 包埋剂包埋，样品经乙醇脱水后，要换入无水丙酮 2 次，每次 15min，然后按下列步骤进行渗透：材料→2/3 丙酮＋1/3 Spurr 1～2h 或更长（直到材料下沉）→1/2 丙酮＋1/2 Spurr 1～2h 或过夜→1/3 丙酮＋2/3Spurr 1～2h，然后用纯 Spurr 换 2 次，每次 2h。

包埋时常用的包埋模具有药用胶囊、圆锥形塑囊和硅橡胶浅槽包埋板等。

(1) 常规包埋　用于不定向切片的样品，先将胶囊插入有孔的底座中，贴好标签，再将胶囊放于烘箱中烘干，除去水分。取出后滴入少量包埋剂，用牙签将样品移至胶囊底部中间，定位后再注满包埋剂。

(2) 定向包埋　如条形或棒状样品又需要横切或纵切，样品很难直立在胶囊底部中央，可包埋在浅槽硅橡胶模板（包埋板）中，根据需要将样品定位于浅槽的端部，然后注满包埋剂。

(3) 倒扣胶囊包埋　对于单层细胞培养物，如涂片细胞、单个纤毛虫等，可采用倒扣胶囊包埋法。先将细胞培养在盖玻片上，再将细胞连同盖玻片一同进行固定、脱水和渗透后，将盖玻片放于载玻片上，然后将盛满包埋剂的胶囊倒扣在细胞群落上，聚合后把载玻片于 100℃的加热板上加温，即可将胶囊从盖玻片上取下。

包埋时室内湿度最好在 60%左右，否则聚合不均匀，造成切片困难。包埋时将样品小心移入盛满新鲜包埋液的药用胶囊或底部为锥形的塑料胶囊内，在 60℃温箱中聚合 12h（用 Epon 812 混合液包埋）或 24h（用 Spurr 618 混合液包埋）。

5.3 修块和切片

5.3.1 修块

聚合好的环氧树脂包埋块，修整前必须剥去树脂块外面的胶囊或塑料外壳，并经过修整才能用于切片。GMA 包埋块在修块前不必去掉外面的胶囊，特别是不能用水浸泡包埋块，防止 GMA 聚合后遇水膨胀。手工修块时，将树脂块夹在夹座上，材料所在的一端朝上，在解剖镜下看准材料所在部位和需要切割的方位，先用单面刀片粗修，然后用新的刀片细修，将包埋块的顶端修成金字塔形或砖形，顶面视材料大小和刀刃的宽窄而修成梯形或长方形。如果发现材料距包埋块顶端较远，可用小钢锉或钢锯将其多余部分去掉，然后再按上述方法修整（图 5-1）。

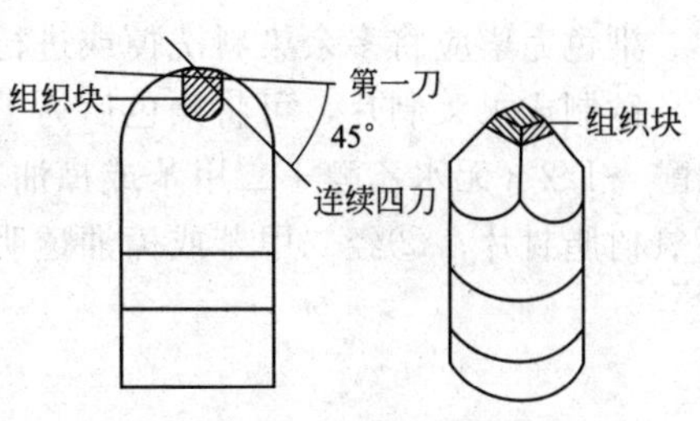

图 5-1　包埋块的修整

5.3.2　切片刀

切薄切片的刀有玻璃刀和钻石刀两种。玻璃刀用超薄切片专用的制刀机制备。制刀的玻璃规格及操作见本书第 1 章的说明。玻璃刀按其刀刃宽度分为两种：其一为小型的、刀刃宽 6mm（即目前广泛使用的超薄切片刀），适于切一些小的材料（如幼嫩胚珠、花药、生长锥、叶柄等）；另一种刀刃宽度可达 4～6cm（又名 Ralph 玻璃刀），这种刀适于切大的材料（如种子、幼茎等）。切片时，环氧树脂包埋块较 GMA 包埋块更易损坏刀刃，几乎每切几张片子就需要移动刀刃位置或更换新刀。钻石刀质地坚硬，刀刃寿命远比玻璃刀的长，尤其切割厚壁组织或内含物丰富的细胞，能获得好的结果。但钻石刀刃是由晶体研磨制成，工艺相当复杂，刀刃一旦损坏，需送厂家重磨，严重的甚至报废，因此，使用钻石刀前，必须首先熟练使用玻璃刀。

5.3.3　切片注意事项

由于切下的薄片不连续，每切一张片子，就需要用镊子小心地从刀口夹下，平放在载玻片的液滴表面，然后将载玻片置 70℃温台上展片，待薄片进一步展开和烘干后，即可进行染色。

GMA 包埋块的硬度受天气变化的影响较小，在切片时也较其它树脂包埋块易切出完整片子。

在进行环氧树脂或 GMA 包埋块切片时，常会出现如下问题，应及时排除。

① 切出的片子发生卷曲。解决的方法是，切片机不宜摇得太快。当材料切下 2/3 时，即用镊子夹住薄片的一角，随着材料下移，薄片随即拉下。

② 若切片出现重叠和折痕，应注意将薄片放在液滴上时尽可能保持它同水滴表面平行，一旦薄片接触水滴表面，立刻放开镊子，使薄片平展于水滴之中。这一过程的掌握需要不断积累经验。

③ 在同一水滴上不宜放置过多薄片，以免彼此接触，妨碍进一步展开。

④ 薄片上出现纵向刀痕时，应立即移动刀刃位置或另换新刀。但偶尔一些很细微的刀痕并不妨碍染色、观察和照相，可以继续使用。

5.4　染　色

由环氧树脂 Epon 812、Spurr、618 和 GMA 四种包埋剂制成的薄片，经烘干后不必脱掉包埋介质即可进行染色。

染色可采取直接在片子上滴染和在染色缸中浸染两种方式。如果染色需要经过较多步骤、较长时间，尤其在加温的条件下进行时，为了防止薄片从载玻片上脱落，染色前，可将片子置40～50℃的恒温箱内或温台上烘烤2～3d。但要防止烘烤的温度过高和时间太长，否则将引起组织与细胞结构和成分损伤，或降低材料的着色能力。

染色完毕应将多余染料洗掉或进行分色、水洗、烤干、用甘油胶临时封片。

欲制成永久制片，可将染色后烤干（或自然干燥）的片子作如下处理：①迅速通过无水乙醇→1/2（无水乙醇＋二甲苯或樟油）→纯二甲苯或樟油，然后用中性树胶或加拿大树胶或环氧树脂封片；②经二甲苯或樟油透明后封片；③直接封片。

第6章 非切片制片

切片制片可将材料切成均匀的薄片，但制片相对繁琐，周期较长。而对于一些植物材料，利用非切片手段即可达到良好的观察效果。如单细胞的、丝状或薄的叶状体以及幼小的胚胎等都可以不经切片而进行整体的制片；易于分离的组织可以在载玻片上压散或涂成一层，染色后制成压片或涂片进行制片、观察。

6.1 暂时封藏

暂时封藏制片法是指做成的片子，只供暂时观察、研究之用，不能作永久性长期保存。但暂时封藏的时间长短则差别很大，有的只保存十几分钟到几小时，有的可保存几天到几周。这是根据制片者需要而采用相应的保存措施。此法简便，容易掌握，是科研和生产上不可缺少的制片技术。

6.1.1 简易观察制片

在生产或科研工作中，有不少材料不需要经过固定、脱水、透明、染色或切片等繁琐过程，即可用于观察、研究。如花粉粒、淀粉粒、表皮细胞以及低等植物藻类、菌类等的观察，只要把选择好的材料放置在载玻片上，加上一滴蒸馏水，盖上盖玻片，在显微镜下即可观察其生活的状况。若在短时间内未能将材料观察完毕，要每隔 20～30min 从盖片的边缘加入一小滴水，以免水分蒸发使材料干燥。如果需要将材料保存 3～5d 或 1～2 周，可在盖片的一侧边缘加入少量的甘油，在盖片的另一边缘用吸水纸吸去溢出的多余水分。甘油蒸发慢，可保存一段时间；或过数天后再加入少许甘油，以保持材料湿润；或将融化的石蜡把盖片的周围密封起来，可供 1～2 周内观察。

要观察活动的材料，如一些藻类，在显微镜下因其不断运动而造成观察困难，可在盖片边缘加 1～2 滴碘溶液，在盖片的另一边用吸水纸吸去多余的水分、碘溶液，便于观察、分清各部分。

6.1.2 孢子及花粉粒萌发观察制片

孢子及花粉粒萌发的观察，通常是用一种特殊的方法，即“悬滴培养法”。用特制的凹面载玻片，也可用普通平面载玻片加玻璃环、橡皮环或其它代用品（图 6-1）。

① 将所用的器具及载玻片、盖玻片消毒。

② 配制培养液。一般使用 5%～40%蔗糖＋0.7%～10%琼脂。由于各种不同作物的花粉粒成熟时间差异很大，所需培养液含量也不相同（列于表 6-1，仅供参考）。

③ 用石蜡将玻璃环或橡皮环固定在载玻片上，并在上端涂上一些凡士林，若用凹面载

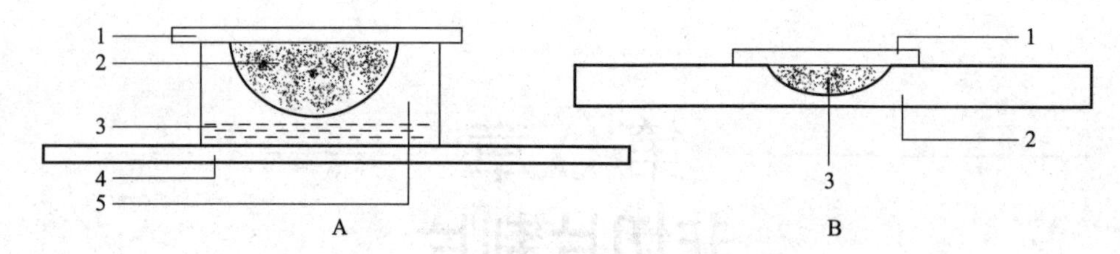

图 6-1 孢子及花粉粒的悬滴培养法

A. 平面载玻片加玻璃杯培养法：1—盖玻片；2—培养液；3—水；4—载玻片；5—培养杯

B. 凹面载玻片培养法：1—盖玻片；2—凹面载玻片；3—培养液（内有材料）

玻片培养就省去这一步。

④ 在盖玻片上加一滴培养液，如凝固则需加热至融化。

⑤ 将所观察的花粉粒撒在培养液上，并把它倒盖在玻璃环上或凹面载片上。花粉粒不宜太多，密度大时不好观察。

⑥ 将上述制好的制片置显微镜下观察，这种临时制片，一般可保存3～5d，若放在冰箱中，保存时间可延长。

表 6-1 各种作物花粉粒培养液的浓度与成熟时间表

作物名称	蔗糖浓度/%	花粉粒成熟时间	作物名称	蔗糖浓度/%	花粉粒成熟时间
小麦	15～20	5点～6点	马铃薯	20	7点～11点、16点～18点
玉米	20～30	8点～10点	番茄	20～30	4点～8点
水稻	10～15	10点	黄瓜	15～20	7点～11点
黑麦	20	6点、16点～17点	南瓜、向日葵	30～40	7点～11点
棉花	20～30	9点～11点			

6.2 整体制片

整体制片法将植物完整的器官或组织（小的或扁平的材料，例如单细胞生物、丝状的藻类、菌类、各种作物的表皮细胞、花粉粒、幼胚以及其它幼小的器官等）直接制片，观察其形态结构。整体制片不用切片，操作简便快捷，可以显示器官或组织的完整形态和结构。

例如，利用幼根整体封片观察菌根的特点，子房整体透明观察胚珠的结构和胚胎发育，花粉与雌蕊整体装片观察花粉粒在柱头上的附着和花粉管的萌发情况等。

整体封藏制片由于所用的脱水剂、透明剂和封藏剂不同，而有各种不同的方法。

6.2.1 甘油法

甘油法用甘油对材料进行脱水和透明并封藏。操作简便，容易掌握，且能保存植物的自然颜色。也常用于各种作物，如小麦、水稻、棉花胚囊及幼胚的整体观察、研究。许多材料不需染色，即可封藏；而另一部分材料，必须染色后才能封藏。故又可分为免染制片与染色制片两种。

6.2.1.1 免染制片

① 取样 选择新鲜有代表性的材料（如果是游动的藻类，可用离心法或沉淀法收集）。

② 固定　一般用3%～4%甲醛液或铬酸-乙酸固定液固定12～24h。

③ 洗涤　水漂洗5～6次，除尽固定液。

④ 分散　把洗净的材料放在载玻片上，加上2～3滴含少量苯酚的10%甘油，用解剖针把材料轻轻分散均匀。

⑤ 干燥　将摆好材料的载玻片放入干燥器内，让甘油中的水蒸发，待甘油浓缩至原来液体一半时，再加1～2滴20%的甘油，使其再蒸发浓缩，然后加40%的甘油，继续蒸发浓缩。

⑥ 封片　待甘油蒸发到纯甘油浓度时，即可盖上盖玻片，并将四周用火漆密封。

6.2.1.2　染色制片

以铁矾-苏木精染色为例。

① 选材、固定　选好的材料用铬酸-乙酸固定液固定12～24h。

② 洗涤　水洗5～6次，12～24h，最后一次要用蒸馏水。

③ 媒染　在4%铁矾溶液中媒染30～60min。

④ 水洗　用自来水冲洗20～30min。

⑤ 染色　在0.5%苏木精溶液中染色1～2h。

⑥ 冲洗　用自来水冲洗10～20min。

⑦ 分色　在2%铁矾溶液中分色至适度的颜色（在显微镜下检查，如果颜色染色过深继续分色，太浅要重染）。

⑧ 冲洗　在自来水中冲洗20～30min。最后一次用蒸馏水漂洗。

⑨ 脱水　把材料放到培养皿内并加10%的甘油（甘油体积应多于材料体积10倍以上）置于干燥器中，进行自然脱水，使甘油中的水分蒸发浓缩，使其成为纯甘油。

⑩ 盖片　从甘油中选取适度染色、脱水好的材料置于载玻片上，滴一滴纯甘油，盖好盖玻片。

⑪ 封片　用火漆密封盖玻片四周。

6.2.2　甘油冻胶法

此法与甘油法相同，只是用甘油冻胶代替甘油封固。

① 取材、固定　取材后用弱型铬酸-乙酸固定液固定12～24h。

② 洗涤　用自来水冲洗12～24h。

③ 染色　如需染色可按上述甘油法中的染色方法进行染色。

④ 脱水　将材料（或染色后的材料）浸于10%的甘油中，置入干燥器内，让水分蒸发进行自然脱水（时间3~5d）。

⑤ 制片　挑选合适的材料放在载玻片上，滴1mL熔化好（甘油冻胶要放在温箱或热水浴中使之熔化）的甘油冻胶。

⑥ 封片　盖上盖玻片，用火漆密封盖玻片四周。

注意：如果在甘油冻胶中加入一些甲基绿染料，可以将部分材料慢慢染色，可省去封固前的步骤；有些材料不易收缩，如花粉粒，可直接将新鲜的花粉粒封固于甘油冻胶中。

6.2.3　甘油-二甲苯法

此法对于较坚硬的材料，例如藓类的原丝体、蕨类的原叶体以及分枝的藻类均较适用，且制片可长久保存；但操作过程较繁琐，且不适于较脆的材料。

① 固定、染色、冲洗　同甘油法。

② 脱水　材料在10%甘油中蒸发后移至纯甘油。

③ 洗涤　用95%乙醇洗去甘油（须更换2～3次乙醇，每次10～15min。厚或大的材料，则需增加更换乙醇的次数并延长时间，把甘油除尽）。

④ 染色　甘油除尽后，如要二重染色，可在95%乙醇或无水乙醇中加入1%的酸性染料进行染色。

⑤ 透明　材料经过下列溶液：无水乙醇Ⅰ→无水乙醇Ⅱ→(6∶1)（无水乙醇∶二甲苯，体积比，后同)→(5∶2)→(4∶3)→(3∶4)→(2∶5)→二甲苯Ⅰ→二甲苯Ⅱ，在每级溶液中的时间为5～10min。

⑥ 封片　将材料移入稀的加拿大树胶中（用二甲苯稀释），待二甲苯蒸发至适于封固的浓度，封片。

6.2.4　糖浆法

应用此法材料不必进行脱水，经染色后直接将材料封固于糖浆中。此法有其特殊用途，如观察植物体内乳汁管，因二甲苯能溶解橡胶、乳汁等，材料不能经过二甲苯，可用此法。

以橡胶草为例介绍操作步骤。

① 取材、固定　F.A.A.固定液固定24h。

② 洗涤　50%乙醇洗2～3次，然后转入70%乙醇中1h。

③ 染色　在苏丹Ⅲ的70%乙醇饱和液中染色4～12h。

④ 洗涤　50%乙醇中漂洗2～3min，洗去多余的染料。

⑤ 冲洗　蒸馏水冲洗2～3min。

⑥ 染色　在极稀的代氏苏木精（在100mL蒸馏水中加入数滴代氏苏木精）中染色5～10min。

⑦ 分色　自来水分色10～20min，换入蒸馏水。

⑧ 封片　用糖浆封藏。

6.2.5　水封藏法

适于暂时封藏之用。用水封藏方法简便容易操作，但水分不断蒸发，材料不能保存过久；水较多时材料漂浮不定，尤其是运动的单细胞藻类。观察时可每20～30min在盖玻片边缘加上少量的水（但此时材料往往易被水流所改变），并短时间内完成观察。

制片时，如材料为单细胞或小型群体藻类，则可用吸管吸取少量材料，滴在载玻片上，用显微镜观察有无需要的材料，然后在材料上滴适量清水，立即用盖玻片封藏，放在显微镜下观察。如果细胞或群体藻类运动活跃，可将载玻片静放20min左右，蒸发一部分水分，再行观察；或用吸水纸自盖玻片一侧吸去一些水分，使其活动减慢；或在边缘加少量碘液将其杀死。

如材料为丝状藻类或菌类，则可在载玻片上加一滴清水，然后用针、镊子取少许材料，放在载玻片中央的水中，再在解剖镜下，用解剖针小心地将丝状体分开，然后加上盖片。制片时，所取的丝状体材料愈少愈佳，多了不易分离。

6.2.6　松节油法

此法有甘油-二甲苯法的优点，而且材料可免经二甲苯，有利于制备经过二甲苯时易脆的材料。又因不用甘油脱水透明，对于不能封藏在甘油中的材料，可用此法封藏。

① 按甘油法将材料固定、染色。

② 经各级乙醇（30%乙醇→50%乙醇→70%乙醇→85%乙醇→95%乙醇→无水乙醇）脱水，无水乙醇要更换两次，每级10～20min。

③ 移入10%松节油无水乙醇溶液中（若出现乳白色则表明脱水未净，材料重返无水乙醇中脱水），放置在干燥器内蒸发（干燥剂为NaOH与$CaCl_2$各半），蒸发至纯松节油。

④ 用溶于叔丁醇的加拿大树胶封固。

6.3 涂压制片

涂压制片法也叫涂抹制片法，包括涂片法与压片法两种。随着植物细胞遗传学和单倍体、多倍体以及细胞杂交育种的迅速发展，此法得到普遍的应用与发展。

涂片法是指将新鲜或固定后的材料，放在载玻片上，用解剖刀或镊子柄将其压住并拖涂成均匀的一层，经染色（有的不染色）后，盖上盖玻片。

压片法是指将材料放在载玻片上，用解剖针或镊子均匀分散开，滴上染料加上盖片，用拇指或解剖刀柄轻轻压挤盖玻片使组织压散而成一层，然后进行观察、研究。

压片、涂片制片法可用于植物染色体和细胞核制片，进而进行染色体计数、核型分析、带型分析、基因定位、荧光原位杂交等一系列相关实验。

6.3.1 涂压法的基本步骤

涂压法包括取材、前处理（预处理）、固定、染色、涂片或压片、封片等几个步骤，实际操作过程可因具体情况而略有不同。涂片法多数是先涂片后染色，而压片法则多数是先染色后压片。

（1）取材　一般研究植物的细胞分裂、观察染色体等，应选择植株生长健壮、组织分裂活动旺盛、易于取材的组织、细胞作为观察的材料。通常用植物的根尖、茎端或幼小叶肉细胞观察细胞的有丝分裂，选用花粉母细胞观察细胞减数分裂。由于各种作物细胞分裂的高峰时间不同，在取材时必须加以考虑。

（2）前处理　植物细胞有丝分裂时，染色体形状较细长，有的数目多，常常挤成一堆，在显微镜下，难以计数和观察研究。为了使染色体彼此分开，便于观察计数，一般在取材前后要用一些药剂进行处理，改变细胞质内的黏度抑制细胞分裂时纺锤体的形成，使细胞停留在中期，或增加中期分裂相的比例，更重要的是能使染色体缩短变粗和分散染色体的轮廓变得清晰。

常应用的前处理药剂有：秋水仙素（0.05%～0.2%）、对二氯苯（饱和水溶液，约1%）、8-羟基喹啉（0.004%～0.005%）、富民隆（0.001%～0.01%）。处理时间一般为2～12h。但要注意秋水仙素用量过大或处理时间过长，会引起染色体的过度收缩或产生多倍体。

用幼嫩花药观察花粉细胞的减数分裂，一般可以不做前处理。

（3）固定　若不固定则可因细胞内蛋白质分解而导致结构变化。根据研究目的来选用固定液，常用的是乙醇-乙酸（3∶1）固定液，固定时间为1～12h。

（4）离析　植物细胞之间由坚固的细胞壁结合在一起，使各个细胞难以散开，必须用一些药剂将细胞壁之间的中胶层水解，使细胞容易分离，此过程即离析。

① 盐酸离析　材料固定后用1mol/L的盐酸，在60℃的水浴温度下离析处理5～15min（处理要掌握好时间，不宜过短或过长：时间过短，不能达到离析的目的，细胞不易分开；时间过长，不利于染色或染不上颜色）。禾本科植物根尖固定后直接用浓盐酸离析1～2min。

② 乙醇-盐酸离析　固定后用等量的95%乙醇和浓盐酸混合液离析2～10min。时间长短视材料不同而有变化。

③ 乙酸-盐酸-硫酸离析　乙酸-盐酸-硫酸混合液，配合比例为45%乙酸100mL、1mol/L盐酸10mL、1%硫酸10mL。此液混合后，需放置几分钟后再用，离析时间10～60min。

(5) 染色　染色的目的是将无色的组织细胞染上各种不同深浅的颜色，以便于区分细胞中不同成分的形态结构。此法主要用能染染色体的核染料（即碱性染料），如苏木精、洋红、结晶紫、碱性品红等，亦可用福尔根反应法染色。每种染色液的染色时间各不相同，同一染色液也因浓度及温度的不同而有差别。

(6) 封片　材料经涂抹与压片制成后，如果只作短时间的观察，只保留几天可用石蜡或凡士林密封盖玻片四周，以免内部材料因水分蒸发干燥。如果长期保存做成永久制片则将临时封边的材料除去盖玻片后经脱水、透明、封固等步骤做成永久制片。

6.3.2 植物花粉母细胞的涂片法

此法取材料方便，操作简便，是观察细胞减数分裂、研究染色体的简便的方法。现以小麦为例，简要地介绍花粉母细胞的涂片技术。

(1) 取材　在小麦孕穗至抽穗发育阶段，选用刚抽穗或将要抽穗的麦穗，用镊子镊取中部小穗的中间小花或雄蕊，要选幼嫩绿色的花药（若花药变黄说明花粉已经成熟，减数分裂早已结束）。取材时间在上午6～9时为好。

(2) 固定、保存　将取下的小花或雄蕊，立即放入乙醇-乙酸固定液中进行固定。立即进行镜检观察的，可以不固定而直接进行染色。固定时间为1～24h，如温度较高，固定30min即可。固定后的材料可供一周内观察使用；保存时间超过一周时应保存在冰箱中；若长期保存，用95%乙醇换洗数次洗净乙酸，保存在70%乙醇中。保存时间过长（半年以上）染色效果减退或不易着色，应尽可能用新鲜的材料或固定后短期内观察。

(3) 制片

① 染色　取出固定好的花药，放在载玻片的中央，加上一滴乙酸-洋红染色液。

② 涂片　用解剖刀横切花药中部（或切去两端），再用一载玻片横盖在材料上（两玻片十字交叉），略用力挤压出花粉母细胞，使其薄薄涂于载玻片上。

③ 镜检　将花药壁等碎物弃去，用解剖针或镊子搅拌均匀，染色的材料放低倍镜下，进行初步镜检观察。

④ 盖片　找到所需的分裂时期的细胞，立即加上盖片。

⑤ 烤片　将载玻片在酒精灯火焰上微微加热（迅速来回轻烤几次，勿使染色液沸腾冒泡），使细胞质破坏（使细胞质透明），增进染色体的染色程度。这是染色体清晰与否的关键。加热后再在显微镜下观察，若效果不好可反复加热，直到满意为止。但要注意不要过热煮沸，否则会使细胞干缩毁坏，染色剂大量沉淀，使制片失败。烤后如发现部分烤干时，可在盖玻片边缘上补加一小滴染色液。镜检时要特别注意盖玻片的边缘部分，因为经挤压以后，会将分散的花粉母细胞挤到边上，往往这一部分也正是所要观察的分裂细胞。

(4) 封片

暂时封固：可用石蜡将盖玻片四周密封起来，可供一周内观察，如在低温下，可以保存1～2个月。

永久制片：制作永久制片的方法很多，其中常用叔丁醇法，此法较为简单可靠。

① 脱片　将染色、涂抹好的材料，盖上盖玻片经镜检合格后，将载玻片倒放在盛有45%乙酸液的培养皿中，使载玻片稍倾斜（一边可垫上一小玻棒），待几分钟后盖玻片自行脱落。

② 脱水　将分开的载玻片与盖玻片，用吸水纸吸去多余的乙酸液，移入1/2冰乙酸+1/2叔丁醇的培养皿中2～3min。然后移入叔丁醇中3～5min（起脱水与透明的作用）。

③ 封片　用加拿大树胶封藏。封藏时注意盖玻片要放回原来载玻片上的位置，不能错开或倒放，保证材料在原来的位置上。

也可用二甲苯代替叔丁醇。即将载玻片和盖玻片移入1/4乙酸+3/4无水乙醇→1/10乙酸+9/10无水乙醇→1/2无水乙醇+1/2二甲苯→二甲苯，每步要2～3min。最后用加拿大树胶封藏。

6.3.3 植物根尖、茎端的压片法

此法是观察、研究细胞有丝分裂过程和染色体计数等的简便方法。由于根尖容易培养且不受生长季节限制，多用根尖压片。根据所用的染色液不同，有不同的制片方法，常用的有如下几种。

6.3.3.1 洋红染色法（以玉米根尖为例）

① 取材　浸泡好的玉米种子置于培养皿内滤纸上，盖上盖。2～3d内即可萌发，待其第一条种子根长到1～2cm时，在上午9～11时切下根尖0.5～1cm，进行前处理（这段时间是玉米根尖分生组织细胞分裂最为旺盛的时刻，但这种分裂高峰，还因品种不同和受气温变化的影响而有差异）。

② 前处理　将切下的根尖放在0.04%～0.2%秋水仙素中处理2～5h。然后用水冲洗几次，转入固定液中。

③ 固定　一般用95%乙醇-乙酸（3∶1）固定液固定1～12h。

如急需观察，固定时间缩短到10min即可，甚至可不经过固定直接在乙酸-洋红中染色、压片（乙酸可起固定作用）。固定后的材料用95%乙醇洗净乙酸，移入70%乙醇中保存（夏天要在冰箱或阴凉处保存）。

④ 离析　从固定液中取出根尖，用蒸馏水洗1～2次，然后移入1mol/L盐酸中，在60℃的水浴中离析处理10～15min，再用水洗净盐酸（否则影响染色）。材料经水洗后，再放入2%果胶酶水溶液中处理30～60min，效果更好，细胞更易分散，染色体也容易展开。

⑤ 染色、压片　取出离析、水洗后的材料，置于载玻片上，加上一滴乙酸-洋红染色液，约10min，盖上盖玻片。用吸水纸或纱布垫在盖玻片上，用拇指（或镊子顶端）对准材料的部位以适当的压力进行挤压，将根尖材料敲、压成一薄层。挤压时要注意不要移动盖片。为了增强染色效果，可在酒精灯上来回烤几次。

⑥ 镜检、封片　做好的片子在显微镜下初步检查。如需长期保存，可做成永久制片，方法与上述花粉母细胞的涂片法相同。

6.3.3.2 铁矾-苏木精染色法

此染色法可将染色体染成紫蓝黑色，利于显微照相，可拍摄较清晰的染色体图像，且制片能长期保存不退色，故此法应用较广。

① 取材、前处理、固定、离析　方法与步骤和乙酸-洋红法相同。

② 染色　将经固定、离析的根尖材料移入4%铁矾水溶液中媒染20～30min，水洗

10min。再放入0.5%苏木精水溶液中染色1～4h，最后水洗。

③ 压片　取一条经染色和水洗处理好的根尖置于载玻片上，加一滴45%乙酸，按上述乙酸-洋红法的压片方法压片。也可以先在45%乙酸中软化分色5～8min再压片。

④ 镜检、封片　经镜检后如需做永久制片，亦按上述方法进行脱水、透明、封藏。染色后的材料如不能及时压片，可放入蒸馏水中，在1～3℃低温下冷藏。经冷藏后可改变细胞质的胶体状态，使细胞不易破裂，从而使染色体在压片过程中不易丢失，冷藏后的压片过程，仍需在45%乙酸中进行。

6.3.3.3　紫药水染色法（结晶紫或龙胆紫）

用紫药水染色可代替乙酸-洋红染色，更为经济简便，尤其对于根瘤菌、酵母菌、细菌等的染色制片更为适合。其染色的方法步骤与乙酸-洋红染色法相同，只是离析后滴上1%的紫药水染色液，染色约10min，然后取出根尖，放在载玻片上加上一滴20%乙酸进行压片。

应用此法要注意两点，一是紫药水易使材料变硬，不易压散，要适当延长离析时间；二是紫药水上色容易，退色也快，不宜做永久制片。

6.3.3.4　福尔根染色法

① 取材、前处理、固定、离析　方法与步骤和乙酸-洋红法相同。

② 染色　将离析后的材料经水洗1～2次后，希夫试剂染色1～2h。然后在亚硫酸中洗3～5次，每次10min左右，再用蒸馏水洗几次即可压片。

③ 压片、封片　与上述压片、封片方法相同。为了增强染色效果，在压片之前，加一滴乙酸-洋红复染后再进行压片，对于一些不易染色的材料效果更好。

6.4　离析制片

在细胞研究中，不但要了解细胞的平面观，同时还要研究细胞立体形态结构。为此，可用一些化学药品把细胞与细胞之间的中胶层溶解，使细胞分离，这种化学处理的方法叫作离析法。常用的有硝酸-氯化钾离析法（Schaltze法）、铬酸-硝酸离析法（Teffrey法）、乙酸-过氧化氢离析法、煮沸法、盐酸-草酸离析法、氨水离析法、氢氧化钠离析法等。

6.4.1　硝酸-氯化钾离析法

此法适用于木质化的坚硬组织，如木材、纤维、石细胞等的离析。

① 取材　取材后，将材料切成火柴梗粗细，长1cm左右，或撕成细条。

② 离析　加入浓硝酸（浓硝酸加一份蒸馏水稀释一倍）至浸没材料，再加入氯化钾数粒。加温（在水浴锅中微热即可），至有气泡发生、材料变白色为止（4～5min）（加热时产生的Cl_2气体，勿接触皮肤，以免受伤）；亦可在室温下处理10～15d，使其分离。

③ 洗涤　用玻棒捣碎未分离的材料，再经水洗4～5次（离心后，倾去上层水，再加水洗，如此反复数次，把酸洗净）。

④ 脱水　在30%乙醇→50%乙醇→70%乙醇→83%乙醇→95%乙醇梯度中脱水，每级5min。

⑤ 染色　在1%番红（95%乙醇）中染色12～24h。

⑥ 退色　在95%乙醇中洗几次至纤维细胞呈浅红色为止。

⑦ 染色　在1%结晶紫（95%乙醇）中2～10min。

⑧ 脱水　在 95%乙醇、无水乙醇（两次）中各 3～5min。

⑨ 透明　用二甲苯透明两次，每次 3～5min。

⑩ 封片　中性树胶封片。

6.4.2　铬酸-硝酸离析法

适用于木质化组织，如木材、纤维等。

① 取材　将材料切成 1cm 左右长的细小块放入小试管中。

② 水煮　加水煮沸，反复进行几次，待冷却后转下一步。

③ 离析　将材料移入铬酸-硝酸离析液（1%铬酸液 1 份＋10%硝酸液 1 份）中，35～40℃温箱内离析 24～48h（时间长短视材料而定），离析液的用量约等于材料的 20～30 倍。如果 2d 后仍未离析，可换一次新的离析液继续处理 1～2d，至材料离析为止。

以后各步骤同 Schaltze 法。

6.4.3　乙酸-过氧化氢离析法

又叫富兰克林法（Franklin method），可离析一般木质化材料。

① 水煮　材料经水煮沸 30～60min。

② 切割　将水煮后的材料切成小块，放入试管。

③ 离析　加入乙酸-过氧化氢离析液（配制方法：将乙酸和 6%过氧化氢等量混合）放在 60℃温箱中离析 24～48h。

以后各步骤同 6.4.1 Schaltze 法。

6.4.4　煮沸法

无须用化学药品，较为简便，但只适用于柔软的木材。

① 取材　将木材切成 $1cm^3$ 的小块。

② 除气　加水煮沸 30min 左右，将材料取出，急速投到冷水中 20～30min，再放入沸水中煮 30min，再急速投到冷水中，如此反复进行数次，直到木材沉入水中为止。

③ 剥离　煮好的材料放于培养皿水中，用解剖针或玻棒剥离成细条。

④ 离析　将细条材料放入烧杯中再煮，直至细胞分离为止。

⑤ 离心　离心收集离析好的细胞（如管胞、导管等）。

⑥ 染色　按照需要进行染色。

以后各步骤同 6.4.1 Schaltze 法。

6.4.5　盐酸-草酸离析法

此法较缓和，只适用一般草本植物的髓和薄壁细胞、组织等。

① 取材　将材料切成细小块，(0.5～1)cm×0.2cm。

② 离析　放入盐酸-草酸离析液中处理 24h。若材料内有空气，浮在离析液上，则需抽气后再换一次离析液。用水洗涤干净后放入 0.5%草酸铵水溶液中，时间视材料的性质而定，可每隔 1～2d 检查一次。

以后各处理同 6.4.1 Schaltze 法。

如急需做离析观察，可将材料放入试管内，加上此离析液，在酒精灯上加热煮沸（此时还可加少许氯酸钾以加速作用），几分钟内即可使组织的细胞分离。但加热离析若掌握不好，会使材料完全溶化。

6.4.6　氨水离析法

此法适用于观察分生组织细胞的立体形状。

① 取材　切取种子刚萌动长出的主根根尖 0.5～1cm，纵切成薄片。

② 初溶　将材料投入浓氨水中浸 24h，溶去中胶层。

③ 离析　在 10%氢氧化钠和等量的 50%乙醇混合液中处理 24h，溶去细胞壁以内的物质，然后水洗。

④ 染色　以染纤维素的方法染色。

⑤ 分离　取染色好的少许材料置于载玻片上，加上盖玻片，用解剖针或镊子轻敲，使细胞分离，在显微镜下可清晰看到分生细胞的立体形状。

以后各步骤与 6.4.1 Schaltze 法同。

6.4.7　氢氧化钠离析法

此法是较为简便的透明与离析的方法，对柔软或较硬的材料均适用。

① 取材、固定　将材料切成小块，固定液固定。

② 离析　材料移入 5%～10%的氢氧化钠离析液中，置于 50℃温箱中处理 24～48h（如果离析液呈现混浊现象，则是由材料内溶解出的物质所致，此时则需要更换 1～2 次离析液)。

以后各步同 6.4.1 Schaltze 法。

如果只要求将材料透明，用以观察材料内部木质化的情况而不必离析，则将材料离析呈半透明状态，即用水轻轻洗干净。然后用 1%番红的 50%乙醇液染色，再进行脱水、透明和封片。

6.4.8　乙醇-盐酸离析法

此法可用以水解离析非常柔软的材料，例如根尖、茎尖、幼叶等。将等量的 95%乙醇和浓盐酸混合，在 50℃左右离析 24h。材料至半透明状态已离析完全，即可用水洗净，进行染色、封固等步骤。

6.4.9　次氯酸钠法

用次氯酸钠法只能离析较柔软的材料。50g 氯化钙和 100g 碳酸钾或碳酸钠同投入 1L 水中，加以振荡，使之发生化学反应形成次氯酸钠溶液。

此液用于离析时，可以将静置后的上清液倒出使用而无需过滤。

6.5　透明制片

透明制片法是应用化学药剂，使材料透明而显示出植物组织的内部结构。例如，透明显示维管束在组织或器官中的分布。此法可用于新鲜的材料或固定后保存的材料；既可用于制片，也可用于制作动植物标本。

6.5.1　乳酸-苯酚透明法

此法适用于幼小的材料，透明后可整体封藏。

把材料放在载玻片上，直接加上一滴乳酸-苯酚液，在酒精灯上来回烤几次慢慢加热，以促进药剂的浸透并除去材料中的气泡，不久就变为透明。冷却后盖上盖玻片即可进行观察或直接用加拿大树胶封藏。

乳酸-苯酚的配法：苯酚（结晶）10g＋蒸馏水10mL＋乳酸10mL＋甘油10mL。配制时先使苯酚溶于蒸馏水中，待全部溶解后再加入乳酸及甘油，搅匀即成。

6.5.2 氢氧化钠透明法

此法应用较广，一般材料均适用。

将材料浸于2%～10%（常为5%）的氢氧化钠透明液中，溶液的用量为材料的30～50倍，主要的作用是将细胞内的物质溶去除净，而使材料变为透明。透明处理的时间，根据材料的大小和老嫩程度不同而有差别，一般需24～48h。幼嫩的材料无需加热，而老硬的材料必须放置于45～60℃恒温箱中，每隔1d换一次新鲜溶液，直至材料完全透明为止。细小的材料如幼小的叶片、萼片、花瓣等，可以整体透明；而较大的材料需切成小块再浸渍透明。

透明后的材料用蒸馏水洗净后即可观察。如需染色，可用1%番红的50%乙醇溶液或1%结晶紫水溶液进行染色。染色后的材料，如需制成永久制片时，可由50%乙醇开始脱水至无水乙醇，再逐步过渡到二甲苯，最后用中性树胶封藏。

6.5.3 冬青油透明法

切割带有三四片小叶的蚕豆幼苗，立即插入0.05%碱性品红水溶液（0.05g碱性品红溶于2mL的95%乙醇中加水98mL）中，在溶液中用快刀片在茎下端切去约0.5cm，放于光下，1d后即见茎端所有叶脉都呈暗红色，即表示染料已由导管吸入且将维管束染色。若1d后仍未见染色，则可把茎下端再截去0.5cm，重复上述操作。

取出材料，用水洗净，用刀片截取材料。用30%乙醇洗掉材料上多余的染料。

然后经过下列各级乙醇脱水：30%乙醇→50%乙醇→70%乙醇→83%乙醇→95%乙醇→100%乙醇→100%乙醇，每级时间按材料大小老嫩而定（如嫩的茎尖或茎直径大于0.5cm的材料，至少需要1d时间）。再换入1/2无水乙醇＋1/2冬青油。然后用纯冬青油透明。最后用蜡封好瓶口。

6.5.4 甘油透明法

截取材料同前法，把材料放在试管内，用氢氧化钠透明法透明。水洗五六次以将碱彻底洗掉至中性为止。材料浸在蒸馏水中，加入2～3滴1%结晶紫水溶液或1%番红（50%乙醇中）染色1d（染色宜淡，时间不宜太长，时间太长连薄壁细胞也染上色，便不能分别显示维管束）。用水洗去多余染料，至只有维管束呈紫色或红色为止。倒去水分，加入10%甘油至满，打开瓶塞，盖以滤纸放在通风处或温箱顶上蒸发至约50%甘油浓度。然后换入新的50%甘油，加入少许麝香草酚（百里酚）以免长霉。

第7章 植物细胞与组织显微测定

植物显微化学测定法，用以研究、测定植物器官、组织及细胞中物质的化学性质、含量及分布。测定时间短，较为简便，且容易掌握。在植物解剖学、农业科研和生产上及植物的野外调查等领域广泛应用。

植物显微化学测定法，一般都是采用新鲜的材料，以徒手切片法切成薄片，然后进行化学测定。用作显微化学测定的切片通常要稍厚些（20～30μm），如果太薄，要观察的内容物太少，显示不清晰。

植物显微化学领域在20世纪40～50年代曾获得迅速的发展，不仅建立了许多新方法，而且深入地探讨了染色反应机理，大大推进了细胞结构功能的研究。60年代后，随着电子显微镜的广泛应用，超显微结构水平上各种细胞化学技术的迅速建立和发展，使人们对光学显微镜下细胞化学技术的兴趣和注意力降低。然而，后来的许多研究和综合分析表明，如同显微结构和超显微结构相辅相成、不可偏废的关系一样，在电镜细胞化学蓬勃发展的情况下，光学显微镜细胞化学的研究仍然是十分必要的。

7.1 碳水化合物显微测定

7.1.1 高碘酸-希夫反应——显示多糖（淀粉粒及细胞壁纤维素等）

利用高碘酸（氧化剂）破坏多糖分子中的C—C键，使之变为醛基而与希夫试剂相结合，生成红色反应物。这一过程称为过碘酸-希夫反应（PAS反应），除多糖外，糖蛋白、黏蛋白等糖类蛋白质的络合物也表现PAS阳性反应。

7.1.1.1 切片制片染色

（1）试剂配制

试剂详细配制参照本书第1篇第3章。

（2）制片处理

① 脱蜡　切片脱蜡、复水至蒸馏水（各类切片均可用）。

② 冲洗　流水冲洗15～30min。

③ 氧化　0.5%～1%高碘酸溶液处理10min。

④ 冲洗　流水洗涤5～10min，最后蒸馏水洗涤。

⑤ 染色　移入希夫试剂中20～30min。

⑥ 漂洗　用偏亚硫酸钾（或偏亚硫酸钠）溶液洗三次，每次2～3min。

⑦ 冲洗　流水洗涤10～15min，蒸馏水漂洗5min。

⑧ 脱水、透明、封片　按常规通过各级乙醇脱水、二甲苯透明、树胶封片。

(3) 对照处理

① 脱蜡。

② 冲洗。

③ 酶解：1%淀粉酶，25℃处理1h；或10%乙酸酐的吡啶溶液中处理4～20h；或用唾液在37℃下消化处理30min，更换一次。

④ 以后各步同前。

(4) 染色结果　淀粉粒、纤维素细胞壁及细胞内的一些中性黏多糖、黏蛋白及糖蛋白被染成红紫色。可采用Meyer酸性苏木精或甲基绿复染显示细胞的形态学结构。

7.1.1.2　涂压制片染色

适用于涂片、压片或黏附玻片上的培养的单细胞或原生质体。

(1) 试剂配制

① 高碘酸溶液　0.4g $HIO_4 \cdot 2H_2O$ 溶于35mL无水乙醇（或95%乙醇）中，与0.2mol/L乙酸钠5mL、蒸馏水10mL混合。此溶液应放于暗处，温度17～20℃下保存、使用，如变为棕色，则不能用。

② 还原液　KI、$Na_2S_2O_3 \cdot 5H_2O$ 各1g，溶于30mL无水乙醇（或95%乙醇）中，加蒸馏水20mL、2mol/L HCl 0.5mL，保存于17～22℃，使用期14d。

③ 希夫试剂。

④ 偏亚硫酸钾溶液。

(2) 制片处理

① 浸片　涂片、压片或黏附玻片上的培养的单细胞或原生质体，在70%乙醇中停留30～40min，中间更换一次乙醇（若为原生质体应加入适当浓度甘露醇提高渗透压）。

② 氧化　放入高碘酸溶液中，17～22℃，10min。

③ 洗涤　70%乙醇洗涤2～3min。

④ 还原　移至还原液中17～22℃处理1～2min。

⑤ 洗涤　70%乙醇洗涤2～3min。

⑥ 染色　希夫试剂处理20～30min。

⑦ 漂洗　用偏亚硫酸钾溶液洗涤三次，每次3min。

⑧ 水洗　蒸馏水洗三次，每次3min。

⑨ 复染　为显示细胞的形态学结构，可选用适当染色剂复染。

⑩ 脱水、透明、封片。

(3) 对照处理　对照处理同上文7.1.1.1。

(4) 染色结果　细胞内的淀粉粒、纤维素细胞壁及黏蛋白呈现紫红色。

7.1.2　碘-碘化钾反应——显示淀粉粒

(1) 试剂配制　碘-碘化钾溶液：2g碘化钾溶解到100mL蒸馏水中，然后再溶解0.2g碘。将配好的溶液放入棕色的玻璃瓶中，保存在暗处。

(2) 制片处理

① 用新鲜材料，或经过固定、冰冻或冰冻干燥的组织进行切片。

② 把切片放入碘-碘化钾溶液中，几分钟后，淀粉粒表现为蓝黑色，新形成的淀粉粒呈红紫色。

7.1.3 氯化铁羟胺反应——显示果胶

果胶质（Pectic substance）是一类分布很广的重要的细胞壁成分，是由半乳糖醛酸组成的多聚体。果胶质是胞间层的基本成分，使相邻的细胞壁合在一起。它也是细胞初生壁的主要成分（纤维素和果胶质）之一。

（1）试剂配制

① 碱性羟胺溶液　14g NaOH、14g 盐酸羟胺分别溶解在 100mL 60%乙醇中，临用时两种溶液等量混合。

② 酸性乙醇　1 份浓 HCl 溶液加入 2 份 95%乙醇。

③ 氯化铁溶液　取 1mol/L HCl 溶液 5mL 加到 45mL 60%乙醇中，再溶解 $FeCl_3$ 5g。

（2）制片处理

① 切片　选用新鲜组织切片比石蜡切片好，徒手切片或滑走切片机切片。

② 碱化　载玻片上滴 5～10 滴碱性羟胺溶液，将切片放入其中，经 5min 或更长时间。

③ 酸化　向载玻片上的反应液中滴入等体积的酸性乙醇溶液，以酸化反应液。

④ 染色　2min 后，吸去反应液，并用滤纸进一步吸干，用氯化铁溶液浸没切片。

（3）染色结果　数分钟后，果胶表现为红色。如果将切片预先经过热的含 0.5mol/L HCl 溶液的无水甲醇处理，使果胶甲基化，可增强反应强度。

7.1.4 氯碘化锌反应——显示纤维素

（1）试剂配制　氯碘化锌溶液：17mL 蒸馏水中溶解 50g 氯化锌、16g 碘化钾，再加入过量的碘，放置数日，取上清液注入棕色滴瓶中备用。

（2）制片处理

① 固定　新鲜组织切片或经乙醇、F. A. A. 固定、冰冻干燥的组织切片均适用，但不能用含铬固定液固定组织。

② 染色　将切片放于载玻片上，立即用氯碘化锌溶液浸没染色。

（3）染色结果　含有大量纤维素或半纤维素的细胞壁被染成蓝色；包含大量木质素、角质及软木脂的细胞壁表现为橙黄色。

7.1.5 氯代亚硫酸盐法——显示木质素

（1）试剂配制

① 酸化的饱和次氯酸钙溶液。

② 1%亚硫酸钠溶液。

（2）制片处理

① 切片　采用新鲜的、固定的或冰冻干燥的组织切片。

② 脱蜡　如果切片为石蜡切片，则脱蜡后复水。

③ 染色　将切片放入酸化的饱和次氯酸钙溶液中约 5min。

④ 漂洗　转移到 1%亚硫酸钠溶液中。

（3）染色结果　几分钟后木质化的细胞壁显示出亮红色，但在 35～45min 后逐渐退色至棕色。

7.1.6 苯胺蓝荧光法——显示胼胝质

(1) 试剂配制

① 苯胺蓝溶液　100mL 0.15mol/L K_2HPO_4（pH=8.2）溶液中溶解 0.005g 苯胺蓝。

② 蔗糖溶液　100mL 0.15mol/L 磷酸盐缓冲液（pH=7）中溶解 34.23g 蔗糖。

(2) 制片处理

① 切片　新鲜或 0.1mol/L 蔗糖缓冲溶液短期保存的切片；可用 F.A.A. 固定过的组织切片，但在染色前需经流水充分洗涤。

② 染色　切片在苯胺蓝溶液中染 10min。

③ 封片　用蔗糖缓冲液或染色液封片。

④ 荧光观察　在荧光显微镜下观察，采用 2mm 和 4mm UG_1 紫外线透射滤光片，其最大透射度是在 366μm。

(3) 染色结果　用不经染色的切片作对照观察，胼胝质呈现黄色荧光。

7.1.7 亚硫酸铁反应——显示单宁

(1) 试剂配制　用 0.1mol/L HCl 溶液配制 0.5%～1.0%亚硫酸铁溶液或 0.5%～1.0%氯化铁溶液。

(2) 制片处理

① 将新鲜组织切片投入亚硫酸铁或氯化铁溶液中，显色后，可作暂时性封片进行观察；也可经乙醇脱水、二甲苯透明，制成永久制片。

② 另一种方法将组织片用含 2%亚硫酸铁的 10%甲醛固定液固定，然后按常规脱水，制作成石蜡切片。

(3) 染色结果　两种方法所出现的蓝色沉淀物即指示单宁的存在。

7.1.8 银还原法——显示维生素 C

还原型维生素 C 能使硝酸银还原，产生黑色的银沉淀物，显示维生素 C 的存在。

维生素 C 的还原型与氧化型的相互转化是：

还原型　⇌　氧化型

7.1.8.1 方法一

(1) 试剂配制

① 酸性硝酸银溶液（Ⅰ）：20%$AgNO_3$ 10mL 中加入 95%乙醇 9mL 及冰乙酸 3mL。

② 10%乙酸溶液（Ⅱ）。

③ 酸性海波混合液（pH=5）（Ⅲ）：100mL 蒸馏水加入硫代硫酸钠（$Na_2S_2O_3$）5g，硫酸氢钠 1g，取上清液使用。

(2) 制片处理

① 切取 1mm×1mm 大小的组织片，迅速投入试剂Ⅰ中，于 56～58℃处理 2h。

② 流水冲洗 15～20min，蒸馏水漂洗，除去试剂Ⅰ。投入试剂Ⅱ，更换三次新液，以

充分除去 $AgNO_3$。蒸馏水洗 15～30min。

③ 用试剂Ⅲ固定 2～3h。

④ 自来水冲洗过夜（需彻底洗净试剂Ⅲ）。

⑤ 各级乙醇脱水、二甲苯透明、石蜡包埋。时间尽可能缩短，采用低熔点（52～54℃）石蜡。

⑥ 切片。

⑦ 脱蜡、封片。

前三个步骤在弱红光下进行。

(3) 染色结果　黑色颗粒表示维生素 C 的存在。

由于维生素 C 是高度水溶性的，实验过程中容易移位，故最好采用冰冻干燥切片。

7.1.8.2　方法二

(1) 试剂配制

① 3%乙酸溶液。

② 10%硝酸银溶液　30%乙酸 50mL 溶解 5g 硝酸银。

③ 1%硫酸铜水溶液。

④ 1%结晶紫无水乙醇溶液。

(2) 制片处理

① 切片　冰冻干燥切片，贴于载玻片上，不溶去石蜡。

② 还原　将切片放入充满 H_2S 气体的密闭容器中 15min，使氧化型维生素 C 转变为还原型维生素 C。

③ 脱 H_2S　将切片移至纯氮气中 15min，以除去 H_2S。

④ 硝酸银处理　放入 10%硝酸银溶液，4～24h。

⑤ 洗涤、脱水　用水迅速洗涤，在 95%、100%乙醇中脱水。

⑥ 脱蜡、染色　将切片放入 1%结晶紫无水乙醇溶液、二甲苯的混合液（体积比 1∶1）中，脱蜡并染色。

⑦ 二甲苯透明、加拿大树胶封片。

注意：④～⑦各步骤均需在暗室弱红光下进行。

(3) 对照处理

对照片有三种：

① 切片经 3%乙酸（不含硝酸银）溶液处理。

② 切片经 1%$CuSO_4$ 溶液处理 2～3min，使还原型维生素 C 转化为氧化型维生素 C，然后放入 10%硝酸银溶液中进行反应。

③ 显示组织细胞的形态学结构，用天青 B 或苏木精染色。

(4) 染色结果　产生的黑色银沉淀物能较好地反映维生素 C 的位置。

7.2　脂类显微测定

由于细胞学制片中采用的主要试剂如乙醇、丙酮、氯仿及二甲苯等，都溶解脂类，以致给脂类的细胞化学研究带来巨大困难。至今，脂类的细胞化学研究多限于新鲜组织的徒手切片或冰冻切片；染色反应后的样品也多限于暂时性的观察，不能做成永久性制片。

7.2.1 苏丹染料染色法——显示全部脂类

(1) 试剂配制

① 甘油-明胶　明胶4g，蒸馏水21mL，甘油25mL，苯酚0.25mg。将明胶在蒸馏水中浸泡2～3h，然后加甘油，并加热溶解（约15min），最后加苯酚，搅拌均匀，装入细口瓶或滴瓶中备用。

② 苏丹Ⅲ、苏丹Ⅳ或苏丹黑B饱和溶液　在100mL 70%乙醇中加入200mg苏丹Ⅲ、苏丹Ⅳ或苏丹黑B，临用时过滤。

(2) 制片处理

① 切片　徒手切片或冰冻切片。

② 漂洗　放入50%乙醇中5～10s。

③ 染色　放入苏丹Ⅲ或苏丹Ⅳ或苏丹黑B染液中，在56℃水浴中染15～30min。

④ 分色　在50%乙醇中分色约30s。

⑤ 洗涤　蒸馏水洗1min。

⑥ 封片　将切片放入载玻片上，滤纸吸干，用甘油-明胶封片。

(3) 染色结果　脂类物质被染成橙红色。

7.2.2 尼罗蓝法——显示中性脂肪及酸性类脂

尼罗（Nile）蓝为商品染料名，它是硫酸氧氮杂芑（真Nile蓝）与Oxazone（Nile红）的一种混合物。此法是根据Lorrain Smith（1908年）的硫酸尼罗蓝染色法，可使中性脂肪染为红色、脂肪酸染为深蓝色、核及弹性组织染成浅蓝色。本法主要是用稀盐酸将染料水解，水解过程中产生少量的红色游离碱和红色的噁唑酮（Oxazone），前者溶于甘油酯，而后者溶于脂肪酸。

(1) 试剂配制

① 甲醛-钙固定液　40%甲醛10mL、10% $CaCl_2$ 水溶液10mL、蒸馏水80mL，加入少量 $CaCO_3$ 以保持pH中性。

② 铬酸-甲醛固定液　1%酪酸水溶液50mL加10%甲醛50mL。

③ 1%Nile蓝水溶液。

(2) 制片处理

① 切片　徒手切片或冰冻切片。

② 固定　甲醛-钙固定液固定1h。

③ 漂洗　蒸馏水漂洗。

④ 再固定　铬酸-甲醛溶液再固定1h。

⑤ 漂洗　蒸馏水漂洗。

⑥ 染色　1%Nile蓝染料中37℃处理1min。

⑦ 分色　在1%乙酸中37℃分色30s。

⑧ 漂洗　蒸馏水漂洗。

⑨ 封片　用甘油-明胶封片。

(3) 染色结果　中性脂肪染成红色、酸性类脂染成蓝色。

7.2.3 锇酸染色法——显示中性不饱和脂类

(1) 试剂配制

① 甲醛-钙固定液　配法见 Nile 蓝法。

② 1%锇酸水溶液。

③ 甘油-明胶　配法见上文 7.2.1 苏丹染料染色法。

(2) 制片处理

① 切片　徒手切片或冰冻切片。

② 固定　投入甲醛-钙固定液中，22～25℃固定 6～8h。

③ 染色　蒸馏水漂洗后，放入 1%锇酸水溶液中室温染色处理 2h。

④ 漂洗　蒸馏水洗涤 3～4 次，每次 30min。

⑤ 封片　甘油-明胶封片。

(3) 染色结果　中性不饱和脂类显示为黑色。

7.2.4　酸性氧化苏木精法——显示磷脂

(1) 试剂配制

① 铬酸-甲醛固定液　配法见上文 7.2.2 Nile 蓝法。

② 重铬酸溶液　5g 重铬酸钾、1g 无水氯化钙 ($CaCl_2$) 溶于 100mL 蒸馏水。

③ 酸性氧化苏木精溶液　将 0.05g 苏木精加入 48mL 蒸馏水中，再加入 1mL1%高碘酸钠 ($NaIO_4$)，加热至沸腾，冷却后加 1mL 冰乙酸。配制后当天使用。

(2) 制片处理

① 取样、固定　切取约 1mm×2mm 组织片，立即用铬酸-甲醛固定液于室温固定 18～24h。

② 切片　用氯仿脱水、透明、石蜡包埋、切片。

③ 脱蜡、复水　用氯仿脱蜡，并复水到蒸馏水。

④ 处理　将切片放入重铬酸钙溶液中，60℃处理 5h。

⑤ 洗涤　蒸馏水洗涤。

⑥ 染色　移入酸性氧化苏木精溶液中，37℃处理 5h。

⑦ 洗涤　蒸馏水洗涤。

⑧ 封片　甘油-明胶封片。

(3) 对照处理　在酸性氧化苏木精染色前，预先放入吡啶中，室温 30min，然后换至 60℃吡啶中 24h。

(4) 染色结果　磷脂在正反应片中被染成深蓝或蓝黑色，而在对照片中不被染色；核蛋白与磷脂染成同样颜色，但它不被吡啶提取而对照中染色。

7.2.5　过甲酸-希夫法——显示含不饱和键的脂类

含不饱和键的脂类物质经过甲酸或过乙酸的缓和氧化也能生成醛基，与希夫试剂发生阳性反应。

(1) 试剂配制

① 过甲酸　98%甲酸 40mL、30%H_2O_2 4mL 与浓硫酸 0.5mL 混合 1h 后使用，使用期不超过 24h。

② 希夫试剂。

③ 亚硫酸盐水溶液。

(2) 制片处理

① 切片　徒手切片、冰冻切片或石蜡切片。

② 脱蜡、复水　切片脱蜡复水至蒸馏水。

③ 除水　先甩去多余水分，再用吸水纸或滤纸吸干。

④ 氧化　用过甲酸或过乙酸氧化处理 1～2h。

⑤ 洗涤　流水洗 10min，蒸馏水漂洗，洗净过甲酸或过乙酸。

⑥ 染色　放入希夫试剂中染色 20min。

⑦ 漂洗　在亚硫酸盐溶液内换洗三次，每次 2min。

⑧ 冲洗　用温度为 35～40℃流水冲洗 10～15min。

⑨ 封片　用甘油-明胶封片。

(3) 染色结果　含有不饱和键的脂类（磷脂等）的细胞结构呈现红色。

7.2.6 丙二醇苏丹法——显示类脂

(1) 试剂配制　将 0.7g 苏丹Ⅳ或苏丹黑 B 加到 100mL 纯丙二醇中，加热至 100℃，搅拌数分钟使之溶解。用 Whatman 2 号滤纸过滤，冷至室温后用玻璃棉抽滤。

(2) 制片处理

① 取材、固定　甲醛、重铬酸盐等固定液固定。

② 切片　切 10～15μm 的冰冻切片，充分洗去甲醛溶液；也可进行石蜡切片。

③ 粘片　贴于涂有蛋白粘片剂的载玻片，室温下充分干燥。

④ 浸染　移至染液中浸染 5～7min，不时加以振荡。

⑤ 丙二醇处理　移至 85%丙二醇中振荡 2～3min；再移至 50%丙二醇中振荡 2～3min。

⑥ 洗涤　热流水下轻轻洗涤 1min。

⑦ 复染　Mayer 氏苏木精明矾中复染（若用苏丹Ⅳ或脂红时）4～6min。

⑧ 洗涤　充分水洗，洗去染色液。

⑨ 封片　甘油-明胶封片。

(3) 染色结果　根据所用染料，脂类被染成红或黑色。染色后分化进行至 20min 时，染料才开始从组织的脂类中被除去。磷脂与中性脂肪常被强烈染色。苏丹Ⅳ与脂红溶液有形成结晶沉淀的倾向。

7.3 蛋白质的显微测定

7.3.1 汞-溴酚蓝法——显示总蛋白质

1953 年，Mazia、Berwer 和 Alfent 证明汞-溴酚蓝用于组织切片染色时，染料的结合量与蛋白质含量成正相关。

(1) 试剂配制　汞-溴酚蓝染色液：2%乙酸水溶液 100mL，溶解 $HgCl_2$ 1g、溴酚蓝 50mg。

(2) 制片处理

① 固定　样品用卡诺、乙醇、甲醛、F.A.A. 等固定液进行固定。

② 切片　石蜡切片，切片后，脱蜡并复水下行至蒸馏水。

③ 染色　切片放入汞-溴酚蓝染色液室温处理 2h。

④ 漂洗　用 0.5%乙酸漂洗 5min。

⑤ 分色　切片置于叔丁醇或中性缓冲液中，使染色呈现鲜艳的蓝色。

⑥ 脱水、透明、封片。

⑦ 观察。

（3）染色结果　蛋白质被染成深蓝色。

7.3.2　茚三酮（或四氧嘧啶）-希夫反应——显示总蛋白质

蛋白质的—NH_2 在茚三酮或四氧嘧啶的作用下发生氧化脱氨而生成醛，醛基与希夫试剂反应产生红色化合物。

（1）试剂配制

① 茚三酮溶液　100mL 无水乙醇溶解 0.5g 茚三酮。

② 四氧嘧啶溶液　100mL 无水乙醇溶解 1g 四氧嘧啶。

③ 希夫试剂

④ 2%亚硫酸氢钠水溶液。

（2）制片处理

① 固定　新鲜材料、固定材料、冰冻干燥材料等各类组织切片均可。固定液宜选用卡诺（Carnoy）、85%乙醇、5%乙酸-80%乙醇液。

② 制片　经乙醇脱水、二甲苯透明、石蜡渗透、包埋后石蜡切片，并脱蜡到无水乙醇。

③ 氧化　将样品切片移到茚三酮溶液（或四氧嘧啶溶液）37℃氧化处理 20～24h。

④ 洗涤　分别用无水乙醇和蒸馏水洗两次，每次 2min。

⑤ 染色　放入希夫试剂中 20～30min。

⑥ 漂洗　蒸馏水漂洗，然后放入 2%亚硫酸氢钠溶液中 1～2min。

⑦ 冲洗　流水冲洗 10～20min，蒸馏水洗 2min。

⑧ 封片　切片经各级乙醇脱水、二甲苯透明、树胶封片。

（3）对照处理　在步骤②之后，分别进行下列两组处理，然后按步骤③与正反应片一并进行。

对照 A 脱氨基：切片在 60%亚硝酸钠和 1%乙酸混合液（体积比 1∶3）中，室温处理 8～24h。

对照 B 乙酰化：切片在 10%乙酸酐的吡啶溶液中，室温处理 4～20h。

（4）染色结果　细胞内的贮存蛋白质或含有蛋白质的结构成分呈现紫红色。

7.3.3　氯胺-T-希夫试剂反应——显示总蛋白

蛋白质分子中的氨基（—NH_2）在氯胺-T 或次氯酸盐的氧化脱氨作用下产生稳定的醛基，与希夫试剂反应生成红色化合物。

（1）试剂配制

① 氯胺-T 溶液　用 100mL 0.1mol/L 磷酸盐缓冲液（pH=7.5）溶解 1g 氯胺-T，保存于冰箱中备用，时间不能过长。氯胺-T 试剂可用商品制剂 10%次氯酸钠溶液代替。

② 5%硫代硫酸钠水溶液。

③ 希夫试剂。

④ 2%亚硫酸氢钠水溶液。

（2）制片处理

① 切片　组织切片的条件同“茚三酮-希夫反应”。

② 脱蜡、复水　石蜡切片在二甲苯中脱蜡并复水下行至蒸馏水。

③ 氧化　在1%氯胺-T溶液中（或10%次氯酸钠溶液），40℃处理6～10h。

④ 洗涤　用蒸馏水稍微漂洗。

⑤ 5%硫代硫酸钠处理3～5min。

⑥ 洗涤　蒸馏水漂洗干净。

⑦ 染色　希夫试剂染色20～30min。

⑧ 漂洗　用2%亚硫酸氢钠溶液漂洗2min。

⑨ 洗涤　自来水冲洗15～30min。

⑩ 制片　各级乙醇脱水、二甲苯透明、树胶封片。

（3）对照处理　对照处理同“茚三酮-希夫试剂反应”。

（4）染色结果　细胞内的贮存蛋白和结构蛋白呈现紫红色。

7.3.4 固绿染色法——显示总蛋白质或碱性蛋白

利用蛋白质的两重性（酸碱性）及与酸性和碱性染料离子形成盐的能力，在pH=2.2（即所有蛋白质的等电点之下），全部蛋白质能被固绿染色；在pH为8.1～8.2范围内，碱性蛋白被固绿染色，即固绿酸性阳离子与碱性蛋白的阴性基团（如精氨酸的胍基和赖氨酸的ε-氨基）相结合。

（1）试剂配制

① 固绿染色液　固绿需用fast green FCF（快绿）型号，采用0.1%浓度的水溶液。用NaOH调节pH=8.1；用HCl调节pH=2.2，不用缓冲液。

② 5%三氯乙酸。

（2）制片处理

① 固定　组织经10%中性甲醛或85%乙醇固定。

② 制片　材料经乙醇梯度脱水、二甲苯透明、石蜡渗透、包埋后切片，并脱蜡、复水至蒸馏水。

③ 抽提　切片放入5%三氯乙酸中，90℃处理15min，抽提除去核酸。

④ 洗涤　用70%乙醇洗涤三次，每次3min。

⑤ 染色　切片放入pH=2.2的0.1%固绿染色液中染总蛋白质；切片放入pH=8.1的0.1%固绿水溶液中染碱性蛋白。室温染30min。

⑥ 洗涤　用蒸馏水漂洗5min。

⑦ 制片　切片直接进入95%乙醇，并迅速转移到无水乙醇脱水、二甲苯透明、树胶封片。

（3）染色结果　在pH=2.2染总蛋白质的切片，细胞核和细胞质都呈现绿色；在pH=8.1染碱性蛋白的切片，一般只有细胞核被固绿染色，这是因为碱性蛋白（组蛋白）通常只存在于细胞核中。

7.3.5 偶联四唑反应——显示含色氨酸、组氨酸和酪氨酸的蛋白质

这类蛋白质中色氨酸的吲哚基、组氨酸的环异吡唑基、酪氨酸中的酚基在pH=9.0、温度4℃条件下能和四氮化联苯胺发生结合，产物分子中的另一个自由重氮基再同酚或芳香胺发生偶联反应，形成蛋白质-双重氮-萘酚的鲜红色的偶联化合物。

（1）试剂配制

① 2%联苯胺盐悬浮液　将0.2g联苯胺放于研钵中充分研磨，加4℃的2mol/L HCl溶液10mL，使之充分溶解。

② 四氮化联苯胺溶液　取上述配制的2%联苯胺悬浮液3mL，加入8滴冷却的新配制的5% $NaNO_2$ 溶液，迅速搅拌10min。再加1mL 5%冷氨基磺酸铵，并逐步加入约10mL冷的 $NaCO_3$ 饱和水溶液，到停止产生气泡溶液呈碱性时，即变为清亮深黄色，加水到50mL。此溶液极不稳定，即使在4℃下也会迅速破坏，故需即配即用。

③ 巴比妥钠-乙酸缓冲液，pH=9.2。

④ H-酸饱和液　1g H-酸（1-氨基-8-萘酚-3,6-二磺酸）加到50mL pH=9.2的巴比妥钠-乙酸缓冲液中。

（2）制片处理

① 切片　组织经10%甲醛或85%乙醇固定，冰冻干燥或石蜡切片。

② 脱蜡　切片脱蜡并过渡到水。

③ 放入新配制的四氮化联苯胺溶液中，4℃处理15min。

④ 经水洗后，放入pH=9.2的巴比妥钠-乙酸缓冲液中，每次2min，更换三次。

⑤ 在H-酸饱和溶液中处理15min。

⑥ 洗涤　蒸馏水漂洗3min。

⑦ 制片　各级乙醇脱水、二甲苯透明、树胶封片。

（3）染色结果　存在含有酪氨酸、色氨酸和组氨酸的蛋白质的细胞结构呈现鲜红色。

7.3.6　重氮化偶联反应——显示含酪氨酸蛋白质

切片在冷 HNO_2 的长时间的作用下，蛋白质中的酪氨酸发生亚硝基化变成亚硝基酪氨酸，进而发生重氮化作用，形成酪氨酸硝酸重氮盐，这种重氮盐在碱性溶液中可同胺发生偶联反应，生成紫红色产物。

（1）试剂配制

① 亚硝化试剂　亚硝酸钠6.9g，冰乙酸5.8mL，加蒸馏水到100mL。临用前配制，并立即放入3℃冰箱中。

② 偶联试剂　1-氨基-8-萘酚-磺酸（S-酸）1g，氢氧化钾1g，尿素2g，以及70%乙醇100mL。

（2）制片处理

① 切片　组织经甲醛固定、冰冻干燥、冰冻切片或石蜡切片。

② 脱蜡　切片脱蜡并复水至蒸馏水。

③ 亚硝化　放于亚硝化试剂中，3℃黑暗处理18h。

④ 洗涤　用冰冷蒸馏水洗涤3～4次，每次5s。

⑤ 偶联　放入偶联试剂中，3℃黑暗处理1h（反应产物对光很敏感而必须避光）。

⑥ 酸洗　用0.1mol/L HCl溶液洗3次，每次5min。

⑦ 洗涤　用流水冲洗10min。

⑧ 制片　脱水、透明、中性树胶封片。

（3）染色结果　存在含有酪氨酸的蛋白质的细胞结构表现为桃红色-紫红色。

7.3.7 Sakaguchi反应——显示含精氨酸蛋白质

精氨酸在碱性溶液中能同 α-萘酚及次氯酸盐或次溴酸盐发生反应，生成标志性红色产物。

7.3.7.1 Sakaguchi反应法 I

(1) 试剂配制

① 1%的 2,4-二氯-1-萘酚溶液　1g 2,4-二氯-1-萘酚溶于 100mL 的 70%乙醇。

② 1%NaOH。

③ 1%次氯酸钠（NaOCl）　100mL 蒸馏水中溶解 NaOCl 1g、NaCl 18g。

④ 2,4-二氯-1-萘酚次氯酸盐试剂　临用时将以上三种溶液 0.6mL、30mL、1.2mL，迅速混合而成，立即使用。

⑤ 5%尿素。

⑥ 1%火棉胶　将 1g 火棉胶投入 100mL 细口瓶中，加入 50mL 无水乙醇过夜，待火棉胶充分吸胀，第二天再加无水乙醚 50mL。

(2) 制片处理

① 切片　新鲜、冰冻干燥的切片；或甲醛固定，石蜡切片。

② 脱蜡　切片在二甲苯中脱蜡，过渡到无水乙醇，用 1%火棉胶包裹切片。

③ 将切片放入刚刚迅速混合的 2,4-二氯-1-萘酚次氯酸盐试剂中处理 10min。

④ 洗涤　在 5%尿素中迅速洗涤，然后放入 1%NaOH 溶液中。

⑤ 封片　用甘油和 10%NaOH 混合液（体积比 9∶1）封片。

(3) 染色结果　存在含精氨酸蛋白质的细胞结构表现为橙红色，此颜色只能稳定几小时。

7.3.7.2 Sakaguchi反应法（Ⅱ）

(1) 试剂配制

① 碱性次氯酸盐溶液　0.3mol/L 次氯酸钠 25mL，0.03mol/L 氢氧化钾 25mL，使用时混合。

② 碱性尿素溶液　在 100mL 容器中加 0.15mol/L 氢氧化钾 10mL、尿素 15g，用蒸馏水加到 30mL。混合均匀，待尿素全部溶解后，加入 70mL 叔丁醇。

③ 8-羟喹啉试剂　30%乙醇 100mL 加 300mg 8-羟喹啉。

(2) 制片处理

① 切片　组织用卡诺、85%乙醇或 10%甲醛固定液固定，石蜡切片。

② 脱蜡　切片脱蜡，过渡到 70%乙醇。

③ 放入 8-羟喹啉试剂中，室温 15min。

④ 切片在碱性次氯酸盐溶液中静置 1min。

⑤ 转入碱性尿素溶液中，先将切片轻轻摇动 10s，然后再换新的碱性尿素溶液，2min。

⑥ 叔丁醇处理 4min。

⑦ 苯胺油处理 3min。

⑧ 二甲苯漂洗 10s。

⑨ 封片。

(3) 染色结果　存在含精氨酸蛋白质的细胞结构呈橙色。

7.3.8 对二甲氨基苯甲醛反应——显示含色氨酸蛋白质

高氯酸存在下，一分子的色氨酸同一分子的对二甲氨基苯甲醛进行缩合，生成苯基吲哚基-甲烷，再经氧化作用，结果产生一种稳定的蓝色的吲哚色素。

（1）试剂配制

① 高氯酸-对二甲氨基苯甲醛（DMAB）溶液　高氯酸 60mL，冰乙酸 34mL，浓盐酸 1mL，DMAB 1g。

② 乙酸-盐酸溶液　35mL 冰乙酸与 5mL 浓盐酸混合，加 500mg $NaNO_2$。

③ 乙酸钙-甲醛固定液　甲醛 10mL，蒸馏水 90mL，乙酸钙 2g。

（2）制片处理

① 切片　组织经乙酸钙-甲醛固定液固定 8～12h，石蜡切片。

② 脱蜡　切片脱蜡到无水乙醇。

③ 干燥　在空气中放干 30s。

④ 放入高氯酸-DMAB 溶液中 25℃处理 30min。

⑤ 转移到乙酸-盐酸溶液中 25℃处理 1min。

⑥ 透明　用冰乙酸洗两次，每次 1min。然后经过冰乙酸：二甲苯体积比 1：1、1：5 到纯二甲苯，更换三次。

⑦ 树胶封片。

（3）染色结果　存在含有色氨酸蛋白质的细胞成分呈深蓝色。

7.3.9 铁氰化铁法——显示蛋白质—SH

利用铁氰化物在 pH＝2.4 的酸性介质中使蛋白质的巯基还原，生成亚铁氰化物，同来自硫酸高铁的 Fe^{3+} 相结合，产生普鲁士蓝沉淀。

（1）试剂配制　铁氰化物试剂：3 份 1% $Fe_2(SO_4)_3$，加 1 份新配制的 0.1% $K_3Fe(CN)_6$，用 0.1mol/L NaOH 调节 pH＝2.4。此溶液用时新配。

（2）制片处理

① 切片　组织经甲醛或 1%三氯乙酸的 80%乙醇溶液固定，石蜡切片、冰冻切片或新鲜切片。

② 脱蜡　切片脱蜡到蒸馏水。

③ 放入新配制的铁氰化物试剂中，更换三次，共历时 30～40min。反应最好在暗处进行，时间勿过长。

④ 洗涤　蒸馏水漂洗。

⑤ 分色　用碱性乙醇（2g NaOH 溶于 100mL 60%乙醇中）稍洗，加强分色。

⑥ 封片　乙醇梯度脱水、二甲苯透明、树胶封片。

（3）染色结果　操作②后用 $HgCl_2$ 饱和水溶液处理 1h，以封闭—SH，随后与正反应切片一并进行。结果对照呈阴性反应。

（4）染色结果　存在含—SH 蛋白质的细胞结构呈蓝色。

7.3.10 汞橙（RSR）法——显示蛋白质—SH

利用汞橙试剂（1,4-氯汞苯基偶氮-2-萘酚）与—SH 反应生成橙红色产物以显示含—SH 蛋白质的存在。

(1) 试剂配制 RSR 制备：

① 160mL 蒸馏水溶解 31.8g 乙酸汞，再加入 18.6g 新蒸馏的苯胺，不久即产生对-氨基苯基汞乙酸酯结晶，3h 后倒出上清液，用蒸馏水洗涤结晶，干燥备用。

② 称取 35.4g 结晶产物溶于 500mL 50％乙酸中，用 7g 亚硝酸钠使之重氮化（在－5℃条件下）。

③ 过滤，获得重氮盐，使之与 2-萘酚溶液（1g 2-萘酚、12g NaOH 溶于 133mL 冷水中）偶联。

④ 放置数小时，过滤，水洗沉淀。将此沉淀物溶于 200mL 冰乙酸中，过滤，用水将滤液稀释到 2000mL，使之再沉淀。

⑤ 收集沉淀，投入回馏烧瓶中，加入 3000mL 乙醇，热水浴溶解。再加入 150mL 氯化钠乙醇溶液（60％乙醇含 NaCl 5.8g），回馏 30min。

⑥ 热过滤，收集絮状红色沉淀，用热的 50％乙醇冲洗数次。

⑦ 在正丁醇中重复结晶三次，最后约获 3.6g 产品。

⑧ 用二甲基甲酰胺作溶剂配成 RSR 饱和溶液。

(2) 制片处理

① 切片 材料经甲醛固定，石蜡切片。

② 脱蜡 切片脱蜡到无水乙醇。

③ 染色 在 RSR 试剂中染 16～48h。

④ 洗涤、脱水 用无水乙醇洗两次。

⑤ 透明、封片 二甲苯透明、树胶封片。

(3) 染色结果 存在含—SH 蛋白质的细胞结构呈现橙红色。

7.3.11 巯基乙酸-铁氰化铁法——显示蛋白质—SS—

通过巯基乙酸的处理将—SS—还原成—SH，此后的反应与上法相同。用苯基氯化汞或 *N*-乙酰马来酰亚胺封闭作对照。

(1) 试剂配制

① 2.5％巯基乙酸钠（9-萘酚酞）水溶液，调 pH8.0。

② 亚铁氰化钾-氯化铁溶液 临用前（不超过 5min）将 1％亚铁氰化钾 10mL 与 1％氯化铁 30mL 混合，立即使用。

(2) 制片处理

① 切片 组织经 1％三氯乙酸-80％乙醇、甲醛-钙或甲醛固定，石蜡切片。

② 脱蜡、复水 两组切片脱蜡到水。

③ 放入巯基乙酸钠试剂中 5～10min。

④ 用弱酸性（pH＝4.0）蒸馏水洗 3min。

⑤ 流水冲洗 3min，蒸馏水漂洗。

⑥ 其中一组切片（对照片）放入饱和的苯基汞化氯丁醇溶液（用 80％或纯丁醇）中 48h；或 0.1mol/L *N*-乙酰马来酰亚胺溶液 37℃处理 4h。

⑦ 两组切片（正反应和对照片）一并置于新配的亚铁氰化钾-氯化铁试剂 3～5min（不超过 5min）。

⑧ 洗涤 蒸馏水洗 10min，更换三次。

⑨ 制片　按常规脱水，透明，封片。

(3) 染色结果　存在含—SS—蛋白质的细胞结构呈现普鲁士蓝色；若有绿色，是非特异性的。

7.3.12　过甲酸-希夫试剂反应——显示含—SS—蛋白质

Pearse (1951) 认为，含—SS—蛋白通过过甲酸的氧化作用可能产生三种化学基团：$—SO_3H$、$—SO_2H$ 及—CHO，这三种化学基团均能与希夫试剂起反应，生成红色化合物，从而标志含—SS—蛋白质的存在。

(1) 试剂配制

① 过甲酸　98%甲酸 40mL，30% H_2O_2 4mL，浓 H_2SO_4 0.5mL，使用前 1h 混合。

② 希夫试剂。

(2) 制片处理

① 切片　组织经卡诺、Bouin 或拉瓦兴等固定液固定，石蜡切片。

② 脱蜡　切片脱蜡，过渡到水。

③ 氧化　在过甲酸溶液中处理 20～30min。

④ 洗涤　水洗 3～5min。

⑤ 染色　浸入希夫试剂中染色 45～60min。

⑥ 洗涤　流水冲洗 2min，用 60℃蒸馏水换洗三次，每次 3min。

⑦ 封片　按常规方法脱水、透明、封片。

(3) 染色结果　存在含—SS—蛋白质的细胞结构呈现紫红色。

7.3.13　过甲酸-Alcian 蓝法

此法利用过甲酸来氧化胱氨酸后以通过 Alcian 蓝显示最终颜色。

(1) 试剂配制

① 过甲酸　98%甲酸 40mL，30% H_2O_2 4mL，浓 H_2SO_4 0.5mL，依次加配，用前 1h 配好，在 94h 内使用。

② Alcian 蓝　溶于 2mol/L 硫酸配成 30g/L 的溶液，即 Alcian 蓝 0.3g + 2mol/L H_2SO_4 10mL 加热至 70℃使染料溶解，冷后过滤（pH=0.2～0.3）。

(2) 制片处理

① 固定　固定于甲醛溶液或甲醛钙等。

② 切片　石蜡包埋、切片并脱蜡复水至蒸馏水。

③ 氧化　吸去多余的水后，移至过甲酸溶液 5min（此液用前强力搅拌以除去溶解的气体）。

④ 洗涤　自来水洗 10min。

⑤ 漂洗　用 70%乙醇至无水乙醇漂洗，以滤纸吸干，展平皱褶，再用自来水漂洗。

⑥ 干燥　于 50～60℃加温至切片刚好变干。

⑦ 漂洗　再用无水乙醇漂洗，最后用自来水洗 1min。

⑧ 染色　于室温用酸性 Alcian 蓝染色 1h。

⑨ 水洗　自来水洗 5min。

⑩ 复染　必要时可在此步复染。

7.4 核酸的显微测定

7.4.1 福尔根反应——显示 DNA

此法是利用切片经 1mol/L HCl 60℃水解处理后，DNA 的脱氧戊糖间的醛基成为自由状态，希夫试剂即同暴露出来的醛基发生反应，将核的染色质染成深紫红色。此反应是 DNA 的一种专一性反应，并可用显微分光光度计定量。

（1）试剂配制

① 1mol/L HCl。

② 希夫试剂。

③ 偏亚硫酸钠水溶液。

④ 5%三氯乙酸。

⑤ 1mg/mL DNA 酶水溶液。

（2）制片处理

① 制片　组织经卡诺固定液固定 4～8h，涂片或石蜡切片（卡诺固定液固定时间不宜太长，太长会水解 DNA，减弱染色强度）。

② 脱蜡　切片脱蜡并逐步过渡到蒸馏水。

③ 水解　在冷的 1mol/L HCl 中 1～2min，转入 60℃热的 1mol/L HCl 处理 15min，再用冷的 1mol/L HCl 略洗。

④ 漂洗　蒸馏水漂洗。

⑤ 染色　希夫试剂反应 1～2h（暗处）。

⑥ 漂洗　用偏亚硫酸钠水溶液洗三次，每次 3～5min。

⑦ 冲洗　流水冲洗 15～30min，最后蒸馏水漂洗。

⑧ 脱水　各级乙醇脱水，每级 10～15min。到 95%乙醇时，可用 0.1%亮绿（或固绿）的 95%乙醇溶液复染 15～60s。

⑨ 封片　二甲苯透明，树胶封片。

（3）对照处理　对照片在程序②后，分别进行以下处理：

① 5%三氯乙酸，90℃处理 15min。

② 1mg/mL DNA 酶水溶液，25℃处理 16h。

随即从程序③与正反应片一并进行。

（4）染色结果　正反应片上细胞核的染色质和染色体被染成紫红色。对照片应该是无色的。

7.4.2 甲基绿-派洛宁（焦宁）染色法——显示 DNA 与 RNA

Pappenheim（1899）利用甲基绿和派洛宁的混合剂将染色质中的 DNA 染成绿色，核仁和细胞质中的 RNA 染成红色。1940 年，Brachet 对此法做了一系列工作，他通过核酸水解酶处理做对照，证实被甲基绿染色的是 DNA，被派洛宁染色的是 RNA。Kurnick（1950）认为两种核酸分别被甲基绿、派洛宁染色，不是由于化学性质的差异，而只是反映两者不同的聚合状态；当 DNA 降解为低聚合状态时，也会被派洛宁染成红色。目前，一般认为甲基绿对 DNA 的染色主要是同 DNA 分子的双螺旋空间构型的完整性有关。

（1）试剂配制　甲基绿-派洛宁（焦宁）染色液：

甲基绿	0.15g
派洛宁	0.25g
95%乙醇	2.5mL
甘油	20mL

用0.5%苯酚水溶液加到100mL

此配方RNA不易被派洛宁染色，或染色后容易在乙醇及丙酮中洗去。相反，其它一些配方又往往是派洛宁染色深，甲基绿不易染色。改良后的配制方法为，甲基绿0.2g溶于100mL 0.1mol/L乙酸缓冲液（pH＝4.6）中，装入分液漏斗中，用氯仿反复抽提3～4次，至氯仿呈清亮无色为止。然后加入0.3g派洛宁，2～3℃冰箱内放置1～2d。

温度对甲基绿-派洛宁染色的效果起着重要作用，温度在28℃以上，派洛宁与RNA的结合不牢，易于在乙醇或丙酮中洗去；在15～18℃下可获得稳定的结果。

（2）制片处理

① 固定　材料经卡诺或10%中性甲醛（pH＝6.8～7.2）固定。

② 切片　按常规石蜡切片。

③ 脱蜡　切片脱蜡到蒸馏水，经蒸馏水洗三次，避免将乙醇带入染色液影响染色。

④ 染色　放入甲基绿-派洛宁染液，染色时间10min～24h，一般2～3h，温度15～18℃。

⑤ 漂洗　迅速用蒸馏水漂洗，洗涤时间过长时会洗去派洛宁染色。

⑥ 脱水、透明、封片　直接进入丙酮，或95%、100%乙醇中脱水，并迅速转移到2/3丙酮（或乙醇）+1/3二甲苯→1/2丙酮（或乙醇）+1/3二甲苯→1/3丙酮（或）乙醇+2/3二甲苯，最后到纯二甲苯中透明，最后树胶封片。

（3）对照处理

① 切片经10%高氯酸4℃处理11～18h，或0.5～1mg/mL RNA酶37℃处理3h，提取RNA。

② 切片经5%三氯乙酸90℃处理15min；或1mg/mL DNA酶室温处理16h，抽提DNA。

③ 切片经1mol/L HCl 60℃处理3h，除去DNA与RNA。

处理后的切片经蒸馏水洗涤后，与正反应片同时入染色液。

（4）染色结果　细胞核的染色质和染色体被甲基绿染成绿色，核仁被派洛宁染成深红色，细胞质一般呈浅红色。

7.4.3 苏木精染色法

（1）试剂配制

A液：水280mL、37.5%盐酸2mL、氯化铁（$FeCl_3 \cdot 6H_2O$）2.5g、硫酸铁（$FeSO_4 \cdot 7H_2O$）4.5g；

B液：1%苏木精溶液（由95%乙醇配成）。

（2）制片处理

① 染色　取A液3mL和B液1mL混合均匀，用混合液染色5～10min。

② 洗涤　用自来水清洗，最后一次用蒸馏水。

③ 烤干。

④ 封片　直接封片或经脱水后封片。

如切片用0.5%～1%铁矾或三氯化铁水溶液分色，可提高切片的反差和退掉介质的颜色，效果甚佳。

(3) 染色结果　细胞核及染色体呈蓝黑色。

7.4.4 铁矾-苏木精染色法

(1) 试剂配制

① 0.5%苏木精　将1g苏木精溶于10mL无水乙醇中，盛于细口棕色瓶内，存放2～3个月，令其充分氧化（成熟），使用时取适量稀释成所需浓度。

② 1%、4%铁矾水溶液。

(2) 制片处理

① 媒染　切片在4%铁矾溶液中媒染10～15min；

② 洗涤　流水冲洗2min，再经蒸馏水漂洗2次；

③ 染色　置0.5%苏木精水溶液中染色1～2h；

④ 洗涤　用蒸馏水洗去切片上多余染液；

⑤ 分色　以1%铁矾溶液分色至适度；

⑥ 冲洗　自来水冲洗1～2min；

⑦ 脱水、透明、封片。

(3) 染色结果　细胞核及染色体呈蓝黑色。

7.5 酶的显微测定

因固定剂和高温会使酶丧失活性，不能采用精确度较高又较为方便的石蜡切片法而使光学显微镜下的酶细胞化学技术受到很大限制，冰冻切片成为在光学显微镜下进行酶细胞化学研究的一个重要方法。在不具备此条件时，只有进行新鲜材料的徒手切片，但精确度有限。可较为成功地进行细胞化学研究的酶主要是一些水解酶。

7.5.1 联苯胺反应——显示过氧化物酶

联苯胺在过氧化物酶的作用下被氧化为蓝色或棕色产物。

(1) 试剂配制

① 0.1%钼酸铵水溶液。

② pH=5.8磷酸盐缓冲液（0.1mol/L）。

③ 联苯胺反应液：100mg联苯胺溶于100mL蒸馏水中，加热至沸腾，冷却后加一滴30%H_2O_2。此液的有效期为一周。

(2) 制片处理

① 徒手切片、冰冻切片或涂片。

② 将切片放入pH=5.8、0.1mol/L磷酸盐缓冲液中3～5℃处理5min。

③ 在0.1%钼酸钠水溶液中处理5min。

④ 放入联苯胺反应液中，出现蓝色1min后停止。

⑤ 水洗后，用甘油-明胶封片。

(3) 对照处理

① 切片用反应液处理前煮沸5～10min。

② 反应液中加入 0.01mol/L NaF。

(4) 染色结果　有过氧化物酶活性的地方呈现蓝色或棕色。

7.5.2　氯化三苯基四氮唑（TTC）法——显示脱氢酶

氯化三苯基四氮唑（TTC）被脱氢酶还原生成一种深红色物质，该物质不溶于水，但溶于乙醇等有机溶剂。

(1) 试剂配制

TTC 试剂：0.05mol/L 磷酸盐缓冲液（pH＝7.4）99mL，0.05％吐温-80 1mL，0.6g TTC。

(2) 制片处理

① 新鲜组织的徒手切片或冰冻切片。

② 放入 TTC 试剂中，25～30℃培育反应 2～4h。在黑暗条件下进行。

③ 用 pH＝7.0 的磷酸盐缓冲液洗涤 2 次，每次 20min。

④ 用 10％中性甲醛室温固定 1h。

⑤ 蒸馏水漂洗。

⑥ 明胶-甘油封片。

(3) 对照处理　在培育反应前煮沸 5～10min。

(4) 染色结果　在光学显微镜下，有酶活性的细胞部位呈现深红色。

7.5.3　四氮唑盐反应——显示琥珀酸脱氢酶

(1) 试剂配制　反应液配制。

0.1mol/L 磷酸盐缓冲液（pH＝7.6）：含琥珀酸钠 30mmol/L、氯化三苯四氮唑 6mg/mL、$MgSO_4$ 10mmol/L、吐温-80 0.5mg/mL。

(2) 制片处理

① 新鲜材料的徒手切片或冰冻切片。

② 放入以上反应液中，25℃培育 3～4h。

③ 用 pH＝7.0 磷酸盐缓冲液洗 2 次，每次 10min。

④ 用 10％中性甲醛室温固定 1h。

⑤ 蒸馏水漂洗，甘油-明胶封片。

(3) 对照处理

① 切片煮沸 10min。

② 反应液中加入 0.01mol 丙二酸钠（竞争性抑制剂）。

(4) 染色结果　有琥珀酸脱氢酶活性的部位呈现深红色。

7.5.4　Nadi 反应——显示细胞色素氧化酶

以二甲基-对氨基苯胺和 α-萘酚为底物，在细胞色素氧化酶的作用下产生吲哚酚蓝，以显示酶的存在。

(1) 试剂配制

① α-萘酚 1g 溶于 100mL 蒸馏水中，加热煮沸，然后逐滴加入 25％NaOH，直至 α-萘酚完全溶解，过滤后保存于 2～3℃冰箱内。

② 盐酸二甲基-对氨基苯胺 1g 溶于 100mL 蒸馏水中，加热至沸腾，然后保存于冰箱内。

③ pH=5.8 的 0.1mol/L 磷酸盐缓冲液。

(2) 制片处理

① 新鲜材料的徒手切片或冰冻切片。

② 放入 pH=5.8 磷酸盐缓冲液中 1min。

③ 用细玻璃棒将切片转移到临时等量混合的 α-萘酚和二甲基-对氨基苯胺溶液中，25℃培育反应 5min。

④ 蒸馏水漂洗，甘油-明胶封片。

(3) 对照处理　培育反应前煮沸 5～10min。

(4) 染色结果　有蓝色反应的部位表示酶的存在。

7.5.5 铅沉淀法

7.5.5.1 显示酸性磷酸酶

β-甘油磷酸钠在酸性条件下被酸性磷酸酶水解释放出磷酸根，同反应液中的 Pb^{2+}(捕获剂) 结合生成磷酸铅沉淀。然后用 $(NH_4)_2S$ 进行取代反应，产生硫化铅的黑色沉淀，从而显示酶存在的部位。

(1) 试剂配制

① 0.05mol/L 二甲胂酸钠缓冲液，pH=7.2。

② 2.5%戊二醛-4%甲醛混合固定液，用 pH=7.2 的二甲胂酸钠配制。

③ 0.1mol/L 乙酸缓冲液，pH=5。

④ pH = 5.0 的 0.1mol/L 乙酸盐缓冲液反应液：含 0.01mol/L β-甘油磷酸钠、0.004mol/L $Pb(NO_3)_2$。

⑤ 1%～2% $(NH_4)_2S$ 水溶液。

(2) 制片处理

① 徒手切片或冰冻切片。

② 在 2.5%戊二醛-4%甲醛混合液中室温固定 1h。

③ 先后用 pH=7.2 的二甲胂酸钠缓冲液洗 3 次，pH=5 的乙酸盐缓冲液洗 2 次，每次 6～10min。

④ 将切片放入反应液中，25～30℃培育反应 2～4h。

⑤ 蒸馏水漂洗。

⑥ 1% $(NH_4)_2S$ 处理 5min。

⑦ 水洗，甘油-明胶封片。

(3) 对照处理

① 反应液中不加底物 β-甘油磷酸钠。

② 反应液中加入抑制剂 0.01mol/L NaF。

③ 切片在浸入反应液前煮沸 5～10min。

(4) 染色结果　棕黑色沉淀物标志酶存在的部位。

7.5.5.2 显示三磷酸腺苷酶（ATP 酶）

ATP 酶在水解 ATP 为 ADP 时，释放出的一个磷酸根，可与反应液中的 Pb^{2+} 离子相结合，生成 $Pb_3(PO_4)_2$ 沉淀，再经 $(NH_4)_2S$ 的置换产生硫化铅的黑色沉淀，从而标志有酶活性的部位。

（1）试剂配制

① pH＝7.2 的 0.05mol/L 二甲胂酸钠缓冲液。

② 5％戊二醛-4％甲醛混合液，用 pH＝7.2 的二甲胂酸钠缓冲液配制。

③ 反应液，pH＝7.2 的 0.05mol/L Tris-顺丁烯二酸缓冲液中含 ATP（钠盐）2mmol/L、$MgSO_4$ 5mmol/L、$Pb(NO_3)_2$ 3mmol/L。

④ 1％ $(NH_4)_2S$。

（2）制片处理

① 徒手切片、冰冻切片或涂抹制片。

② 用 0.05mol/L 二甲胂酸钠缓冲液（pH＝7.2）配制的 2.5％戊二醛-4％甲醛混合液室温固定 1h。

③ 先后用 pH＝7.2 的二甲胂酸钠缓冲液洗 3 次，0.05mol/L Tris 缓冲液（pH＝7.2）洗 2 次，每次 5min。

④ 放入反应液中，在 22～25℃培育 2～3h。

⑤ 蒸馏水漂洗。

⑥ 用 1％ $(NH_4)_2S$ 处理 3min。

⑦ 蒸馏水洗涤 2～3 次。

⑧ 甘油-明胶封片。

（3）对照处理　对照处理同上文 7.5.5.1。

（4）染色结果　有棕黑色沉淀物的部位即表示 ATP 酶活性的存在。

此种结果是反映被 Mg^{2+} 活化的 ATP 酶即 Mg^{2+}-ATPase。如欲进行 Na^+-K^+-ATP 酶活性的定位，则将反应液成分改为 0.05mol/L Tris-顺丁烯二酸缓冲液中包含 ATP（钠盐）2mmol/L、$MgSO_4$ 5mmol/L、KCl 30mmol/L、NaCl 0.1mol/L、$Pb(NO_3)_2$ 3mmol/L。其它程序同前。

在磷酸酶的实验程序中，可增加组织切片固定，即切片用戊二醛-甲醛固定 1h。可产生两方面效果：一是防止酶的扩散；二是增加反应液成分的渗透性。由于 $(NH_4)_2S$ 沉淀物不溶于乙醇及二甲苯，所以除制作甘油-明胶的临时性封片外，还可经乙醇脱水、二甲苯透明制成永久制片。如果是组织块（不大于 0.5mm^3），还可用石蜡或树脂包埋，制成石蜡切片或树脂薄切片，进一步观察。

7.5.5.3　显示 5-核苷酸酶

原理同上文 7.5.5.2，只将底物改为 5-核苷酸。碱性磷酸酶可水解 5-核苷酸，但 5-核苷酸酶不能水解 β-甘油磷酸钠，两种酶的适宜 pH 也不同，因此，可以通过 β-甘油磷酸钠的对照片进行显示、区分。

（1）试剂配制

① pH＝7.2 的 0.05mol/L 二甲胂酸钠缓冲液。

② 2.5％戊二醛-4％甲醛混合液，用 pH＝7.2 的二甲胂酸钠缓冲液配制。

③ 0.05mol/L Tris-顺丁烯二酸缓冲液，pH7.5～7.8。

④ 反应液：pH＝7.8 的 0.05mol/L Tris-顺丁烯二酸缓冲液，其中 5-核苷酸 5mmol/L、$MgSO_4$ 1mmol/L、无水 $CaCl_2$ 0.1mol/L。

⑤ 2％硝酸钴。

⑥ 1% $(NH_4)_2S$。

(2) 制片处理

① 材料进行徒手切片、冰冻切片或涂抹制片。

② 用 pH=7.2 的 0.05mol/L 二甲胂酸钠缓冲液配制的 2.5%戊二醛-4%甲醛混合液室温固定 1h。

③ 先后用 pH=7.2 的二甲胂酸钠缓冲液洗三次，再用 pH=7.2 的 0.05mol/L Tris 缓冲液洗 2 次，每次 5min。

④ 放入反应液中，25℃处理 1～3h。

⑤ 蒸馏水漂洗。

⑥ 用 2%硝酸钴处理 3min。

⑦ 蒸馏水漂洗。

⑧ 1%硫化铵处理 3～5min。

⑨ 甘油-明胶封片，或做成永久片。

(3) 对照处理

① 培育反应前切片经 5～10min 煮沸处理。

② 反应液中不加 5-核苷酸。

③ 将反应液中的底物 5-核苷酸换成 β-甘油磷酸钠。

(4) 染色结果　有棕黑色沉淀的部位反映酶活性的存在。

7.5.5.4 显示葡萄糖-6-磷酸酶

原理同 7.5.5.2。

(1) 试剂配制

① pH=7.2 的 0.05mol/L 二甲胂酸钠缓冲液。

② 2.5%戊二醛-4%甲醛混合液，用 pH=7.2 的二甲胂酸钠缓冲液配制。

③ 0.05mol/L Tris-顺丁烯二酸缓冲液，pH=6.7。

④ 反应液：pH=6.7 的 Tris 缓冲液 12.5mL、0.1%葡萄糖-6-磷酸钾盐 2mL、1% $Pb(NO_3)_2$ 0.3mL、蒸馏水 0.7mL。

⑤ 1% $(NH_4)_2S$。

(2) 制片处理

① 徒手切片、冰冻切片或涂片。

② 用 pH=7.2 的 0.05mol/L 二甲胂酸钠缓冲液配制的 2.5%戊二醛-4%甲醛混合液室温固定 1h。

③ 先后用 pH=7.2 的二甲胂酸钠缓冲液洗三次，0.05mol/L Tris 缓冲液（pH=7.2）洗 2 次，每次 5min。

④ 放入反应液中于 25℃处理 1～2h。

⑤ 蒸馏水漂洗。

⑥ 1% $(NH_4)_2S$ 处理 3～5min。

⑦ 蒸馏水洗涤 2～3 次，每次 2～3min。

⑧ 甘油-明胶封片，或经脱水、透明做成永久制片。

(3) 对照处理

① 培育反应前，切片经 5～10min 的煮沸处理。

② 反应液中不加底物葡萄糖-6-磷酸盐。

③ 反应液中加 0.01mol/L NaF（抑制剂）。

（4）染色结果　在酶活性反应部位产生棕黑色沉淀。

7.5.6 钙-钴沉淀法——显示碱性磷酸酶

原理同 7.5.5，只是捕获剂改为钙。

（1）试剂配制

① 0.05mol/L 二甲胂酸钠缓冲液 pH＝7.2。

② 2.5%戊二醛-4%甲醛混合固定液，用 pH＝7.2 的二甲胂酸钠缓冲液配制。

③ 反应液：3%β-甘油磷酸钠（或 ATP）10mL，2%二乙基巴比妥钠 10mL，2% $CaCl_2$ 20mL，5% $MgSO_4$ 1mL，蒸馏水 5mL，用 0.1mol/L NaOH 将 pH 调节到 9.6。

④ 2%硝酸钴。

⑤ 1% $(NH_4)_2S$。

（2）制片处理

① 徒手切片、冰冻切片或涂片。

② 用 0.05mol/L 二甲胂酸钠缓冲液（pH＝7.2）配制的 2.5%戊二醛-4%甲醛混合液室温固定 1h。

③ 用 pH＝7.2 的二甲胂酸钠缓冲液洗 3 次，每次 10min，再经蒸馏水漂洗。

④ 放入反应液中，25℃处理 2～3h。

⑤ 蒸馏水漂洗。

⑥ 2% $Co(NO_3)_2$ 处理 3min。

⑦ 蒸馏水漂洗。

⑧ 1%～2% $(NH_4)_2S$ 处理 3～5min。

⑨ 蒸馏水漂洗。

⑩ 甘油-明胶封片。

（3）对照处理　对照处理同上文 7.5.5。

（4）染色结果　有棕黑色沉淀物的地方即为有酶活性的部位。

7.5.7 钙皂沉淀法——显示酯酶

此法是由 Gomori 建立。在反应液中加入长链饱和脂肪酸与聚乙二醇或聚甘露醇构成的水溶性酯（如吐温-80），并在反应液中加入钙离子（$CaCl_2$）。在酯酶的作用下，释放出来的脂肪酸与钙离子结合，形成不溶性钙皂；然后用 $Pb(NO_3)_2$ 处理，使之转化为铅皂；再用 $(NH_4)_2S$ 处理，而产生黑色的硫化铅沉淀，以显示酶的活性部位。

（1）试剂配制

① 0.05mol/L 二甲胂酸钠缓冲液，pH＝7.2。

② 2.5%戊二醛-4%甲醛混合固定液，用 pH＝7.2 的二甲胂酸钠缓冲液配制。

③ 0.05mol/L Tris-顺丁烯二酸缓冲液，pH＝7.2。

④ 反应液：5%吐温-80 1mL、pH＝7.2 的 Tris-顺丁烯二酸缓冲液 2.5mL、10% $CaCl_2$ 1mL、2.5%牛磺胆酸钠 2.5mL、蒸馏水 18mL。

⑤ 2%EDTA-二甲胂酸钠缓冲液，pH＝7.2。

⑥ 0.15% $Pb(NO_3)_2$ 水溶液。

⑦ 1% $(NH_4)_2S$。

(2) 制片处理

① 徒手切片、冰冻切片或涂片。

② 用0.05mol/L二甲胂酸钠缓冲液（pH=7.2）配制的2.5%戊二醛-4%甲醛混合液室温固定1h。

③ 先后用pH=7.2的二甲胂酸钠缓冲液洗三次，0.05mol/L Tris缓冲液（pH=7.2）洗2次，每次5min。

④ 在反应液中于25℃下培育2～4h。

⑤ 用2%EDTA-二甲胂酸钠缓冲液（pH=7.2）洗涤，除去钙。

⑥ 在0.15%$Pb(NO_3)_2$中处理10min。

⑦ 蒸馏水漂洗。

⑧ 用$(NH_4)_2S$处理5～10min。

⑨ 水洗、甘油-明胶封片。

(3) 染色结果　有棕黑色沉淀物的部位即是有酶活性的部位。

7.5.8 靛蓝法——显示酯酶

用吲哚酚乙酸酯作底物，可被多种羧酸酯酶水解释放出吲哚酚，吲哚酚立即被空气中的氧气氧化而转变成完全不溶性的靛蓝，从而显示有酶活性的位置。

(1) 试剂配制　5-溴-4-氯吲哚酚乙酸酯（5-bromo-4-chloro-indoxylacetate）1.5mg完全溶解于0.1mL的无水乙醇后，加入0.1mol/L Tris-顺丁烯二酸缓冲液（pH=8.0）2mL、0.05mol/L铁氰化钾1mL、0.05mol/L亚铁氰化钾1mL、0.1mol/L $CaCl_2$ 1mL，最后用蒸馏水补加到10mL。此反应液要现用现配。

(2) 制片处理

① 新鲜或固定材料（用甲醛-钙固定液），徒手切片或冰冻切片。

② 放入反应液中，25℃培育0.5～2h。

③ 用含0.1%乙酸的30%乙醇漂洗。

④ 蒸馏水漂洗。

⑤ 用甘油-明胶封片或经乙醇脱水、二甲苯透明后树胶封片。

(3) 染色结果　酯酶活性部位呈现鲜蓝色或蓝绿色。

7.5.9 邻苯二酚法——显示多酚氧化酶

邻苯二酚在多酚氧化酶的作用下产生不溶性的茶褐色化合物，如用邻苯二酚则生成棕色络合物。反应式是：

$$\text{邻苯二酚} \xrightarrow{\text{酶}} \text{棕色络合物}$$

(1) 试剂配制

① pH=7.2的磷酸盐缓冲液。

② 1%邻苯二酚水溶液，置于低温暗处保存有效。

(2) 制片处理

① 新鲜材料的徒手切片放入 pH=7.2 的磷酸盐缓冲液中，2～5℃处理 5min。

② 放入 1%邻苯二酚溶液中，25℃培育 5～6h。

③ 蒸馏水漂洗。

④ 甘油-明胶封片。

(3) 对照处理　对照片培育反应前先煮沸 5～10min。

(4) 染色结果　酶的活性部位呈现茶褐色。

7.6 细胞壁成分显微测定

7.6.1 纤维素测定

7.6.1.1 碘-硫酸测定法

纤维素的细胞壁在碘和硫酸的作用下，呈蓝色。纤维素的成分愈多，蓝色愈明显。

(1) 试剂配制

① 66.5%的硫酸　7 份浓硫酸+3 份蒸馏水。

② 1%碘-碘化钾溶液　先将 1.5g 碘化钾溶于 100mL 的蒸馏水中，待全部溶解后，再加入 1g 碘。

(2) 制片处理

① 将切片置载玻片上。

② 在切片上加一滴 66.5%的硫酸使纤维素水解，成为一种胶体的水解纤维素而与碘发生反应。

③ 加一滴 1%碘-碘化钾溶液。

(3) 染色结果　在显微镜下观察如细胞壁含纤维素则呈蓝色反应。

7.6.1.2 氯化锌-碘测定法

一般应用此法测定纤维素，其效果比碘-硫酸法更佳。

(1) 试剂配制　由于氯化锌-碘试剂的配制方法不同和观察材料的性质不同，能产生多种变化。

常用的有如下两种配制方法：

其一，先配制甲、乙两种试剂溶液，甲液为碘化钾 1g、碘 0.5g、蒸馏水 20mL；乙液为氯化锌 20g、蒸馏水 8.5mL。先将乙液微加热使其溶解，待冷却后再将甲液一滴一滴地徐徐加入乙液中，直至出现碘的沉淀物为止（大约需用甲液 1.5mL）。

其二，分别配制甲、乙试剂溶液，甲液为碘化钾 42g、碘 2g、蒸馏水 100mL；乙液为氯化锌（干粉）200g、蒸馏水 100mL。配制乙液应微微加热使氯化锌溶解，待冷却后，再将甲液加入充分混合，静置 12～24h 后经过滤后备用。

(2) 制片处理　用混合液滴在切片材料上，在显微镜下观察，如细胞壁含有纤维素，则呈现出蓝紫色。

7.6.1.3 碘-磷酸法

(1) 试剂配制　试剂的配制方法如下：

浓磷酸 25mL、碘化钾 0.5g、碘（结晶）少许。配制时要微加热，使其溶解。

（2）制片处理　将此液滴在切片材料上，如细胞壁含有纤维素，则呈现深紫色。

7.6.2　木质素测定

7.6.2.1　间苯三酚测定法

此法是最简便的测定植物细胞壁的木质素的显微化学法，但此法不适于制作永久制片，因会随时间而逐渐退色。

（1）制片处理

① 将切片材料置于载玻片上，加一滴25%的盐酸（或硫酸）浸透材料（间苯三酚在酸性的条件下才能与木质素发生作用）。

② 在酸化作用下的材料上加一滴间苯三酚的乙醇溶液（1%的间苯三酚，95%乙醇溶液）。

③ 盖上盖玻片在显微镜下观察。

（2）染色结果　含有木质素的细胞壁呈现红色反应（樱红或紫红），木质化程度越强，颜色越深。

7.6.2.2　硫酸化苯胺（或盐酸化苯胺）测定法

（1）试剂配制

硫酸化苯胺（或盐酸化苯胺）：苯胺1份＋蒸馏水70份＋95%乙醇30份＋硫酸30份。

（2）制片处理

① 将切片材料置于载玻片上，加上一滴硫酸化苯胺。

② 盖上盖玻片在显微镜下观察。

（3）染色结果　如有木质化的细胞壁，则呈现黄色反应。

7.6.2.3　甲基红（Methyl red）测定法

在切片材料上加一滴0.01%甲基红水溶液，盖上盖玻片，在显微镜下观察。如有木质化的细胞壁，则呈现黄色反应。

7.6.3　角质、栓质测定

7.6.3.1　苏丹Ⅲ（或苏丹Ⅳ）测定法

① 在切片材料上加一滴苏丹Ⅲ（或苏丹Ⅳ）乙醇溶液（70%乙醇的饱和液）。

② 处理15～20min后，用50%乙醇洗去多余的染料。

③ 在显微镜下观察，如有角质化与栓化的细胞壁，则呈现橘红色。

7.6.3.2　氯化锌-碘测定法

应用氯化锌-碘试剂测定角质化或栓化的细胞壁，可呈现黄色或浅褐色的反应。但这种反应并不是角质化与栓化的细胞壁特有的反应，木质化、半纤维素化、黏质化的细胞壁也有同样的反应，观察时应加以注意。

如果切片在40%氢氧化锌-碘试剂中处理，对于栓化的细胞壁，则呈现出紫红色反应，而木质化的细胞壁为黄色反应。

7.6.4　果胶质测定

测定果胶质，通常用钌红染色法进行测定。果胶质浓度较高的初生壁和胞间层呈现的颜色由粉红色到红色。由于干扰物质的影响，钌红不染色并不能证明不存在果胶类物质。

(1) 试剂配制

0.002%的钌红水溶液：一般取3～5粒钌红结晶放在小烧杯中，徐徐加入蒸馏水，待其溶液变为品红色为止；也可逐级稀释进行较精确的配制。钌红溶液的配制、存放都要避免日光照射。配制的用具要十分干净，否则钌红很快就被还原、沉淀。

(2) 制片处理

① 将切片材料放在钌红染色液中染色30min。

② 在水中冲洗干净。

③ 用甘油或甘油-明胶封藏。

④ 盖上盖玻片在显微镜下观察。

(3) 染色结果　如有果胶质则呈现红色反应。

7.7 活体染色

活体染色是能使生活有机体的细胞或组织特异性着色但对活体样品又没有毒害作用的一种活体染色方法，其目的是显示生活细胞内的某些结构，而不影响细胞的生命活动或产生任何物理、化学变化以致引起细胞的死亡。活体染色技术可用来研究生活状态下的细胞形态结构和生理、病理状态。通常把活体染色分为体内活体染色与体外活体染色两类。体外活体染色又称超活染色，它是由活的动、植物分离出部分细胞或组织小块，以染料溶液浸染，染料被选择固定在活细胞的某种结构上而显色。活体染料之所以能固定、堆积在细胞内某些特殊的部位，主要是靠染料的“电化学”特性。碱性染料的胶粒表面带阳离子，酸性染料的胶粒表面带有阴离子，而被染的部分本身也是具有阴离子或阳离子，这样，它们彼此之间就发生了吸引作用。但并非任何染料均可用于活体染色，理论上应选择那些对细胞无毒性或毒性极小的染料，且使用时需要配成稀的溶液。

7.7.1 线粒体活体染色

线粒体是细胞内一种重要的细胞器，是细胞进行呼吸作用的场所。细胞的各项活动所需要的能量，主要是通过线粒体呼吸作用来提供的。詹纳斯绿B是线粒体的专一性活体染色剂，被其中的细胞色素氧化酶保持氧化状态（即有色状态）呈蓝绿色；细胞质中染料被还原，成为无色状态。

(1) 试剂配制　参见本书3.2.2.11。

(2) 制片处理

① 滴一滴1/5000詹纳斯绿B染液于载玻片上。

② 材料置于染液中，染色10～15min。

③ 吸去染液，加一滴Ringer溶液，盖上盖玻片进行观察。

7.7.2 液泡活体染色

碱性染料中性红（neutral red）是活体染色剂中重要的染料，对于液泡系的染色具有专一性。

(1) 试剂配制　参见本书第3章3.2.2.11。

(2) 植物细胞液泡系的超活染色与观察（以根为例）

取植物根尖，用刀片纵切根尖→放入中性红染液中，染色5～10min→吸去染液，滴一滴Ringer溶液→盖上盖玻片进行镜检（镊子轻轻地下压盖玻片，将根尖压扁，利于观察）。

第8章 其它切片技术

8.1 徒手切片

8.1.1 徒手切片法的应用及优缺点

徒手切片法一般指用刀片或剃刀把新鲜的材料切成薄片的制片方法。此法在植物制片技术中占有十分重要的地位，利用此法不仅能及时地观察研究植物生活组织的结构状态和天然的色彩，而且不需切片机等仪器，用一把剃刀或刀片，在短时间内即可完成，这是其他制片法所办不到的。此外，在组织显微化学试验和永久制片之前，也常先用徒手切片进行观察、检查材料是否符合要求，以免浪费药品与时间。因此，徒手切片技术是制片者必须学习和熟练掌握的最基本技术之一。

徒手制片法也有不足之处，那就是对于微小、柔软、水分过多以及坚硬的材料难以切片，也不能制成连续的切片。此外，如果没有经过操作练习，往往切成厚薄不匀或不完整的切片。徒手切片需要多练习操作，不断提高切片技术。

进行徒手切片最主要的工具就是剃刀或刀片。要获得良好的切片，首先必须保持刀口的锋利，因此，在学习徒手切片时，要学好并掌握磨刀与荡刀的技术；同时要注意剃刀的保养，凡用过之后必须擦干和上油，以免生锈。

8.1.2 徒手切片操作过程

正确掌握用刀的方法，将材料以左手的大拇指和食指夹住，大拇指应低于食指 2～3mm，以免切时切伤大拇指；材料要伸出指外 2～3mm，并以中指顶住材料的下端，切时将材料逐步顶上；左手握材料置于胸前 20cm 处，右手平稳地拿住剃刀或刀片，使与材料垂直；两手可以自由活动而不要靠在身上或桌子上；在刀片及材料的切面上均匀地滴上清水，以保持材料湿润。

切片时刀口向内对着材料，然后用右手的臂力（不要用手腕的力）自左向右均匀地斜向后拉切，进行切片。切忌切片中途停顿或前后作“拉锯”切割，而且不要用力过大，也不能用刀片直接挤压材料。连续地切下数片后，用毛笔蘸水将材料轻轻地从刀口取下，放入盛水的培养皿中。此过程中，左手夹着的材料仍不应放下，否则再切时就很难在原来的部位再拿住材料。这时可把右手的剃刀夹在左手的无名指与小指之间，使刀刃向左边，右手拿湿毛笔从刀上取下材料（图 8-1）。如用刀片则不必用毛笔蘸水取材料，可直接将刀片放在培养皿的水中，稍一晃动，切片即漂浮于水中。切到一定数量后，用低倍镜检查，挑选薄而透明的切片。

经检查达到要求的切片，如果只作临时观察，可以先封藏在水中进行观察。用滴管滴一滴蒸馏水于载玻片的中央，再用毛笔、镊子挑取已切好的切片，置于载玻片的水滴中展开，并用镊子或解剖针将材料完全浸入水中，而不要让材料漂在水面上。右手持镊子，轻轻夹住盖玻片的一角（或一边），也可以用右手的拇指和食指捏住盖玻片一端的两侧，使盖玻片的边缘与浸入材料的水滴左侧边缘接触，然后慢慢向右倾斜下落，当盖玻片与载玻片夹角小于45°时松开镊子或右手，让盖玻片自然落下，最后平放于载玻片上。这样可避免产生气泡。如盖玻片下水过多，可用吸水纸将多余的水吸掉（图 8-2）。

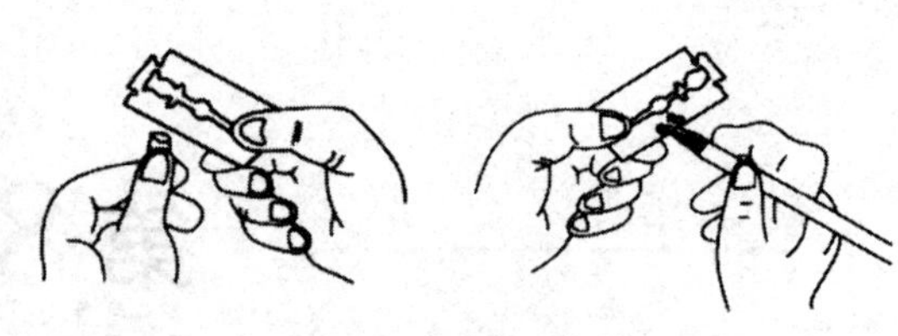

图 8-1　徒手切片夹拿材料及持刀方法、用湿毛笔取切片的方法

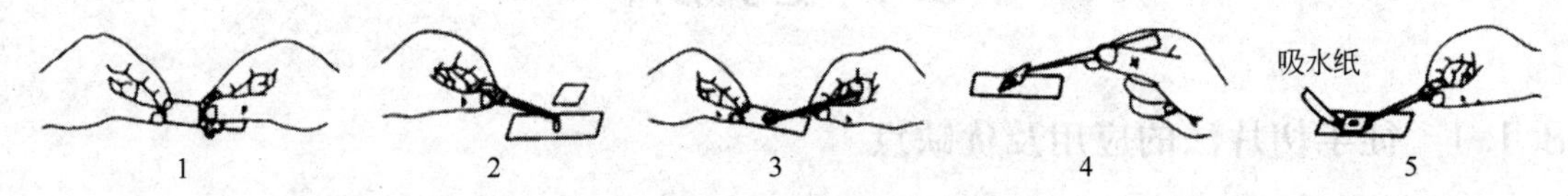

图 8-2　临时封片方法

要更清楚地显示其组织和细胞的结构，可进一步染色做成永久制片。可在染色碟（皿）中进行固定、染色、脱水、透明等，然后挑取最佳的切片置于载玻片上，用树胶（封固）。

有的材料过于柔软或微小，如小叶片、细小的根尖及雄蕊、子房等，用手难以夹持，需靠夹持物（或称填切物）才便于操作。常用的夹持物有接骨木的髓部及胡萝卜、马铃薯。其大小应按切片材料的大小而定。将夹持物切成两半，夹住材料来切。若材料较大而又不是扁薄的，可在夹持物中央挖一沟，把材料夹在沟中间来切。

8.1.3　过程小结

以小麦茎为材料，介绍徒手切片过程。

① 取材　选取所要观察材料段。

② 固定　若不能立即切片，及时固定，如用 F. A. A. 固定液固定。

③ 清洗　材料用蒸馏水冲洗去表面黏着物、固定液。

④ 切片　左手拇指、食指与中指夹住材料，距端 2～3mm，松紧适度，右手平稳持刀片并与材料垂直，刀口向内并与材料切口保持平行，用右手的臂力自左前向右后均匀拉切。连续切数片后，将刀片放在培养皿水中晃动使切片漂浮水中。

⑤ 选片　低倍镜下挑选薄且透明、组织结构完整的切片。

⑥ 染色　选取的材料用蘸水的毛笔蘸取到载玻片上，番红、固绿对染（滴染）或小培养皿中染色。

⑦ 漂洗　将切片置于蒸馏水中漂洗数次至洗去浮色。

⑧ 观察　染色后的切片可做临时观察，移入洁净载玻片水滴中，盖片，显微镜下观察、拍照。

⑨ 脱水、透明　经 50％乙醇、70％乙醇、83％乙醇、95％乙醇、100％乙醇梯度脱水，各 10～20min。1/2 二甲苯＋1/2 无水乙醇、二甲苯Ⅰ、二甲苯Ⅱ各 30～40min。依次滴在载玻片的材料上进行。

⑩ 封片　树胶封片，自然干燥。

8.2 滑走切片

此法与上述8.1徒手切片法的性质相同，只不过借用机械操作来代替手切。对于坚硬的材料（如木材、枝条），徒手切片法难以进行切片，且一般切成的切片太厚或厚薄不匀；而滑走切片法可用滑走切片机对坚硬的材料切片，而且所切的厚度可以由机器控制，切片厚薄均匀完整。滑走切片机除切一般坚硬未经包埋的材料外，也可用来制作火棉胶切片和冰冻切片。

8.2.1 滑走切片方法和步骤

8.2.1.1 材料选择与切片前准备

首先材料应选择有代表性的，完整健壮（做病理解剖观察例外）且上下粗细较一致的，长短以不超过3cm为宜。

在切片之前，准备一个盛有清水的培养皿和一支毛笔。将切片刀安在切片夹上并调整好切片刀的适宜角度，然后把选择好的材料用两块小木块夹着，露出木块0.5cm左右，并在材料固着器上夹紧。调好材料的高度，使刀刃靠近材料的切面呈平行，再调整切片厚度调节器，调至所需厚度的刻度（一般切片厚度为10～20μm），即可进行切片。

8.2.1.2 切片过程

切片时用右手推动切片刀夹，左手执毛笔往材料上蘸水，用适中的力往自身方向拉切。刀片通过材料后即切下一片附着于刀片上。此时用毛笔蘸水把切片取下放进培养皿中，然后把刀拉回原位，再拨动厚度推进器，使材料略微上升，再拉切片刀进行第二次切片（切片刀用力要均匀，否则切片厚薄不匀），如此反复来推拉进行切片。

如切细小、扁薄或柔软的材料，可先夹于接骨木髓部或胡萝卜、马铃薯等填切物中，再安放到固着器上夹紧后进行切片。或将材料直接包埋在熔融的石蜡中，待其冷却后，使材料外围包以石蜡，再进行切片。

若遇切片不成功，应检查切片刀是否合适，如刀口锋利程度、刀的角度安装得是否合适等，找出原因加以调整改进。

8.2.1.3 材料的固定、染色与封片

当材料切到一定数量时，从培养皿的清水中挑选合格的放入乙醇-乙酸-甲醛固定液（或其它固定液）中进行固定，亦可直接用50%～70%乙醇固定。材料经24～48h固定后，按一般染色的方法进行染色、脱水、透明，最后用树胶封藏。

8.2.2 材料的软化处理方法

有的材料十分坚硬（如硬的木材、竹材等），不经特殊处理，难以切片。在滑走切片之前须先经软化处理。材料软化处理之前，都要先进行排气，把材料内的气体排出，以免妨碍软化剂的渗入。普通用水煮的办法可除材料内的气体，水煮还兼有使木材软化的作用。

木材的软化处理方法很多，除用水煮法外，常用的有如下几种。

8.2.2.1 甘油-乙醇软化法

对新采下的新鲜木材和其它不很坚硬的材料，可以应用此法。选取好材料切成小块，放

入甘油-乙醇软化剂中浸泡。软化的时间视木材的性质坚硬程度不同而定。一般需一周至一个月，也有的 2～3d 即可（检查软化是否已合适：2～3d 后用徒手切片方法试切，如容易切成薄片，则表示软化程度良好，否则应继续浸泡）。材料较长时间（2～3 年）浸泡此液中不会损坏。该溶液的配制为纯甘油与 50%乙醇等量混合。

8.2.2.2 氢氟酸软化法

氢氟酸能除去木材中的矿物质而使材料软化，适用于一些极硬的木材、竹材等材料。首先将材料切成小块，用水煮沸，水煮时间一般要 12～24h，可间歇反复进行，以排除材料内的空气，并初步软化材料。冷却后放入 30%～40%氢氟酸软化剂中浸泡 1～2 周甚至一个月。

材料经氢氟酸软化处理后，要用流水彻底冲洗干净（1～2d），再移入甘油-乙醇混合液中置放 1～2 个月后进行切片。氢氟酸有极强的腐蚀作用和强烈的刺激性，使用时要特别小心谨慎；它能腐蚀玻璃或陶瓷器皿，应用时必须涂上一层凡士林或使用特别的蜡质容器或塑料容器。绝对不能接触或靠近显微镜头，以免腐蚀镜头。

8.2.2.3 乙酸纤维素软化法

有的极硬木材长久浸泡在氢氟酸溶液中易受损坏，可用乙酸纤维素处理软化。将材料切成小块，放入乙醇中浸泡 1～2d，再移入纯丙酮中浸 1～2h，溶去乙醇。然后再移入 12%乙酸纤维素丙酮混合液（乙酸纤维素 12g＋丙酮 100mL）中软化处理。

软化处理的时间一般需 1 周左右（如将软化剂加热到 40℃，则可缩短软化的时间）。软化后的材料再移入丙酮中，溶去乙酸纤维素，然后再移入乙醇中，再过渡到水中，即可进行切片。

8.3 蒸汽切片

对于十分坚硬的材料，如木材、竹茎等，有时用滑走切片法仍不能成功切片，可尝试蒸汽切片法。蒸汽切片法基本操作和滑走切片法基本相同，只是增加了蒸汽的发生和喷射装置，使蒸汽喷在切片机的固着器上的材料切面上而切片。

蒸汽发生器可用两根玻璃管和一个较大的烧瓶或锥形瓶自制。将一根玻璃管弯曲并拉出一细口，用此细口对着所切材料喷气。可用各种加热方式将盛水烧瓶加热产生蒸汽。

材料切成合适的小块，在水中煮沸后（时间长短视材料的硬度而定），将材料移入甘油＋95%乙醇混合液中软化，经数天至一周材料软化后取出、切片。

切片时将材料固定在切片机的固着器上，装好切片刀，并按图 8-3 所示的方法装好蒸汽发生器，煮沸开水使蒸汽大量从喷头向材料喷射几分钟后，即可进行切片。软化合适的材料可以切割自如：材料受热软化，可切成较薄而完整的切片。如遇到特硬材料，可在切下一片之后，稍停片刻，待材料表面被水蒸气充分喷软后再切下一片。极坚硬的材料，还需要用氢氟酸浸渍软化后切片。所得的切片放入乙醇或水中可进行染色、脱水、透明直到封固、制成永久制片。

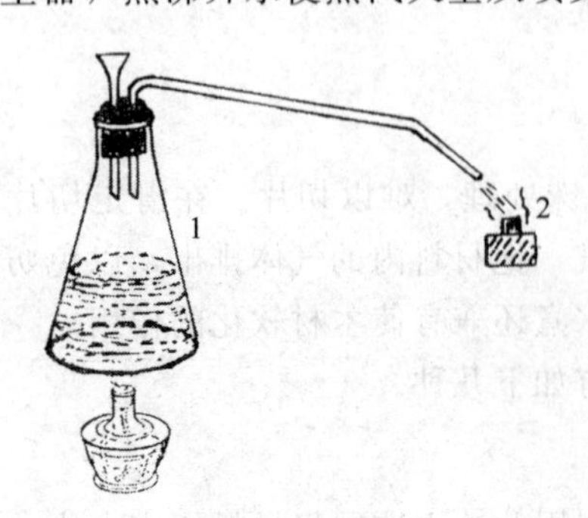

图 8-3　简易蒸汽发生装置和喷射过程

使用滑走切片机时注意：①调节厚度时，必须对准，否则易降低机器的灵敏度；②一定要在切片刀推过去后才能拨动厚度推进器，若先拨动厚度推进器，则材料升高了，切片刀推过时，便把材料压坏，甚至会损伤刀刃；③每次切片完毕，用布把切片机擦干，以免生锈，必要时加石蜡油保护。

8.4 冰冻切片

冰冻切片法对于水分较多且易收缩的材料很适合。利用滑走切片机或石蜡切片机，装上特别设计冷冻装置而进行切片。在冷却过程中，材料细胞在极短的时间内冻死，细胞可保持生活状态而很少有收缩现象；这种方法还可以保存材料内的脂肪、橡胶等物质。在医学及病理上，利用冰冻切片法可作急速诊断。

8.4.1 冰冻的原理

主要是利用物质状态变化过程中大量吸热而降温。目前，有利用乙醚蒸发或二氧化碳（CO_2）液体的扩散，或二氧化碳固体（干冰）的蒸发装置，其中液体 CO_2 最为常用。

8.4.2 利用专用冰冻切片机和干冰进行切片

先用一特制的皮制口袋套在盛有 CO_2 的钢筒口，打开开关，液态 CO_2 即气化冲出，由于被皮制袋所挡，不能扩散而形成白色干冰；将干冰放入特制的固着器下面小暖瓶里，干冰逐渐融化，而使固着器上的材料冻结。

除上述方法外，还可利用乙醚蒸发以吸收热量，而使材料冻结。现在有的设备已应用半导体冷冻器，操作较简便，切片方法与上述相似。

8.4.3 切片过程

新鲜度较差的材料可不经任何处理直接放在固着器上进行冰冻切片，对于较大而木质化的材料，则需先浸渍在“维持液”（2%～5%阿拉伯胶或动物胶液）中，然后放在37℃的温箱中6～12h，再换到10%胶液中6～12h后取出切片。预先把冷冻装置安装好，打开液体 CO_2 钢筒上的开关，接着再打开冷冻头上的开关放出 CO_2 使材料冷冻。然后在固着器上滴一些胶液，胶液即逐渐冻结，关上开关，用镊子将材料的位置放好，再开放 CO_2 使材料固定在冷凝的胶液中，并用刀片把材料上多余的胶水修平即可进行切片。图8-4所示为自动切片机。

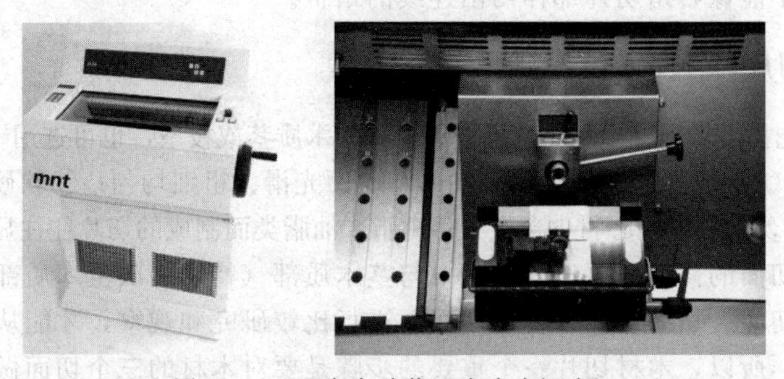

图 8-4 mnt-全自动落地式冰冻切片机

切片时要控制冰冻头上的开关，以调节温度：太冷易使切片卷曲，组织易于破碎；温度过高，则会使切片难于成形，组织也容易破碎，材料固着不牢，不能进行切片。切好的切片，可经固定液固定后，冲洗、脱水、染色、透明、封固，做成永久制片。

8.4.4 半导体式冷冻切片机

半导体制冷亦称温差电制冷，是利用珀尔帖效应原理制成的。半导体式冷冻切片机是由推拉式或旋转式切片机和半导体制冷装置配套组成的。半导体元件构成冷冻台和冷冻刀的装置。用水冷式散热。接通电源后，元件一端放出热量由冷水带走，而另一端吸收热量，使冷台和冷刀在 5min 内制冷达一般要求温度。

8.4.5 恒冷箱式冷冻切片机

恒冷箱有立式与卧式两种，一般用立式。它将转动切片机安装在低温冰箱内，切片机的手柄与旋转轮在恒冷箱体外的右侧面，切片时通过观察窗操作，可获得较薄的切片。恒冷箱式冷冻切片机比半导体式冷冻切片机先进，冷冻快，适合于医院临床做病理检查，快速诊断，确定治疗方法或手术范围。但它体积大、耗电多、造价高。

恒冷箱式冷冻切片机构造如下：

① 制冷系统和冰箱制冷原理一样，由压缩机进行制冷。只要接上电源，打开制冷开关，机器即开始制冷，再调节到所需要的温度，一般为－20℃（机器制冷温度范围－30～0℃），机器工作 4h 左右即可制片（不停机器，随时可用）。制冷箱上部有一个较大的冷冻室，可放置转动切片机。在制冷箱顶部有开关装置。在制冷箱的下部放置压缩机和散热器。

② 转动切片机安装在制冷箱的冷冻室内，由于恒冷箱的类型不同，安装转动切片机的型号也不同。卧式的制冷箱室较大，一般的转动切片机都可以放入。立式的制冷箱内只能放置一定形式和规格的切片机。

8.5 木材切片

木材切片用于研究木材的结构、性质。木材切片法是木材解剖学的一个重要方法，这种方法与徒手切片法的性质相同，只不过是借用机器（滑动切片机）操作来代替手切。徒手切片对于坚硬的材料（如木材）难以进行切片，而且一般切成的切片太厚或厚薄不均。而应用滑动切片机切片，不仅能切坚硬的材料，而且所切的厚度可以由机器控制，切片厚度均匀完整。

木材切片与石蜡切片相比，其优点在于不需要包埋即可切片，其次可以切较为坚硬的材料。其缺点在于不能像石蜡切片那样切出连续的蜡带。

8.5.1 直接切片

（1）材料的选择　做木材切片时，可选用新鲜的木质茎或枝条，也可选用干燥的木材，但必须注意以下几点：①年龄适中而具有代表性；②表面光滑、粗细均匀；③软硬一致，无腐坏现象；④选取边材，勿选心材（心材中含有大量树脂、油脂类而制成的切片往往显得模糊不清）。

（2）木材三切面的修整　要充分认识根与茎木质部（特别是次生木质部）的结构，就必须从三切面即横切面、切向切面和径向切面上进行比较研究和观察，才能从立体形象上全面地理解它的结构。所以，木材切片一个重要的步骤是要对木材的三个切面做必要的修整。

如果是较小的茎或枝条，若只需做横切面，切取 1～2cm 长的小段即可。如果需做木材的三切面，最好选取直径较大的材料，修整成长×宽×高＝2cm×1cm×1cm 的长方体。一定要按照径向切面必须和直径或半径平行，而切向切面必须和直径或半径垂直这一原则进行修整。

（3）材料的处理　修整好的木质枝条或三切面的木材小块，需要经排气、软化处理，处理过程参照“滑走切片”。

（4）切片方法与步骤

① 切片准备　准备好软化的木材或枝条小段、培养皿、毛笔、切片机、切片刀等。

② 操作过程　软化的材料如为木质枝条，则可裹以湿润的棉花紧紧固定在切片机的夹物部上进行切片。若为木材小块，则应沿切面画一“井”字，用小刀切去四周的8小块，留中央的1小块，然后将整个木块夹在切片机的夹物部上。材料固定之后，即可调节切片的厚度（20～25μm），并固定切片刀。刀刃与材料的角度应小于90°。切片时，右手推动切片机的滑动块，使切片机由后向前推移。切片刀经过材料时，用力必须均匀，否则，切片厚度就不太一致。切一片后，用毛笔在材料上和刀刃上滴加蒸馏水，以提高切片的效果。切好的切片，用毛笔移入水中，或者移入70%的乙醇中保存。切片完毕以后，取下切片刀擦干，涂上凡士林后保存在刀盒中。

若切下的木材薄片发生卷折，需经展压之后才能脱水、染色、封藏。展压的方法为：取一载玻片，将切片逐一平放在其上，然后再用一载玻片盖上，用橡皮筋或细绳固定，放入水中或70%乙醇中（也可放入F. A. A. 固定液中）1～2d后，即取出切片，进行后续工作。

（5）脱水、染色、透明与封片　材料若为木质枝条（带有树皮），切片经固定后可按番红-固绿复染的染色程序进行染色、脱水、透明、封片。若为不具有韧皮部和周皮的木材小块的切片，用50%乙醇固定30min，放入1%番红乙醇液或水溶液（若为番红水溶液，固定后应下降至蒸馏水）中染色，不需用其它染料进行复染，然后经脱水、透明、封片。

8.5.2 包埋切片

8.5.2.1 火棉胶法

将材料埋渍于火棉胶中，然后切片。此种方法可应用于任何组织（旧、软、大、小均可）。可减少组织收缩，但所需时间较长及制成连续切片手续麻烦，基本不再使用。

8.5.2.2 聚乙二醇法

将木材按照切面需要，锯成容易在滑走切片机上切片的大小、长短。

① 水煮　间隔水煮1～2d，去除木材组织中的气泡，软化部分组织。

② 软化　将水煮冷却后的木材投入4%（较软材）或10%（轻硬材）乙二胺水溶液，室温下浸泡3～7d，也可在55～60℃温箱内加快软化。乙二胺蒸气有毒性，高温处理时要通风。材料用水冲洗干净后，刀片切削，测试是否软化合适。如果软化不够，可换溶液再软化。

③ 洗涤　软化合适后，将材料外面乙二胺溶液洗去。

④ 包埋　投入50%聚乙二醇2000，室温下一昼夜后，移入55～60℃的温箱内一昼夜。将材料移入已预放在温箱中的纯聚乙二醇2000（此聚乙二醇凝固点为48～52℃，所以在60℃为液体，室温25℃下为固体）。过一昼夜后换一次纯聚乙二醇2000，再过1～2d取出，在室温下迅速凝固。不用的聚乙二醇2000移出温箱，冷却凝固后保存而不要在温箱内贮存。

⑤ 粘块　小块材料可将一面削平，用万能胶在木块上粘牢。

⑥ 切片　可用滑走切片机切片，切下的干切片可以直接干燥贮存，但不宜太久，以免吸附空气中灰尘，影响制片。

⑦ 水洗　用蒸馏水将切片中的聚乙二醇溶去，换洗3～5次，约为5min。

⑧ 漂白　将水洗后的切片放入20%次氯酸钠水溶液中，30min后取出，用蒸馏水洗换多次，5～10min。

⑨ 染色、脱水、透明、封片。

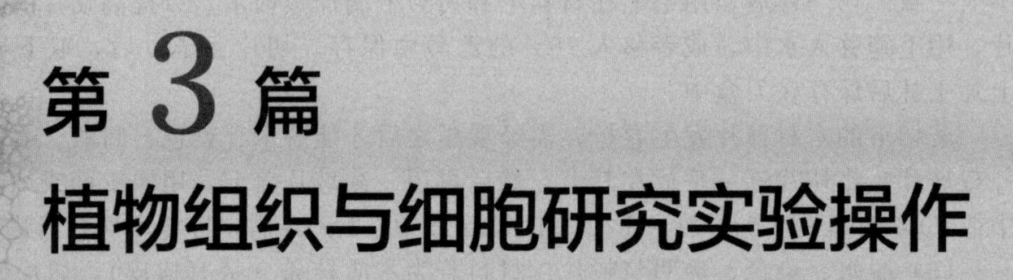

第3篇 植物组织与细胞研究实验操作

本篇简略介绍了部分植物组织与细胞的切片、染色、观察、化学测定等实验操作过程，涉及徒手切片、石蜡切片、半薄切片等切片技术；撕片、离析、涂片、培养等非切片技术；临时制片观察技术、永久制片技术；常规番红-固绿染色、PAS染色、组织化学染色等染色技术等实验室常用技术。本篇实验操作、研究对象包含了植物根、茎（草本茎、木本茎）、叶、花、果实、种子；花粉、子房、胚囊、叶脉、维管束、胞间连丝；细胞壁、液泡、叶绿体、线粒体、淀粉粒；细胞壁纤维素、果胶质、蛋白质、脂类、DNA、酶等器官、组织、细胞、细胞器、化学成分等。

实验 1 刮片制片观察植物叶表皮

植物表皮制片是植物组织、细胞研究中常用的制片技术。各种样品材料的表皮制片、气孔制片，普遍用于气孔研究、表皮病变研究、表皮微生物研究等。刮片法制备植物叶表皮细胞，可以通过简单的操作获得单层植物表皮细胞，完整、真实地展现植物表皮细胞形态、大小、分布、附属结构等信息，尤其适用于平行脉、单子叶植物表皮制片观察。

一、实验目的

了解植物叶表皮显微结构，为研究植物内部结构奠定基础；掌握观察平行脉叶片表皮显微结构的刮片制片方法；学习临时装片的制片方法；学习永久制片的制片方法。

二、主要实验材料、器具和试剂

实验材料：美人蕉叶片、玉米叶片。

实验器具：显微镜、镊子、剪刀、双面刀片、保安刀片、玻璃板、培养皿、染色缸、载玻片、盖玻片、烧杯、滴管、注射器、解剖针、吸水纸、软毛刷。

实验试剂：固定液、各级乙醇、1%番红水溶液、1%固绿水溶液、二甲苯、中性树胶、蒸馏水。

三、实验内容、方法

（一）新鲜材料制片

1. 取材

用剪刀剪取新鲜植物材料。材料充足时，取材可适当大一些，取 1cm×(3～5)cm；材料较少，应适当小一些，取 1cm×(1～2)cm。

2. 固定

取样后，立即用 70%～75%乙醇固定 30～60s。

3. 洗涤

材料固定后，用自来水冲洗干净，最后一次用蒸馏水漂洗。

4. 刮片

将洗涤干净的材料置于玻璃板或载玻片上，开始刮片。上表皮制片时，将上表皮贴于玻璃面，先用保安刀片均匀用力慢慢刮去下表皮、大部分叶肉细胞及其他组织，再用双面刀片慢慢刮去剩余的组织、细胞，至剩余一层上表皮细胞。刮片过程中要保持叶片湿润，防止叶片卷曲；使用刀片时用力均匀、缓慢刮去组织，避免将叶片刮破；沾在刀片上的组织、细胞及时用蒸馏水洗去或用吸水纸擦去。下表皮制片时，从上表皮开始刮即可。

5. 漂洗

将刮好的表皮用镊子夹入蒸馏水中，漂洗去黏着的细胞。

6. 贴片

将干净的载玻片插入水中，正对表皮将其捞起并使其紧贴于载玻片。可用解剖针先按住表皮一端再将其捞起，防止表皮出现褶皱。

7. 染色

滴一滴1%番红染液于表皮上染色5s，倾去番红，迅速用自来水冲去浮色；滴一滴1%固绿水溶液复染30～60s，先自来水后蒸馏水漂洗掉材料表面的浮色。

8. 切割

将漂洗后的表皮置于载玻片上，用双面刀片切去多余部分，剩余0.5mm×0.5mm（可根据实际确定保留材料大小），用于封片、观察。

9. 临时观察

在洁净载玻片中央滴一滴蒸馏水，将染色、切割后的表皮材料置于水滴中，用解剖针将其展平，盖片。

10. 永久制片

在刮出表皮并用番红染色后，置于载玻片水滴中，依次经过以下乙醇梯度及固绿，进行脱水、复染、透明。具体操作为先用吸水纸吸去材料周围前一处理液，再向材料滴加后一级处理液进行处理，依次在载玻片上更换试剂，完成整个过程：30%乙醇（3min）→50%乙醇（3min）→70%乙醇（3min）→83%乙醇（3min）→95%乙醇（3min）→0.5%固绿（过一下，10～40s）→纯酒精Ⅰ（3min）→纯酒精Ⅱ（5min）。再经过1/2二甲苯+1/2乙醇（3min）→二甲苯Ⅰ（3min）→二甲苯Ⅱ（3min）。最后将带材料的载玻片取出，在二甲苯挥发完之前滴一小滴中性树胶于材料上，封片。

11. 观察

临时装片或干燥的永久制片，置于显微镜下观察、拍照。

（二）室外取样制片

1. 取材

在野外选取代表性材料避开主脉分割成1cm×(1～2)cm大小的小块。

2. 固定

立即用F. A. A. 或其它固定液抽气固定。F. A. A. 固定24h，较致密或较老的材料可延长固定时间为24～48h。

3. 洗涤

用无水乙醇洗去固定液，然后用蒸馏水漂洗。

以下步骤同上。

四、实验结果、观察

1. 表皮细胞

实验材料单子叶植物表皮细胞形状比较规则，分为长细胞和短细胞。长细胞构成表皮的大部分，为长方柱形，其长径与叶的伸长方向平行，并呈纵行排列，较整齐，横切面近于方形。长细胞也可与气孔互排成纵行。短细胞又分为硅细胞和栓细胞两种。玉米叶上这两种细胞也可成对地分布在长细胞行列中，多位于叶脉下方的表皮上。小麦叶表皮中硅细胞常向外突出成为表皮毛，单细胞表皮毛的基部膨大而顶端尖锐，且具有木质化的厚壁，叫作刺毛。有增强抗倒伏能力和抗病虫能力的作用。

2. 泡状细胞

一组大型的薄壁细胞，长径与叶脉平行，分布于两个叶脉之间的上表皮，与叶片卷曲和张开有关，又叫运动细胞。

3. 气孔器

禾本科植物的气孔器除了由两个哑铃形的保卫细胞和气孔组成之外，在保卫细胞的外侧还各有一个近似菱形的副卫细胞。保卫细胞的细胞壁厚薄不均匀，两端膨大部分的壁较薄，中间狭长部分的壁特别厚。叶片的上表皮均分布有气孔，且数目相差不大；在叶尖和叶缘部分分布较多。

实验 2
胶带粘取制片观察植物叶片表皮

用普通塑料透明胶带粘取叶片下表皮观察植物的气孔，印迹法和撕取下表皮观察气孔的方法相比具有操作简单、速度快、真实性强的优点，尤其适宜于试管苗等幼嫩材料的气孔变化动态和形态学指标的研究。此法可以防止保卫细胞失水而导致气孔开张度的变化，能真实地观察植物不同阶段和时期气孔的变化动态；能获得完整、连续的表皮。流水下可刷洗，较干净除去附着的叶肉细胞。适用于较小、易脆、叶肉较厚的材料。

胶带在其中起着三重作用：第一，对表皮细胞起着支持和固定的作用，胶带的黏附力能够将所有的表皮细胞“集中”起来，从而保证获得相对比较完整的叶表皮；第二，由于胶带的黏附力比较均匀，所以撕取后，表皮细胞能够基本上保持其在叶片结构上的原始相对位置和形态结构，而且不易移动，从而保证观察结果的准确性；第三，由于胶带是从上下表皮分别粘取的，所以能够获得相应的上下表皮的气孔参数。

一、实验目的

了解双子叶植物叶表皮显微结构，为研究植物内部结构奠定基础；掌握观察叶片表皮显微结构的胶带撕取制片方法。

二、主要实验材料、器具和试剂

实验材料：棉花叶片、苹果叶片。

实验器具：显微镜、镊子、剪刀、刀片、载玻片、烧杯、玻璃板、胶带、注射器、吸水纸、纱布、软毛刷。

实验试剂：无水乙醇-醋酸固定液（3：1）、1%的碘-碘化钾染液、蒸馏水。

三、实验内容、方法

1. 取材、固定

选取具有代表性的新鲜实验材料叶片，分割为（0.5～1）cm×（0.5～1）cm 大小的小块，不立即制片的，置于固定液中抽气固定。

2. 清洁

用清水将叶片表面冲洗干净，用吸水纸迅速吸干表面水分。若叶面附着物较多，胶带不能与表皮紧密黏着时，可用胶带连续重复粘贴叶片，直到粘去附着物后，粘取下表皮。若是固定后的材料，洗涤干净后，用吸水纸擦干表面。

3. 粘贴

将塑料透明胶带拉开 10～15cm，置于玻璃板上，一手持叶片一端，先将叶尖粘贴在胶带上，然后将叶片向叶背面弯曲，逐渐向前推移，使叶片正面与胶带充分接触。为了防止粘贴过程中叶片皱缩，可另一只手用解剖针置于叶片与胶带之间进行调整，使叶片平整地粘贴在胶带上。用镊子柄或载玻片一端沿一个方向在叶片表面轻刮几下，使材料的表皮能够紧密贴合在胶带上。然后将胶带对折过来平整地粘贴在叶片的背面，从折回处将胶带剪断。

4. 分离

用载玻片一端紧贴胶带沿一个方向轻轻挤、刮几下，使叶肉组织分散并与表皮分离。

5. 撕取

分清上下表皮所在的胶面（如一侧表皮的胶带留得稍长些），将胶带缓慢撕开，使表皮平整地黏附在胶带上。

6. 刷洗

将胶带表皮面朝上放在玻璃板或载玻片上，在流水冲洗下，用软毛刷轻轻刷洗表皮，除去多余的组织和附着的叶肉细胞。

7. 染色

将黏附表皮的胶带剪裁后，置于1%的碘-碘化钾染液中染色0.5～1min。

8. 漂洗

染色后，先用自来水冲洗去浮色，再用蒸馏水漂洗干净。

9. 观察

将粘有表皮的胶带，贴于载玻片上，用吸水纸吸干表面的水分直接置于显微镜下或滴一滴水并盖盖玻片后观察、拍照。

四、实验结果、观察

① 棉花、苹果等叶片表皮细胞为不规则的扁平细胞，侧壁凹凸镶嵌、彼此紧密结合，没有细胞间隙。

② 苹果叶片气孔集中分布在下表皮，单位面积上气孔属叶尖与叶缘较多。棉花叶片气孔分布下表皮多于上表皮。

③ 苹果叶表皮具单细胞表皮毛，棉花叶表皮具有单细胞簇生的表皮毛和乳突状腺毛。

④ 对于部分表皮与叶肉结合紧密的材料，可先离析处理后，再进行胶带粘片。

实验3
次氯酸钠法制片观察植物叶片表皮

次氯酸钠具有离析与漂白的作用，可通过离析使叶表皮和叶肉细胞分离而获得叶表皮。次氯酸钠法药品易得、价格低廉、作用温和、该法操作简单并且对环境污染小，是一种常用的制片方法。次氯酸钠离析法可以获得叶片表皮细胞形态的特征，但对凹凸明显的气孔器轮廓无法获得理想的结果。

一、实验目的

了解植物叶表皮显微结构，为研究植物内部结构奠定基础；掌握观察叶片表皮次氯酸钠法制片方法。

二、主要实验材料、器具和试剂

实验材料：鸢尾叶片或麦冬叶片。

实验器具：显微镜、解剖镜、镊子、剪刀、刀片、载玻片、盖玻片、烧杯、玻璃板、注射器、解剖针、吸水纸、软毛刷。

实验试剂：无水乙醇-醋酸固定液（体积比3∶1）、蒸馏水、1%的碘-碘化钾染液、20%次氯酸钠（NaClO）溶液、乙醇梯度、二甲苯、中性树胶。

三、实验内容、方法

1. 取材、固定

选取具有代表性的新鲜实验材料叶片，分割为1cm×1cm大小的小块，置于固定液中抽气固定。

2. 漂白

将固定的材料洗涤干净，切取约$1cm^2$材料放入20% NaClO溶液中，在温箱中35℃下离析或室温浸泡直至叶片完全变白。NaClO溶液浓度视材料特性而定，一般使用10%～50%。

3. 漂洗

材料变白后，从NaClO溶液取出，用蒸馏水清洗数次，彻底洗去表面残留的NaClO溶液。

4. 剥离

漂洗后材料置于洁净的载玻片上，在解剖镜下进行上、下表皮剥离。用解剖针轻轻挑去上表皮，再将叶肉组织轻轻刮去直至只剩下表皮。剥离过程中保持材料湿润，水分过多会影响残存叶肉细胞的剔除，过于干燥易使材料卷曲。剔除叶肉细胞时可用挖耳勺等代替解剖针，避免操作不熟练撕裂材料。

5. 展平

剥离的表皮用蒸馏水冲洗干净，转移至洁净载玻片上蒸馏水滴中，用镊子或解剖针将表皮展平。

6. 染色

用滤纸或吸水纸吸去表皮表面和周围多余的水分，用1%番红溶液滴染2～3min。

7. 漂洗

用蒸馏水洗去材料、液体表面浮色。

8. 脱水

分别用50%、70%、83%、90%、95%、100%系列乙醇梯度冲洗。本步骤除能使叶表皮逐步脱水，还能将与叶表皮表面结合不牢固的番红分子洗去，使其不再退色。用无水乙醇冲洗2～3次进行脱水。脱水时，用吸水纸吸去蒸馏水，然后滴加50%乙醇。2min后用吸水纸洗去50%乙醇，再换70%乙醇，如此依次更换不同浓度乙醇。

9. 盖片

最后一次无水乙醇脱水后，用镊子夹取一片洁净的盖玻片，盖片。

10. 透明

将载玻片倾斜30°，用1/2无水乙醇+1/2二甲苯混合溶液，沿载玻片和盖玻片之间的缝隙冲洗叶表皮数次，冲洗时要确保盖玻片始终盖住叶表皮，防止叶表皮卷曲。最后用二甲苯冲洗数次。用吸水纸将载玻片和盖玻片周围的二甲苯吸去，但不要将缝隙间二甲苯吸去，以免叶表皮暴露在二甲苯之外接触空气，封片后产生气泡。

11. 封片

沿盖玻片一边滴上一滴中性树胶，使其通过狭缝吸力自动完成封片。可在滴树胶的相对一边，用吸水纸将载玻片和盖玻片缝隙间树胶吸出一部分，以加快树胶封片过程。

12. 干燥

封片后放入烘箱烘干或自然晾干。

13. 观察

显微镜下观察、拍照。也可在染色、水洗后，直接水封片进行观察。

四、实验结果、观察

鸢尾表皮细胞为长方形，垂周壁平直；短细胞为单个分布；气孔类型横列型，在表皮上随机分布，气孔保卫细胞的长轴与叶脉平行；叶脉处无气孔分布。

实验4
印痕制片观察植物表皮

印迹法观察叶片表皮微形态应用较多，尤其是对表皮细胞形态、大小，气孔器的组成、形态、密度和气孔的开张大小应用较多。这种方法的好处是操作简单，取材经济方便，可以对活体直接处理，但这种方法对叶片表皮较平整、气孔器不下陷的材料实验效果明显，而对表皮细胞有突起（如麦冬），气孔器下陷的实验材料，无法用此方法观察细胞形态。另外，这种方法观察的只是叶片表皮细胞形态的付型，即观察到的是叶片表面的印迹，而不是叶片表皮细胞。此法对于观察活体叶表皮气孔特性具有优势。

该种方法的优点是胶膜干燥速度快，缺点是薄膜太薄，在取下的过程中薄膜易拉伸变形，背景反差不显著，摄影效果也不佳。

一、实验目的

了解植物叶表皮显微结构，为研究植物内部结构奠定基础；掌握观察叶片表皮显微结构的指甲油、树胶印痕制片方法；学习琼脂糖印痕观察叶片表皮显微结构的方法。

二、主要实验材料、器具和试剂

实验材料：玉米叶片、麦冬叶片、鸭跖草。

实验器具：显微镜、镊子、剪刀、载玻片、盖玻片、培养皿、滴管、双面胶、滤纸。

实验试剂：F.A.A.固定液、无色指甲油、中性树胶、二甲苯、1%番红乙醇染液、1%孔雀石绿染液、琼脂。

三、实验内容、方法

（一）指甲油印痕

1.选材

选定材料，将观察部位用纱布轻轻擦拭干净，除去表层灰尘。

2.涂油

将无色指甲油均匀涂在定位取样的叶片表面。

3.干燥

自然晾干5～15min，晾干时间依据地点（室内、田间）、温度、风速等而定。成型前，可轻轻挤压指甲油涂层，使其与叶片表皮充分接触。

4.接膜

待指甲油涂抹层形成膜并在一侧与叶片有分离时，用镊子夹住分离膜处，小心地顺势撕下已干燥的指甲油膜层。

5.制片

在干净的载玻片上滴一滴蒸馏水，将指甲油膜的下面（与叶片接触的面）平展在水滴中，盖上盖玻片。

6. 观察

置于显微镜下观察、拍照。

（二）树胶印痕

1. 选材

选定材料，将观察部位用纱布轻轻擦拭干净。

2. 备胶

将中性树胶用等量二甲苯制备为50%的树胶备用。

3. 涂胶

滴1～2滴50%树胶均匀涂布在定位观察的叶片表面，使其形成一薄层，并与叶片或茎秆表皮充分接触。

4. 干燥

自然晾干2～3h。野外取样上午涂胶，下午即可干燥。

5. 揭膜

待树胶涂抹层形成膜并干燥后，用贴有双面胶的载玻片将胶膜粘贴撕下，使其牢固粘贴于载玻片上。

6. 观察

置于显微镜下观察、拍照。

（三）琼脂糖印痕

1. 固定

材料使用F. A. A. 固定液固定24h。

2. 洗涤

固定后，将材料取出，彻底清洗去F. A. A. 固定液。

3. 熔胶

称取1.5g琼脂糖溶于100mL蒸馏水中，滴入3～5滴1%番红乙醇染液或1%孔雀石绿染液使琼脂糖着色，反复煮沸2～3次，使琼脂糖完全溶解。

4. 包埋

取1张粘有双面胶的滤纸，将材料用吸水纸吸干水分后粘固在双面胶上展平，放入培养皿中。将冷却至50～60℃的琼脂糖倒入培养皿中，淹没材料，静置凝固（图1）。

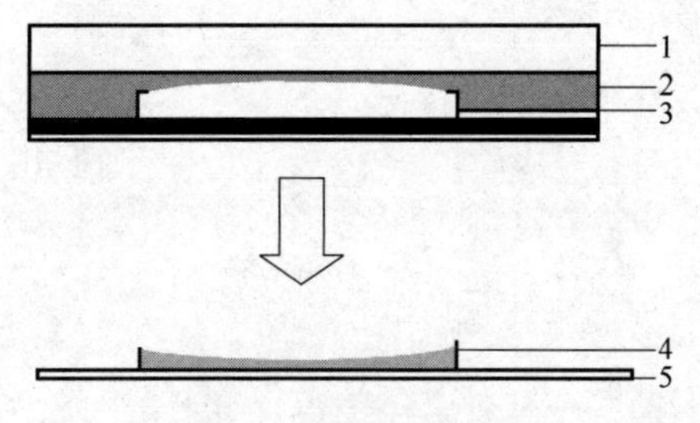

图1　琼脂糖印迹法

1—培养皿；2—琼脂糖；3—植物材料；4—含材料表皮印迹的琼脂；5—载玻片

5. 观察

将培养皿倒置取出琼脂糖凝胶，切取含拓痕的凝胶，将拓痕面朝上放置在载玻片上，在显微镜下观察、拍照。

四、实验结果、观察

① 用指甲油制片法观察麦冬叶片表面结构时，观察到气孔器不清晰，其轮廓很难辨认。

② 用树胶印痕法观察玉米叶片表面结构时，气孔器较为清晰。可清晰分辨长细胞与短细胞，但无法分辨硅细胞、木栓细胞等。

③ 指甲油法观察鸭跖草表皮，气孔分布上表皮少于下表皮，叶片上表皮气孔尖端较少，中部较多，基部不明显；尖端气孔分布于叶脉附近，其它地方少有，中部气孔分布在主脉和分脉附近，脉间偶有分布。下表皮气孔较多且分布较为均匀，基部分布也较多。

实验 5
石蜡切片观察叶片结构

一、实验目的

了解切片技术在植物细胞与组织研究中的作用；学习、掌握石蜡切片制片方法；掌握永久制片的制片过程；学习叶片纵切结构，为研究植物内部结构奠定基础。

二、主要实验材料、器具和试剂

实验材料：小麦叶片、棉花叶片。

实验器具：显微镜、恒温箱、温台、切片机、染色缸、培养皿、烧杯、玻璃板、青霉素瓶、载玻片、盖玻片、镊子、解剖针、毛笔、吸水纸、纱布。

实验试剂：固定液、1%番红的50%乙醇溶液、1%固绿的95%乙醇溶液、乙醇梯度(30%、50%、70%、83%、95%、100%)、粘片剂、二甲苯、蒸馏水、中性树胶、石蜡。

三、实验内容、方法

1. 取样

2. 固定

将材料迅速用无水乙醇-醋酸固定液（50%～100%乙醇：冰醋酸体积比3：1）固定。快速把细胞杀死，使细胞的原生质凝固，尽可能保持原来的结构。良好的杀死剂、固定剂穿透力强，能使细胞立刻死亡，原生质全部凝固而不发生任何变形，且不妨碍染色。

3. 洗涤

用无水乙醇洗去固定液，防止固定液继续留在组织中，使组织破坏。

4. 脱水

水与石蜡不能混合，必须将材料中水分脱去。用无水乙醇脱水，乙醇由低度渐至高度：70%、83%、95%、100%、100%。100%以前各梯度每梯度45min，100%梯度两次，各60min。较大或较致密的材料，时间须延长。如材料色浅，可在95%一级加入少量番红或曙红染色，便于以后辨认材料。

5. 透明

材料脱水后，用二甲苯脱乙醇、透明。

脱水、透明整体乙醇梯度可为70%→83%→(90%)→95%→100%→100%→1/4二甲苯+3/4乙醇→1/2二甲苯+1/2乙醇→二甲苯Ⅰ→二甲苯Ⅱ。

6. 渗透

材料包埋后，外面包蜡，内部所有空隙也都要充满石蜡，需进行石蜡渗透处理。经过脱水透明后，在最后一次二甲苯透明完成后，倒掉青霉素瓶内一半的二甲苯，留1/2弱的二甲苯于瓶内，再往瓶内加满碎蜡，敞口置60℃左右烘箱内，让二甲苯充分挥发；过夜后，用熔好、过滤的澄清石蜡换蜡。每1～2d换一次蜡，换3～4次后即可包埋。

石蜡不宜使用新蜡，新蜡可加少量蜂蜡充分熔化、混匀数次后使用；整个过程石蜡回收重复使用，有杂质时，过滤。渗透时温度不宜过高，防止材料收缩变形。

7. 包埋

将折好的纸盒在背面或侧面做好标记，两手平持纸盒两端，使纸盒保持“长方体”状态，然后青霉素瓶内石蜡连同材料倒入盒内，再适当补充熔好的蜡；趁热用预热的镊子或解剖针将材料摆正，确定切片方向；两手拉平纸盒直至石蜡基本成型后，放入冷水中充分冷却。不宜过早放入水中，一者石蜡冷却收缩，容易形成三角形的蜡块，再者温度过高置入冷水时迅速收缩而将水埋入石蜡中，导致包埋失败。充分冷却成型后，将外包纸撕去即可。

如果包埋处理失败，包埋块呈乳白色并且凹凸不平，要将包埋块置于恒温箱中重新熔化、换蜡包埋。

8. 修快

将蜡块横截面修为矩形，底座可稍宽大，即蜡块各侧面为梯形，每边包材料不少于3mm，较小材料适当多留蜡。修块时不能用力过大，不可用力捏蜡块，也不可“一刀切”，先用刀片环割蜡块，再掰断即可。修边时以1mm为单位修、切。修块的时候务必使刀刃平行的两条边平行。

9. 切片

将修好的蜡块粘到小木块上，固定到切片机上，切片。切片厚度6～12μm。

10. 展片、粘片

在载玻片上滴少量粘片剂，用手指涂匀后滴适量水，将切好的蜡带光滑面贴于载玻片，使浮于水滴上，展片台35～40℃展片，待蜡带完全展平后，吸去多余水分。在展片台上烤片30min后置于30℃烘箱干燥。

11. 脱蜡、复水、染色、透明

玻片烘干后，须将蜡脱去才能染色。脱蜡用二甲苯，再经无水乙醇至蒸馏水复水，进行染色。脱蜡后，经过各级不同浓度的乙醇梯度，由高浓度乙醇至低浓度乙醇，最后至蒸馏水。染色后，必须经过各级乙醇梯度脱水，并经过二甲苯透明后，才能封片。从脱蜡、复水、染色到脱水、透明，这是一个连续的、不可分割的过程，要一气呵成。

二甲苯Ⅰ（约20min）→二甲苯Ⅱ（约30min，以脱掉蜡为止）→1/2二甲苯+1/2乙醇（3min）→100%乙醇（3min）→95%乙醇（3min）→83%乙醇（3min）→70%乙醇（3min）→50%乙醇（3min）→30%乙醇（3min）→蒸馏水（3min）→1%番红（2～4h至过夜）→自来水（洗去多余染料，3min）→蒸馏水（3min）→30%乙醇（3min）→50%乙醇（脱水、脱色，3min）→70%乙醇（3min）→83%乙醇（3min）→95%乙醇（3min）→0.5%固绿（过一下，10～40s）→无水乙醇Ⅰ（3min）→无水乙醇Ⅱ（5min）→1/2二甲苯+1/2乙醇（3min）→二甲苯Ⅰ（3min）→二甲苯Ⅱ（3min）。

过程中注意：①50%乙醇脱色时间需要实践，如脱色不够，绿色难以染好；脱色过分，红色太淡，甚至全是绿色，失掉双重染色的意义。②染色时间并非绝对，依据材料种类、切片厚度而定。可先用少数材料试染，试染成功后再依次大批染色。

12. 封片

把切片从二甲苯中取出，在二甲苯挥发完之前，在材料上滴一小滴中性树胶，盖上盖玻片（图1）。

13. 干燥

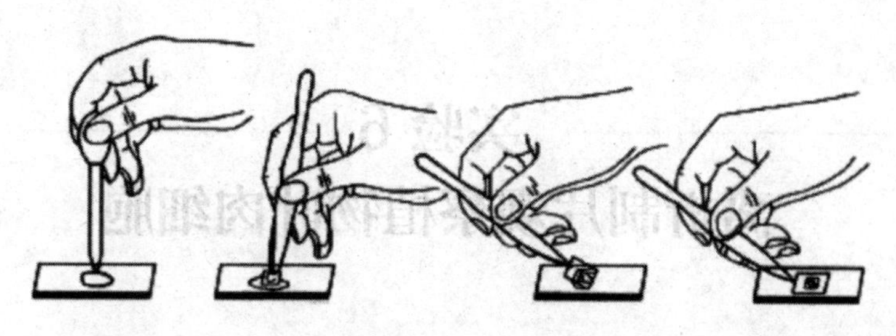

图1 封片

切片封好后，在切片的右侧贴好标签，平放在无尘处自然干燥或者置于烘箱中干燥。待胶干涸后，即可观察。如果有树胶溢出盖玻片，可在干涸后用刀轻轻刮去多余树胶，并用纱布蘸二甲苯擦去多余树胶。

14. 观察

显微镜下观察、拍照。

四、实验结果、观察

① 番红和固绿染色后，木化、栓化和角质化的细胞壁被番红染成鲜红色，纤维素细胞壁被固绿染成绿色。维管束的木质部染成红色，韧皮部染成绿色。

② 叶片纵切后，可观察到表皮、叶肉、叶脉等。

③ 小麦叶肉没有栅栏组织和海绵组织的分化，属于等面叶。叶肉细胞排列为整齐的纵行，细胞间隙小，相邻细胞“峰、谷”相对排列。叶脉为平行脉，主脉与侧脉无明显区别。叶脉由维管束及周围维管束鞘组成，维管束鞘具有两层细胞，外层为薄壁细胞，体积较大，含有叶绿体；内层为厚壁细胞，体积小，几乎不含叶绿体。木质部位于上方，韧皮部位于下方。

④ 棉花叶肉细胞分化为栅栏组织和海绵组织，为背腹叶。栅栏组织靠近叶表皮，由一层圆柱形细胞组成，细胞长径与表皮成垂直方向整齐排列如栅栏；细胞内还有大量叶绿体；叶肉中分布有分泌腔。海绵组织位于栅栏组织与下表皮之间，细胞不规则形状，向叶表面平行方向伸长，细胞间隙发达，含少量叶绿体。气孔内侧的叶肉细胞形成气孔下室，与细胞间隙相连构成叶片内部通气系统，并通过气孔与外界相通。叶各级叶脉不同，叶脉越分越细，结构也越来越简单，形成层、机械组织、木质部与韧皮部先后减少甚至消失；主脉由机械组织、薄壁组织、维管束组成。机械组织位于叶脉表皮下，为厚角组织，并使主脉在叶背面显著突起；机械组织内侧为薄壁组织，其内分布维管束；维管束木质部在上、韧皮部在下，两者之间有少量分裂能力较弱的形成层。

实验6
离析制片观察植物叶肉细胞

离析法利用酶或者化学试剂使细胞彼此分离，可用于单个细胞或单个完整结构的制备、观察。通过离析液处理植物材料，使其组织、细胞相互分离，实现对单一组织、单一细胞的观察。

一、实验目的

了解植物叶肉组织显微结构，为研究植物内部结构奠定基础；掌握观察叶片叶肉细胞的离析制片方法。

二、主要实验材料、器具和试剂

实验材料：小麦叶片。

实验器具：显微镜、解剖镜、电子天平、镊子、剪刀、刀片、载玻片、盖玻片、解剖针、具塞玻璃瓶、量筒、100mL容量瓶、玻棒、滴管。

实验试剂：F. A. A. 固定液、氧化液、水解液、分离液、悬浮液、酸性甲苯胺蓝、蒸馏水、重蒸水。

三、实验内容、方法

1. 试剂配制

(1) 氧化液　称取重铬酸钾1.5g、重铬酸铵1.5g，重蒸水溶解后定容至100mL。

(2) 水解液　分别配制甲乙两液，用时将甲乙两液等量混合。

① 甲液　量取浓硝酸6mL用重蒸水定容至100mL。

② 乙液　浓硫酸16mL，浓甲醛16mL，用重蒸水定容至100mL。

(3) 分离液　量取浓硫酸8mL、浓硝酸3mL，分两次加入70～80mL重蒸水中，再称取铬酸2g，溶解到溶液中，最后用重蒸水定容至100mL。也可直接将2g铬酸溶解到89mL重蒸水中，再缓慢加入浓硫酸、浓硝酸。

(4) 悬浮液　纯甘油15mL用重蒸水定容至100mL，并加入甲醛1～2滴。

2. 取样

3. 固定

以F. A. A.（70％乙醇：甲醛：冰醋酸＝90：5：5；体积比）抽气固定，固定24h。

4. 洗涤

先用70％乙醇洗去固定液，再经过50％乙醇过渡到蒸馏水漂洗，彻底漂洗干净。

5. 离析

将材料转入氧化液，氧化12h后，再转入水解液12h，之后再用分离液处理，3h后开始取样检查分离效果，至可用解剖针完全分散开即可，避免长时间分离使多环细胞断裂。

6. 洗涤

完全分离后立即用蒸馏水冲洗，彻底洗去分离液。

7. 保存

转移置于 70%乙醇中保存，在 4℃下可以长期保存。

8. 分散

在载玻片上滴 2 滴悬浮液，用解剖针或镊子取少量离析好的材料置于悬浮液中，用解剖针或镊子尖在解剖镜下将材料组织细胞完全分散开来。分散时，用解剖针轻轻敲打材料，不可用镊子钝端大力敲击或刀片切割，致使多环细胞断裂。

9. 染色

细胞充分分散开后，滴加 0.5%酸性甲苯胺蓝染色。

10. 盖片

11. 观察

显微镜观察、拍照。统计不同环数叶肉细胞的数目并计算各个环数所占比例；测量统计其中细胞的平均平面面积和周长，并且据环数比例的统计，取所占比例最大的一类，取 50 个细胞，在显微镜下拍照，并测量统计细胞的长轴长度、短轴长度、表面积以及周长；调整显微镜焦距，在不同光平面下拍照，统计每个细胞内叶绿体的数目。

四、实验结果、观察

① 单个的小麦叶肉细胞细胞壁向内皱褶，形成“峰、谷、腰、环”的多环结构。细胞环数在 1 环至 10 环，少数 10 环以上，在旗叶中可观察到 16 环的细胞，而各叶 3～5 环为最多。“峰、谷、腰、环”在不同的平面各有起伏。

② 从未分散开的部分可观察到小麦叶肉细胞排列为整齐的纵行，细胞间隙小。相邻细胞“峰、谷”相对排列。

③ 叶绿体多沿褶皱壁边缘排列。

④ 小麦叶肉细胞的环数随叶位的上升而增加，旗叶的叶肉细胞比低叶位的叶肉细胞短而宽，环数增多。

实验 7
小麦茎结构徒手切片

徒手切片是用手持剃刀或保安刀片，将新鲜材料或预先固定好的材料（切前水洗）切成薄片，不经染色或经简单染色用水封片作临时观察，必要时经镜检后可选择好的薄片经过制片各步骤，制成永久玻片标本供长期使用。此方法优点是不需要复杂的设备，方法简便，制片迅速，而且能观察到植物组织的天然色泽和活体结构，常用于研究植物解剖结构、细胞组织化学成分、植物资源鉴定等，同时也是进行石蜡制片之前科学选材的一种常用简易制片方法。

一、实验目的

了解植物茎显微结构，为研究植物内部结构奠定基础；掌握观察植物显微结构的徒手切片方法；学习番红-固绿对染方法。

二、主要实验材料、器具和试剂

实验材料：小麦茎秆、玉米茎秆。

实验器具：显微镜、镊子、载玻片、盖玻片、剃刀、保安刀片、培养皿、吸水纸、纱布块、烧杯、擦镜纸、毛笔。

实验试剂：F. A. A. 固定液、1%番红水溶液、1%固绿乙醇溶液、乙醇梯度、二甲苯、蒸馏水、中性树胶。

三、实验内容、方法

1. 取材

选取所要观察材料段。

2. 固定

若不能立即切片，及时固定。如用 F. A. A. 固定液固定。

3. 清洗

材料用蒸馏水冲洗去表面黏着物、F. A. A. 固定液。

4. 切片

左手拇指、食指与中指夹住材料，距端 2～3mm，松紧适度，右手平稳持刀片并与材料垂直，刀口向内并与材料切口保持平行，用右手的臂力自左前向右后均匀拉切。连续切数片后，将刀片放在培养皿水中晃动使切片漂浮水中。质地较软而薄的材料如叶片，可沿主脉两侧切成宽 5～6mm、长 1～1.5cm 的小块，夹在支持物如萝卜、胡萝卜、马铃薯块茎或通心草等中进行切片。使用支持物时要先将支持物切成 3～5cm 长、0.5cm 宽的立方体小块，将其中部纵切一缝，然后将修整好的材料夹入其中与支持物一起切片。

5. 选片

低倍镜下挑选培养皿内薄且透明、组织结构完整的切片。

6. 染色

选取的材料用蘸水的毛笔蘸取到载玻片上，番红滴染或小培养皿中染色。

7. 漂洗

将切片置于蒸馏水中漂洗数次至洗去浮色。

8. 对染

加一滴1%固绿染液，复染20～30s。水洗去浮色。

9. 封片

可在染色后在切片上滴一滴10%的甘油，再盖上盖玻片。加甘油增强切片透明度和避免切片失水变干、变黑。

此时，可做临时观察，若要制成永久制片，番红染色后，进行以下步骤。

10. 脱水

依次滴少许30% →50%→70%→83%→95%等各级乙醇各0.5min进行脱水，每滴一滴乙醇后将废液倒入废液培养皿中，注意防止材料掉入废液中。

11. 对染

倾去95%乙醇后，加一滴1%快绿（或固绿）乙醇液，复染20～30s，再滴以95%乙醇或用无水乙醇洗去浮色。

12. 透明

脱水后经1/2无水乙醇+1/2二甲苯→二甲苯Ⅰ→二甲苯Ⅱ，每次2～5s，使材料完全透明。若材料出现乳状浑浊，则说明脱水不净，需再用无水乙醇脱水，按原步骤透明。

13. 封片

透明后保持二甲苯不挥发（若已挥发应再滴一小滴二甲苯），滴一小滴中性树胶于材料上，加盖玻片封片。

14. 干燥

置载玻片于30～35℃恒温箱中烘干，或自然晾干。

15. 观察

显微镜下观察、拍照。

四、实验结果、观察

① 小麦茎秆最外层为细胞排列紧密的表皮，表皮下面有3～5层纤维细胞组成的纤维组织带即下皮层，其中分布有少数薄壁细胞群即同化组织。薄壁细胞越靠近中心，细胞越大，维管束分布其间。小麦维管束规则地排列成两圈，外围维管束较小，嵌埋于下皮层的纤维组织带中；内圈维管束呈圆形或椭圆形，由1～9层纤维细胞组成维管束鞘细胞包围，并分散排列在基本薄壁组织内。中央为髓破裂形成的髓腔。

② 大型维管束为一般的闭合外韧型，以其木质部对向茎的中央，其主要的导管排列成“V”字形。原生木质部位于“V”字的尖端部分，有一个或两个环纹或螺纹导管。两个孔纹导管具有较大的细胞腔，位于“V”字的左右。介于导管之间为细小的管胞。维管束的韧皮部由筛管及伴胞所组成，位于“V”字开展部分，并略有扩展。每一大型维管束为一纤维坚实组织的鞘所包围，此鞘与下皮层中包埋的细小维管束的坚实组织之间无明显的区分。下皮层内的维管束比茎内部的要小，茎秆下部节间的维管束比上部节间的多。从茎秆节间的切面中，可以看到所有在下皮层中的细小维管束，以及一些靠近它的小维管束皆来自其上部叶鞘。较大的维管束，有一半来自叶鞘，另一半来自上部的节间。

实验8 胞间连丝制片观察

胞间连丝是穿过相邻细胞的胞间层和初生壁的原生质丝。一般植物组织的制片，在普通光学显微镜下很难观察到它们的存在。即使材料选用得当，但制片方法欠佳，胞间连丝仍会隐而不显。常用于胞间连丝的制片材料有柿、君迁子、马钱子、枣或椰子等种子的胚乳。

一、实验目的

熟悉植物胞间连丝结构、功能；掌握胞间连丝染色、制片方法。

二、主要实验材料、器具和试剂

实验材料：柿的成熟种子。

实验器具：显微镜、切片机、载玻片、盖玻片、镊子、剪刀。

实验试剂：10%甲醛、乙醇梯度、还原剂（焦性没食子酸＋10%甲醛）、乙醚、硝酸银水溶液、氨银溶液、蒸馏水、二甲苯、中性树胶、石蜡、甲基蓝。

氨银溶液：滴加氨水于2%硝酸银水溶液中，轻摇溶液，使氨水均匀扩散，溶液渐由澄清变为浑浊；继续滴加氨水，直至溶液开始转回澄清为止。这时，Ag^+就与NH_3结合成较稳定的银氨络离子，硝酸银水溶液就成为氨银溶液了。

三、实验内容、方法

（一）镀银制片

1. 取材

柿核（成熟的种子），其胚乳细胞近似棱柱状，呈辐射状排列；相邻细胞侧壁的横剖面有许多胞间连丝相通，彼此排列成纺锤状；纵剖面有数量较少的胞间连丝，彼此横向并列。因此，取材时应自柿核顶部或四周沿表面平行方向，切成厚2mm左右的小块。

2. 固定

用10%福尔马林液固定完整的柿核（可刮去部分种皮），固定一周，厚2mm以下的小材料块，固定12～24h即可。

3. 脱脂

柿核含有丰富的油脂，对胞间连丝染色有一定的影响。材料固定后，经95%乙醇、无水乙醇、乙醚无水乙醇（体积比，1∶1）、乙醚、无水乙醇、50%乙醇、蒸馏水去油脂。每级中停留1～2h，但在乙醚中应多浸一些时间，1d以上较好，而且应换一两次乙醚，这样使油脂彻底脱去，以利镀银。

4. 浸染

浸染方法有两种，一种是用硝酸银水溶液浸染，另一种是用氨银溶液浸染。

① 用2%硝酸银水溶液浸染，需用棕色瓶装，置35℃恒温箱内浸染5～7d，中途换一次

新液。浸染时间长一点效果较好。一般浸染 7d，有时浸到 10d。

② 氨银溶液浸染　先将材料浸入 1%氨水中 6h，然后用氨银溶液浸染 7d 左右。

5. 还原

材料用蒸馏水浸沉一下，立即放入还原剂内，置于室温下还原 2d。

6. 漂洗

用蒸馏水浸泡漂洗 4h。

7. 检材

徒手切片检查，选用符合要求的材料块，此时，材料细胞壁呈棕黄色，胞间连丝呈黑色。

8. 切片

材料不经浸蜡，直接包埋于石蜡中，然后用旋转切片机切片。切片厚 15μm。由于材料不经过浸蜡，所以切出的材料很容易与包埋的石蜡分离。因此，可用小镊子将切片材料从蜡带中挑选出来，无需与蜡分离或脱蜡。

9. 脱水、透明、封固

按常规方法进行。

（二）徒手切片

1. 取材

取新鲜的柿的种子，蒸馏水洗净外层附属组织。

2. 切片

利用徒手切片法，将胚乳部分用刀片切成薄片。

3. 染色

先将切片置于碘液中，再浸入碘氯化锌溶液中，染色 12h。

4. 洗涤

先用自来水冲洗，再用蒸馏水漂洗，洗去多余染液。

5. 复染

将切片移到甲基蓝溶液中，染色 2min。

6. 盖片

染色后，用蒸馏水洗去浮色，置于载玻片上水滴中，盖片。

7. 观察

在显微镜下观察、拍照。

四、实验结果、观察

① 低倍镜下，柿胚乳主要由多角形的细胞构成，细胞壁明显增厚，细胞腔较小。

② 相邻细胞加厚的细胞壁上，有暗色的细丝，即为胞间连丝，它们将两细胞原生质体联系起来。

实验 9

解剖法分离禾本科植物胚囊

胚囊位于胚珠内，被珠被与珠心组织重重包围，胚珠外方又有子房壁包裹。因此，卵细胞及其它胚囊成员细胞的分离，一般先用人工解剖法除去子房壁，然后以胚珠为单位分离出胚囊，解剖法分离禾本科植物胚囊的特点主要是在解剖镜下依靠手工解剖胚珠，剥除胚珠孢子体组织，可将胚囊单独挑出制成永久片。一般均需要预处理：Forbes（1960）用解剖法研究雀稗属（*Paspalum*）植物子房中多胚囊的现象，用的是 Pectinol 100-D，苏联研究者多利用蜗牛胃液中的细胞解糖酶。使胚珠细胞适度解离的同时，还必须染色（醋酸洋红、海氏苏木精或福尔根染色和爱氏苏木精复染等），以利在解剖时辨别胚囊。

一、实验目的

了解植物胚囊显微结构，为研究植物内部结构奠定基础；掌握解剖法分离禾本科植物胚囊的技术；掌握希夫试剂染色与苏木精染色方法。

二、主要实验材料、器具和试剂

实验材料：授粉前、后的玉米果穗（果穗中部子房）。

实验器具：显微镜、载玻片、盖玻片、烧杯、镊子、剪刀。

实验试剂：F. A. A. 固定剂、蜗牛胃液（收集蜗牛的胃液，经过滤后保存在冰箱中）、酒精梯度、希夫试剂、亚硫酸漂洗液、爱氏苏木精染液、醋酸洋红染液、1mol/L 盐酸、5mol/L 盐酸、二甲苯、中性树胶。

三、实验内容、方法

1. 固定

剥取玉米雌穗小穗，用 F. A. A. 固定 24h，洗涤后保存于 70%乙醇中备用。

2. 漂洗

将固定保存的小穗在蒸馏水中漂洗 10～30min，洗净乙醇。

3. 水解

室温条件下，用 1mol/L 盐酸将材料水解 1h，然后转入 5mol/L 盐酸水解 1.5h，再转入 1mol/L 盐酸水解 1h。

4. 染色

将水解处理后的小穗置于希夫试剂中，在 2～4℃条件下染色 15～20h。

5. 漂洗

将染色后的材料用亚硫酸漂洗液漂洗 3 次，每次 20min。

6. 水洗

自来水冲洗 30～60min，洗净漂洗液。

7. 复染

爱氏苏木精复染。

8. 水洗

用蒸馏水漂去浮色，再换蒸馏水漂洗 30～60min。

9. 剥离

洗净后的小穗置于培养皿中或载玻片上，滴适量水保持湿润，在解剖镜下从小穗中解剖出子房。

10. 酶解

将剥离的子房小心转入蜗牛胃液中，室温下酶解约 24h。

11. 解剖

酶解的子房置于蒸馏水中，在解剖镜下用解剖针小心解剖出胚囊。在载玻片上加 1～2 滴蒸馏水，将胚囊转入水滴并使之悬浮其中。

12. 脱水、透明

在解剖镜下用吸管将胚囊转移到载玻片上的潮湿滤纸（2cm×2cm）上，在滤纸一侧滴 30%酒精，在另一侧用干滤纸吸去多余溶液。约 10min 后，再滴 50%乙醇，同样在另一侧吸去多余溶液。如此逐一经 70%、83%、95%和 100%酒精脱水后，再经 1/2 无水乙醇＋1/2 二甲苯、二甲苯Ⅰ、二甲苯Ⅱ透明。

13. 封片

用细玻璃棒蘸取浓的中性树胶，黏附胚囊，并转至滴有树胶的载玻片上，封片。

14. 观察

待制片干燥后，进行观察。

四、实验结果、观察

解剖过程中，胚囊比周围珠心组织着色深，从而区别出来。授粉 48h，玉米胚开始变为球形；授粉 7d，变为鱼雷形；授粉 15d，叶原基、胚根鞘形成。

实验10
压片法分离植物胚囊

Bradley（1948）首先采用压片法分离烟草和矮牵牛的胚囊，详细介绍了该法的操作与经验。此后研究人员用该法研究高粱的无融合生殖与有性生殖过程。类似技术也用作若干植物大孢子母细胞减数分裂的研究。胚珠细胞结合紧密，一般外力难以使之分散，必须采用盐酸水解等预处理方法。同时，还要采取措施尽量减少胚囊破损，如在固定剂中加入大量氯仿，以及加热处理等，然后才能依靠机械压力使胚珠组织散开，分离出胚囊。

一、实验目的

学习压片法分离植物胚囊制片技术；熟悉醋酸洋红染色方法。

二、主要实验材料、器具和试剂

实验材料：烟草。

实验器具：显微镜、解剖镜、镊子、剪刀、载玻片、盖玻片、塑料棒。

实验试剂：卡诺固定剂（氯仿 400mL、无水乙醇 300mL 和冰醋酸 100mL）、4%铁明矾水溶液、50%盐酸、铁-醋酸洋红（过量洋红溶于 45%醋酸，加热回流 4h，冷却后过滤；每 25mL 染液加入 5～10 滴溶于 45%醋酸的醋酸铁饱和溶液）。

三、实验内容、方法

1. 取样

选用即将开放的花蕾，解剖镜下用解剖针与镊子小心剥出子房。如欲分离不同发育时期的胚囊，应采集大小不等的花蕾。

2. 固定

子房剥离后，立即投入卡诺固定液中固定 12h。

3. 加热

固定后的子房置于滤纸上，吸去多余固定剂，转入 4%铁明矾溶液，迅速加热并保持 75℃，处理 3min；放入 75℃蒸馏水中 2 次，每次 2min，最后加冷水，在冷水中 2～3min 降温。

4. 解离

处理后的子房转入 50%盐酸中水解 10min，如胚珠较大，需延长水解时间。

5. 水洗

蒸馏水漂洗 20min，至彻底洗去残余盐酸。

6. 剥离

用滤纸吸去多余水分，将子房置于滴有铁-醋酸洋红的载玻片上。在解剖镜下小心剖出胚珠（每片 50～100 胚珠），弃去其他组织。

7. 压片

用塑料棒（如牙刷柄，注意不用铁器）轻轻上下敲击，不要有涂抹动作，直至细胞充分离散，再加上盖玻片；或先加上盖玻片，而后轻轻压片。做成临时装片。

8. 镜检

显微镜下观察、拍照。

四、实验结果、观察

烟草的胚囊是由大孢子发育而成的。大孢子经过 3 次有丝分裂形成 8 个核，即大孢子经过第一次分裂形成 2 个核，两核逐渐分裂，接着进行第二次分裂，形成了 4 个核，每端各 2 个，第三次分裂之后，就形成了 8 核的胚囊。由于烟草的胚囊很小，因此 8 个核挤在一起。随着胚囊的伸长，8 个核才逐渐移向两端，然后两端各有一个核移向中央。在成熟的胚囊中有 8 个核，构成 7 个细胞，即珠孔端的 1 个卵细胞、2 个助细胞、合点端的 3 个反足细胞和中央的 1 个含有 2 个核的中央细胞。在成熟的胚囊中 3 个反足细胞最早消失，2 个极核最明显，也较大。当受精时，极核移向珠孔端，靠近助细胞和卵细胞。最复杂的是珠孔端 3 个细胞，刚形成 8 个细胞时卵细胞为卵圆形，助细胞在卵细胞的两侧，助细胞靠近珠孔端的一端较小，合点端的一端较大，状如梨形，珠孔端的细胞质浓厚，但液泡不明显，合点端有 1 个大的液泡，细胞核靠近珠孔端。当胚囊成熟将要受精时，卵细胞长大变成近似圆形，整个卵细胞伸向合点端，卵细胞的原生质稀薄，液泡几乎占据整个细胞，把细胞质推向四周，细胞核移向合点端。2 个助细胞也发育长大，原来较大的一端，更膨大并且有一个大液泡，原生质被推向周围，珠孔端的原生质浓厚，细胞核靠近中央。由于卵细胞的长大，助细胞移向卵细胞一侧，因此卵和 2 个助细胞呈品字形的三角排列关系。卵器的珠孔端可以看到有丝状器。

实验11
酶解法分离植物胚囊

酶解法主要利用酶的解离作用，并与振动相结合使胚珠组织散开，无需压片或徒手解剖，将完整胚囊分离出来。解离可用果胶酶与蜗牛胃液中的细胞解糖酶或果胶酶与纤维素酶的组合。此法不仅适用于多种类型的植物，也可分离不同发育时期的胚囊。已有人成功从烟草、紫菜薹、蚕豆、泡桐、芝麻、金鱼草、向日葵、龙葵等植物中分离胚囊。

一、实验目的

学习酶解法分离植物胚囊制片技术；熟悉相差显微镜观察技术。

二、主要实验材料、器具和试剂

实验材料：芝麻、泡桐幼小花（观察大孢子发生），烟草开放的花（分离成熟胚囊），金鱼草受精后的花（观察胚乳发育初期的胚囊）。

实验器具：显微镜、离心机、混合器、载玻片、盖玻片、镊子、剪刀。

实验试剂：F. P. A. 固定液（甲醛 5mL、丙酸 5mL 和 50％乙醇 90mL）、果胶酶（1.5％、3％、2％）、纤维素酶（1.5％、3％、1％～1.5％）、乳酚甘油（乳酸 20mL、酚 20mL、甘油 40mL 和蒸馏水 20mL）、乙醇梯度、丙酸洋红（2％洋红加热溶于 45％丙酸中，过滤）、蒸馏水。

三、实验内容、方法

1. 取样、固定、保存

剥离胚珠，于 F. P. A. 固定液中固定 1～2d，洗涤后换入 70％乙醇，贮存于 4℃冰箱中备用。

2. 复水

固定后的胚珠经 50％、30％乙醇下行至蒸馏水。换水数次并在其中过夜。

3. 酶解

果胶酶与纤维素酶混合液酶解胚珠。酶的浓度与酶解时间因植物材料而异：芝麻与烟草用 1.5％果胶酶与 1.5％纤维素酶；泡桐用 3％果胶酶与 3％纤维素酶；金鱼草用 2％果胶酶与 1％～1.5％纤维素酶。将离心管安放在微型混合器上，28～30℃保温条件下连续振动 5～6h（金鱼草仅需 2～3h）。如胚珠组织不够离散，用吸管适当补行振荡，直至大部分胚珠分散成悬浮状态。

4. 水洗

加入适量蒸馏水，离心 3～5min，弃去上清液。再水洗、离心 2 次，弃去上清液。

5. 透明

向材料中滴入乳酚甘油，静置 3～5h。

6. 离心

离心，除去多余的乳酚甘油液。

7. 染色

不需染色即可制片。如欲染色，用丙酸洋红与乳酚甘油等量混合，代替乳酚甘油，兼有透明与染色双重作用。

8. 盖片

将已透明的材料滴于载玻片上，加上盖玻片。

9. 观察

将制片置于显微镜下观察、拍照。

四、实验结果、观察

使用干涉显微镜或相差显微镜观察胚囊，无论染色与否，效果均比普通显微镜好。前二者各有特色。用干涉显微镜观察的胚囊有明显的浮雕感，可突出表现胚囊内某个特定的光学平面。相差显微镜下，胚囊及其组成细胞的轮廓清晰，透视亦较好。由于制片内存在大量体细胞，要善于鉴别胚囊。根据其特有的形态、结构及其他特征，一般不难分辨各时期的胚囊。

实验12 松属花粉粒制片

松属雄球花（小孢子叶球）生于当年新枝基部的鳞片叶腋内。每一雄球花由许多小孢子叶螺旋状排列在球花轴上构成。小孢子叶背面各生 2 个小孢子囊，囊内有许多小孢子母细胞，经减数分裂形成 4 个小孢子。小孢子外侧向两侧突出形成气囊，利于风力的传播。

一、实验目的

学习花粉粒制片技术；学习松属花粉发育特征及显微结构。

二、主要实验材料、器具和试剂

实验材料：马尾松雄球花。

实验器具：显微镜、解剖镜、载玻片、盖玻片、滴管、培养皿、镊子、剪刀、解剖针。

实验试剂：F. P. A. 固定液、爱氏苏木精染色液、1%苯胺番红乙醇液、乙醇梯度、二甲苯、中性树胶、蒸馏水、0.5%盐酸乙醇、0.1%和 0.3%固绿无水乙醇。

三、实验内容、方法

1. 取材

当小孢子叶球成熟，花粉囊呈黄色，在花粉囊壁尚未破裂时取下小孢子叶球。

2. 固定

置于 F. P. A. 中固定 24h。

3. 漂洗

依次浸入 70%、50%、30%乙醇及蒸馏水中漂洗，每级漂洗 2h 左右。

4. 染色

解剖镜下用镊子取下带花粉囊的小孢子叶，浸入爱氏苏木精染色液内染色 24h。

5. 分色

蒸馏水漂洗 1h，用 0.5%盐酸乙醇分色，再用蒸馏水漂洗 4～6h，换水数次。至水中无染液逸出后，移入自来水中蓝化 2～12h。

6. 复染

材料用 1%苯胺番红乙醇染液复染 12～24h。

7. 脱水

材料经过各级乙醇梯度脱水至无水乙醇，每级 1h。

8. 复染

经 0.3%固绿无水乙醇染色液复染 20min。

9. 分色

分别经过 0.1%固绿无水乙醇溶液、0.1%固绿的 1/2 无水乙醇＋1/2 二甲苯溶液分色，各 10min。

10. 透明

三次二甲苯，每次 20min 以除净花粉粒中的无水乙醇。若花粉粒中有乙醇残存，不但透明较差，而且时间过久会引起退色。

11. 取粉

将小孢子叶放在盛有二甲苯的小培养皿内，用解剖针撕裂花粉囊壁，漂洗出花粉粒。

12. 封片

用滴管将花粉粒吸入树胶中混合均匀，然后以细滴管沾含花粉粒的树胶一滴置于载玻片中央，加盖盖玻片。

13. 观察

干燥后，置于显微镜下观察、拍照。

四、实验结果、观察

① 花粉粒壁上的网纹呈红色，两侧的气囊体（翅）呈淡蓝绿色。细胞核呈紫蓝色，其余部分呈浅紫色。

② 小孢子囊内小孢子经过 3 次不等分裂形成具有 4 个细胞的花粉粒。第一次分裂产生 1 个大的胚性细胞和 1 个小的第二原叶细胞；胚性细胞再经过不等分裂产生 1 个大的精子器原始细胞和 1 个小的第二原叶细胞；精子器原始细胞经过不等分裂产生 1 个大的管细胞和 1 个小的生殖细胞。原叶细胞退化，观察不明显。

实验13

棉胚乳整体制片

一、实验目的

观察核型胚乳游离核分裂与细胞壁的形成过程。

二、主要实验材料、器具和试剂

实验材料：棉幼果。

实验器具：显微镜、温台、培养皿、载玻片、盖玻片、青霉素瓶、细画笔。

实验试剂：酒精梯度、波茵固定液、2%铁矾溶液、4%铁矾溶液、0.5%苏木精染液、二甲苯、中性树胶。

三、实验内容、方法

1. 取样

在棉花盛开时采取棉幼果。当苞片长于子房时，为胚乳游离核时期；苞片长度与子房等长时，为游离核有细胞壁形成，这两种情况都是整体制片的好材料；如子房长度超过苞片，胚乳细胞明显增多不为一层时，只适用于作为石蜡切片的材料。

2. 固定

用波茵液（Bouin's fluid）固定 24h，并作保存液。

3. 剥取胚乳

选择大小适当的种子，漂洗去固定液，用尖刃手术刀片将种子纵剖为两半，以细画笔从剖面轻轻挑出白色半透明状的胚乳，再用细画笔尖转移至盛有蒸馏水的小培养皿中。

4. 粘片

取一片载玻片置培养皿蒸馏水中，用细画笔拨动胚乳呈平展状态，将载玻片带水斜着提起并使胚乳移至中部，然后倾去多余水分，固定材料位置，再将载玻片置 30～40℃温台上烤干，此时胚乳便紧贴于载玻片上。

5. 媒染

将载玻片平放，用4%铁矾溶液滴染 10min，或放入立式染色缸中媒染。

6. 水洗

用自来水流水缓慢冲洗 10min，再经蒸馏水漂洗 2min。

7. 染色

用0.5%苏木精染液染色 10～20min。

8. 水洗

载玻片用自来水流水冲洗 5min。

9. 分色

将载玻片转入2%铁矾溶液分色，镜检确定适合程度。

10. 蓝化

分色后，自来水流水冲洗约20min蓝化后，蒸馏水漂洗。

11. 脱水、透明

载玻片依次经过30%、50%、70%、83%、95%、100%、100%各级乙醇对材料脱水。然后经过1/2无水乙醇+1/2二甲苯、二甲苯Ⅰ、二甲苯Ⅱ透明。

12. 封片

透明后，在二甲苯挥发完之前，用中性树胶封片。

13. 观察

制片干燥后置于显微镜下观察、拍照。

四、实验结果、观察

染色体、核仁深蓝色，其余部分为淡蓝色。

实验14 橘果皮分泌腔制片

分泌腔（secretory cavity）为多数细胞聚集所形成的一个球状腔隙，腔隙中充满分泌物。这种腔隙的形成有两种情况：一种情况是由细胞间隙扩大形成的，分泌物充斥于间隙中，而四周的分泌细胞则较完整，如此形成的分泌腔称为离生性分泌腔；另一种情况是由多数聚集的分泌细胞本身破裂溶解而形成的，因此，分泌腔四周的细胞则较破碎，如此形成的分泌腔，称为溶生性分泌腔。溶生性分泌腔的结构的观察，若采用石蜡或火棉胶切片法，分泌腔中的油滴往往在制片过程中被有机溶剂溶去。因此，可用徒手切片、石蜡假包埋切片或冰冻切片、苏丹Ⅲ染色制片法。

一、实验目的

学习橘皮分泌腔制片技术；学习植物分泌腔结构特征；掌握徒手切片技术。

二、主要实验材料、器具和试剂

实验材料：新鲜橘皮。

实验器具：显微镜、镊子、载玻片、盖玻片、剃刀、保安刀片、培养皿、吸水纸、纱布块、烧杯、擦镜纸、毛笔。

实验试剂：苏丹Ⅲ染色液、爱氏苏木精染色液、20%甲醛固定液、乙醇梯度、蒸馏水、甘油、中性树胶。

三、实验内容、方法

1. 取材

选无病虫害、组织结构紧密的果皮，清洗干净后，切成5mm×5mm的小方块。

2. 固定

将材料投入20%甲醛固定液中，固定24～48h。

3. 洗涤

蒸馏水漂洗1～2h，彻底洗去固定液。

4. 切片

用徒手切片法作纵切（取径切面）切片。

5. 浸片

选择切好的薄片，浸入50%乙醇中，浸泡5min。

6. 染色

将切片浸于苏丹Ⅲ染色液内，置37℃温箱内染色1h，或置于室温下染色24h。

7. 漂洗

材料染色后，用50%酒精漂洗2min。

8. 复染

爱氏苏木精染色液染色2h。

9. 蓝化

蒸馏水漂洗片刻，洗净切片上残余的染色液。然后浸入自来水或微碱性清水中1h以上，使切片由淡紫色转为淡蓝色。

10. 脱水、透明、封片

将切片移入10%甘油内，置于35℃下2～3d，使水分蒸发后，用磁漆沿盖玻片边缘密封。

四、实验结果、观察

细胞壁、原生质及分泌腔的内含物呈淡蓝色或浅紫红色，其中细胞内及分泌腔内的脂类物质呈橘红色或红色。

实验15
石蜡切片观察植物线粒体

线粒体普遍存在于活细胞的细胞质中，是直径0.2～1μm、长1～2μm的线状、杆状及颗粒状的无色小体。活体直接放在显微镜下观察，很难获得清楚的物像；用詹纳斯绿B溶液做活体染色，线粒体可染成蓝绿色而清晰地显现出来。线粒体的永久玻片标本的制片法可用Regaud染色法进行染色观察。制片过程中，含乙醇和酸类的固定剂会溶毁线粒体，适用的固定液为重铬酸钾甲醛液。

一、实验目的

掌握石蜡切片制片技术；掌握线粒体制片、染色技术。

二、主要实验材料、器具和试剂

实验材料：绿豆胚根。

实验器具：显微镜、恒温箱、温台、切片机、染色缸、培养皿、烧杯、玻璃板、青霉素瓶、载玻片、盖玻片、镊子、解剖针、毛笔、吸水纸、纱布。

实验试剂：重铬酸钾甲醛固定液（3%重铬酸钾水溶液80mL＋中性甲醛20mL）、3%重铬酸钾水溶液、4%铁明矾水溶液、0.5%苏木精染色液、2%铁明矾水溶液、乙醇梯度（30%、50%、70%、83%、95%、100%）、粘片剂、二甲苯、蒸馏水、中性树胶、石蜡。

三、实验内容、方法

1. 取材

绿豆初萌发出的幼根，细胞内的线粒体很多，且不含质体和晶体。取材时，选择粗壮平直的幼根，用刀片自根毛区切下长6～8mm的根尖放入固定液中。

2. 固定

抽气后，材料浸入固定液中固定4d，每天更换新液1次。

3. 脱醛

将材料移入3%重铬酸钾水溶液内5～7d，每天更换新液1次，以完全洗净甲醛并兼有媒染作用。

4. 漂洗

材料用蒸馏水浸泡、漂洗24h，彻底洗去重铬酸钾。

5. 切片

脱水、透明、浸蜡、包埋、切片。用乙醇脱水，由低度渐至高度（70%→83%→95%→100%→100%）。100%以前各梯度每梯度45min，100%梯度两次，各60min。然后1/4二甲苯＋3/4乙醇→1/2二甲苯＋1/2乙醇→二甲苯Ⅰ→二甲苯Ⅱ透明。石蜡包埋、切片。

6. 脱蜡、复水

二甲苯Ⅰ（约 20min）→二甲苯Ⅱ（约 30min，以脱掉蜡为止）→1/2 二甲苯+1/2 乙醇（3min）→100%乙醇（3min）→95%乙醇（3min）→83%乙醇（3min）→70%乙醇（3min）→50%乙醇（3min）→30%乙醇（3min）→蒸馏水（5min）。

7. 媒染

用 4%铁明矾水溶液媒染 24h，自来水冲洗 5min，最后用蒸馏水漂洗干净。

8. 染色

用 0.5%苏木精染色液浸染 24h，然后自来水冲洗。

9. 分色

蒸馏水中漂洗片刻，移入 2%铁明矾水溶液中 15min 左右。显微镜下观察，细胞核及线粒体的颜色退至棕黄色，细胞质近乎无色。再多换几次自来水浸洗 12h 以上，直至细胞核及线粒体均转为蓝黑色或灰黑色。

10. 冲洗

流水冲洗 10～30min。

11. 脱水、透明、封片

30%乙醇（3min）→50%乙醇（3min）→70%乙醇（3min）→83%乙醇（3min）→95%乙醇（3min）→100%乙醇（3min）→1/2 二甲苯+1/2 乙醇（3min）→二甲苯Ⅰ（3min）→二甲苯Ⅱ（3min），然后中性树胶封片。

12. 观察

干燥后，显微镜下观察、拍照。

四、实验结果、观察

线粒体为线状、杆状或颗粒状的小体，呈蓝黑色。

实验16 植物液泡活体观察

活体染色是指对活有机体的细胞或组织能着色，但又无毒害的一种染色方法。由于碱性染料的胶粒表面带有阳离子，酸性染料的胶粒表面带有阴离子，而被染部分本身具有阳离子或阴离子，因此它们彼此之间发生吸引作用，染料就被堆积下来，可以显示出活细胞内的某种天然结构存在的真实性，而不影响细胞的生命活动和产生任何物理、化学变化。

液泡（vacuole）是植物细胞质中的泡状结构，是植物细胞中特有的细胞器，在成熟的活的植物细胞中经常有一个大的充满液体的中央液泡，可占据整个细胞体积的90%。液泡的表面有液泡膜，液泡内有细胞液，含有无机盐、氨基酸、糖类以及各种色素等代谢物，甚至还含有有毒化合物，并处于高渗状态。因此，它对细胞内的环境起着重要的调节作用，可以使细胞保持一定的渗透压，保持膨胀的状态。

中性红（neutral red）是一种弱碱性pH指示剂，变色范围在pH 6.4～8.0之间（由红变黄）。植物的活细胞能大量吸收中性红并向液泡中转移，由于液泡一般情况下呈酸性，进入液泡的中性红可解离出大量阳离子而呈现樱桃红色，原生质和细胞壁一般不着色；死细胞由于原生质变性凝固，液泡失去功能，用中性红染色时，中性红不能进入液泡，中性红的阳离子反而与带有一定负电荷的原生质及细胞核结合，而使原生质与细胞核染色。因此，中性红是液泡的特殊染色剂，只将液泡染成红色，在细胞处于生活状态时，细胞质和细胞核不被中性红染色。

一、实验目的

掌握植物液泡活体制片、观察技术；掌握中性红活体染色原理、方法。

二、主要实验材料、器具和试剂

实验材料：洋葱鳞茎、小麦根尖。

实验器具：显微镜、恒温水浴锅、剪刀、镊子、解剖刀、吸管、载玻片、盖玻片、擦镜纸、吸水纸、量筒、烧杯。

实验试剂：

（1）Ringer溶液　氯化钠8.50g、氯化钙0.03g、氯化钾0.25g，用蒸馏水100mL溶解定容。

（2）1%中性红溶液　称取0.5g中性红溶于50mL Ringer溶液，稍加热（30～40℃）使之很快溶解，用滤纸过滤，装入棕色瓶于暗处保存，否则易氧化沉淀，失去染色能力。

（3）1/3000中性红溶液　临用前，取已配制的1%中性红溶液2mL，加入58mL Ringer溶液混匀，装入棕色瓶备用。

三、实验内容、方法

1. 取材

取培养得到的根系的根尖（长 1～2cm），用刀片小心纵切一下。

2. 染色

将纵切后的根尖放到干净的载玻片上，滴加 1 滴 1/3000 中性红溶液，染色 5～10min。

3. 压片

用吸水纸吸去多余染液，滴加 1 滴 Ringer 溶液，盖上盖玻片，并用镊子轻压盖玻片，将根尖压扁铺展。

4. 观察

置显微镜下观察、拍照。

四、实验结果、观察

在高倍镜下，首先观察根尖生长点的细胞，可见细胞质中有很多大小不等的被染成玫瑰红色的圆形小泡，这是初生的幼小液泡。然后由生长点向伸长区观察，在一些已分化长大的细胞内，液泡的体积增大，数目变少，染色较浅。最后观察成熟区细胞，一般只有一个淡红色的巨大液泡，占据细胞的绝大部分体积，将细胞核挤到细胞一侧贴近细胞壁处。

实验17

植物导管分离装片

导管存在于被子植物的木质部，由许多管状的、细胞壁木质化的死细胞纵向连接而成。组成导管的每一个细胞称为导管分子。导管分子的形态及其端壁穿孔的类型，随植物种类而异。由于是死细胞，取材后制作导管分离装片时，不必经过固定而直接制片。

一、实验目的

掌握植物导管分离装片技术；学习植物导管结构与分类。

二、主要实验材料、器具和试剂

实验材料：紫薇枝条。

实验器具：显微镜、恒温箱、培养皿、载玻片、盖玻片、镊子、解剖针。

实验试剂：铬酸-硝酸离析液（10%铬酸+10%硝酸）、1%番红水溶液、乙醇梯度、二甲苯、中性树胶、蒸馏水。

三、实验内容、方法

1. 取材

取材时用稍老的枝条切成1cm左右的小段，再将其木质部纵切成薄片或切成火柴梗样的小条。

2. 离析

溶液容量为材料的20倍的铬酸-硝酸离析液，材料浸入离析液后将容器盖好，置于30～40℃恒温箱内离析1～2d。草本植物只需在室温下离析，且其时间较木本植物的离析时间短。

3. 镜检

取出少许材料，放清水中漂洗片刻，置于载玻片中央，盖上盖玻片，以解剖针末端轻轻敲打盖玻片使材料离散。

用低倍显微镜镜检，若材料尚未离散，需换新溶液再浸泡、离析一些时间；如材料已经离散，则表明离析时间已够，即可进行下一步骤。

4. 漂洗

材料用清水漂洗10～12h，多换几次清水，彻底洗去离析液，然后保存在50%乙醇中备用。

5. 染色

将材料转入1%番红水溶液中染色2～6h。

6. 漂洗

将材料转入蒸馏水内漂洗5min，洗去材料上多余的染色液。

7. 精选

在解剖镜下检查，用镊子或解剖针剔去材料中的杂细胞，只保留导管。

8. 脱水、透明、封片

经乙醇梯度脱水、二甲苯透明后，用中性树胶封片。

9. 观察

制片干燥后，置于显微镜下观察、拍照。

四、实验结果、观察

导管呈亮浅红色或红色，管壁、穿孔和壁上的纹饰均清晰可见。

实验18
JB-4半薄切片

JB-4 包埋试剂盒是独特的高分子包埋材料，可以比石蜡切片更清晰地显示形态细节。作为水溶性介质，除致密的或血液、脂肪组织标本外不要求绝对乙醇脱水。对于非脱钙的骨骼类样品的常规染色、特殊染色、组织化学染色效果极佳。不需要二甲苯和氯仿等透明剂。包埋材料可以切到 0.5～3.0μm 厚或更厚。塑料切片需用玻璃刀、Ralph 刀或碳化钨刀。JB-4 包埋试剂盒由溶液 A（单体）、JB-4 溶液 B（促进剂）、过氧化苯甲酰（C，催化剂）组成。

一、实验目的

掌握 JB-4 树脂包埋、半薄切片技术；掌握切片机的使用方法；掌握希夫试剂染色方法。

二、主要实验材料、器具和试剂

实验材料：苹果树枝条。

实验器具：切片机、恒温箱、磁力搅拌器、天平、包埋板、移液器、滴管、玻棒、瓷盅、烧杯、钢锉、玻璃刀、洗耳球。

实验试剂：乙醇梯度、JB-4 试剂盒、曙红、1%高碘酸、希夫试剂、TBO 染液、二甲苯、中性树胶。

三、实验内容、方法

1. 取材

材料常规尺寸不要大于 2cm×2cm×2cm，固定时间 4h 至过夜。

2. 脱水

乙醇梯度（30%、50%、70%、83%、95%、100%、100%）脱水，每次 30～60min。透明材料可在 100%前加少量曙红染色。

3. 渗透

渗透液：是颗粒 C 溶解在溶液 A 中，即（A+C）=10∶0.12（mL∶g，体积质量比），充分搅拌使 C 溶解，每 2～4d 换一次。渗透在室温或 2～8℃进行，样品不要遇热或光照直射。

渗透液配制：将 0.12g 催化剂 C 全部加入 10mL A 中，并使其完全溶解。此渗透液可在原瓶中 4℃暗处保存 2 周。

脱水和渗透可以利用无水乙醇和逐渐增加的渗透液梯度同时进行：(50%乙醇+50%渗透液)→（25%乙醇+75%渗透液)→（10%乙醇+90%渗透液)→渗透液。

4. 包埋

包埋剂的制备：将 0.12g 催化剂 C 加入 10 mL A 的瓶中，并使其完全溶解，即配制成渗透液。包埋时与 1.6mL B 混合后，立即包埋。

包埋板洗干净，摆入样品，记录好对应样品的编号，将包埋剂迅速搅拌均匀，转入包埋板；包埋液表面凸起，保证包埋块饱满。

5. 聚合

包埋后转入 30℃烘箱中聚合 2h。

6. 成型

初步聚合后取出包埋块，侧放于玻片上（防止软块变薄露出样品）至变硬成型。

7. 修快

用刀片或锉将包埋块切片端修成梯形。

8. 切片

玻璃刀垂直放置，固定；包埋块固定时材料在内侧，多余树脂在外侧（切片时移动玻璃刀，始终使材料在锋利的刀口一侧）；转动手柄切片，用力均匀，切片时速度要快；镜下选择有材料的完整切片用尖头镊子小心取下，接近玻片上水滴，使切片吸入水中以展平整，防止切片折叠；不用的材料片用洗耳球沿玻璃刀斜面吹去。

9. 展片

切片平展于水滴后，用滤纸/吸水纸吸去多余水分，玻片置于 30℃左右温台上烤干。

10. 染色

高碘酸-希夫试剂染色；TBO 染色。

11. 封片

干燥后，中性树胶封片。

四、实验结果、观察

高碘酸-希夫试剂染色后，导管、细胞壁染成红色，细胞界限明显；髓部及靠近髓部的薄壁细胞内，有淀粉粒存在，染成红色，在细胞内部，不均匀分布。

实验19
石蜡切片高碘酸-希夫试剂染色

一、实验目的

掌握希夫试剂的配制及染色方法。

二、主要实验材料、器具和试剂

实验材料：切好的石蜡切片。

实验器具：显微镜、天平、量筒、染色缸、载玻片、盖玻片、镊子。

实验试剂：

（1）1mol/L 盐酸　82.5mL 浓盐酸＋1000mL 蒸馏水（此液用于离析，配制须十分精确）。

（2）染色液（希夫试剂）　0.5g 碱性品红溶于100mL 煮沸的蒸馏水（必须是中性的）中搅和，冷却至50～55℃，过滤于有色小口玻璃瓶中，并加入10mL 1mol/L 盐酸及0.5g 偏亚硫酸钠（$Na_2S_2O_5$）或偏亚硫酸钾（$K_2S_2O_5$）搅和，加2g 活性炭，搅动1min，过滤于细口瓶中，盖紧瓶塞，置黑暗处18～24h 后可用（此时染色液为淡茶色或无色，染色液储存变红色后不可再用）。

（3）漂洗液（漂洗液现配现用）

1mol/L HCl	5mL
10％（偏）亚硫酸钠	5mL
蒸馏水	90mL

（4）高碘酸　1％高碘酸水溶液。

（5）二甲苯

三、实验内容、方法

1. 切片处理

石蜡切片经脱蜡、复水至蒸馏水。

2. 氧化

切片转入1％高碘酸中室温下氧化15～30min。

3. 冲洗

自来水冲洗2～3min，蒸馏水漂洗2～3min。

4. 染色

转入希夫试剂中染色30min。

5. 漂洗

染色后，用漂洗液漂洗两次，每次3～4min。

6. 冲洗

先用自来水冲洗 2～3min；再用蒸馏水漂洗 2～3min。

7. 脱水、透明

30％乙醇（3min）→50％乙醇（3min）→70％乙醇（3min）→83％乙醇（3min）→95％乙醇（3min）→100％乙醇（3min）→1/2 二甲苯＋1/2 乙醇（3min）→二甲苯Ⅰ（3min）→二甲苯Ⅱ（3min）。

8. 封片

在二甲苯挥发完之前，中性树胶封片。

9. 观察

镜检观察、拍照。

四、实验结果、观察

高碘酸-希夫试剂染色后，导管、细胞壁染成红色，细胞界限明显，细胞质染成深浅不一的红色，细胞内淀粉粒染成红色。

实验20 花粉活力测定

正常的成熟花粉粒具有较强的活力，在适宜的培养条件下便能萌发和生长，在显微镜下可直接观察、计算其萌发率，以确定其活力。多数植物正常的成熟花粉粒呈球形，积累较多的淀粉，I_2-KI溶液可将其染成蓝色。发育不良的花粉常呈畸形，往往不含淀粉或积累淀粉较少，I_2-KI溶液染色呈黄褐色。因此，可用I_2-KI溶液染色来测定花粉活力。具有活力的花粉呼吸作用较强，其产生的$NADH_2$或$NADPH_2$可将无色的TTC（氯化三苯基四氮唑）还原成红色的TTF（三苯基甲腙）而使其本身着色，无活力的花粉呼吸作用较弱，TTC的颜色变化不明显，故可根据花粉吸收TTC后的颜色变化判断花粉的活力。具有活力的花粉通常都含有过氧化物酶，该酶能利用H_2O_2，将多种酚类及芳香族胺氧化生成有颜色的化合物，因此可以依据颜色变化知道花粉有无活性。

一、实验目的

学习并掌握TTC染色法测定花粉萌发活力的基本原理及观察方法；学习并掌握碘-碘化钾（I_2-KI）染色法测定花粉萌发活力的基本原理及观察方法；学习并掌握花粉萌发活力测定的基本原理及观察方法。

二、主要实验材料、器具和试剂

实验材料：植物花粉。

实验器具：恒温箱、显微镜、载玻片、盖玻片、玻棒、培养皿、滤纸。

实验试剂：

（1）培养基　10%蔗糖，10mg/L硼酸，0.5%的琼脂。称取10g蔗糖、1mg硼酸、0.5g琼脂与90mL水放入烧杯中，在100℃水浴中溶化，冷却后加水至100mL备用。

（2）0.5%TTC溶液　称取0.5g TTC放入烧杯中，加入少许95%乙醇使其溶解，然后用蒸馏水稀释至100mL。溶液避光保存，若发红时，则不能再用。

（3）I_2-KI溶液　取2g KI溶于5～10 mL蒸馏水中，加入1g I_2，待完全溶解后，再加蒸馏水300mL。贮于棕色瓶中备用。

（4）试剂Ⅰ　将0.5%联苯胺（0.5g联苯胺溶于100mL 50%乙醇）、0.5%α-萘酚（0.5g α-萘酚溶于100mL 50%乙醇）、0.25%碳酸钠溶液（0.25g碳酸钠溶于100mL蒸馏水），这三种溶液各10mL混匀后，作为试剂Ⅰ。

（5）试剂Ⅱ　0.3%H_2O_2。

三、实验内容、方法

（一）氯化三苯基四氮唑（TTC）法测定花粉活力

1. 取样

采集植物花粉。

2. 染色

取少许放于洁净的载玻片上，加 1～2 滴 0.5%TTC 溶液，搅匀后盖上盖玻片，置 35℃恒温箱中，10～15min。

3. 镜检、统计

将制片置于显微镜下观察，观察 2～3 张片子，每片取 5 个视野，统计花粉的染色率，以染色率表示花粉的活力百分率。

（二）碘-碘化钾染色法测定花粉萌发活力

1. 取样

采集水稻、小麦或玉米可育和不育植株的成熟花药，取一花药于载玻片上，加一滴蒸馏水，用镊子将花药捣碎，使花粉粒释放。

2. 染色

在释放出来的花粉中滴加 1～2 滴 I_2-KI 溶液。

3. 观察

盖上盖玻片，在显微镜下观察。

（三）花粉萌发活力测定

1. 制备培养基

将培养基融化后，用玻棒蘸少许，涂布在载玻片上，载玻片置于培养皿中湿润滤纸上，保湿备用

2. 取样

植物刚开放或将要开放的成熟花朵的花粉。

3. 孵育

将花粉洒落在涂有培养基的载玻片上，然后将载玻片放置于垫有湿滤纸的培养皿中，在 25℃左右的恒温箱（或室温 20℃条件下）中孵育 5～10min。

4. 观察

在显微镜下检查 5 个视野，统计其萌发率。

（四）过氧化物酶法

于载玻片上放少量花粉，加试剂Ⅰ和试剂Ⅱ各 1 滴，搅匀，盖上盖玻片，于 30℃下放置 10min 后用显微镜检验。观察 2～3 片制片，每片取若干视野统计 100 粒花粉，计算有活力花粉的百分率。

四、实验结果、观察

① 凡被染为红色的花粉活力强，淡红色的次之，无色者为没有活力或不育花粉。

② 凡是被染成蓝色的为含有淀粉的活力较强的花粉粒，呈黄褐色的为发育不良的花粉粒。观察 2～3 张片子，每片取 5 个视野，统计花粉的染色率，以染色率表示花粉的育性。此法不能准确表示花粉的活力，也不适用于研究某一处理对花粉活力的影响。因为三核期退化的花粉已有淀粉积累，遇碘呈蓝色反应。另外，含有淀粉而被杀死的花粉粒遇 I_2-KI 也呈蓝色。

③ 不同种类植物的花粉萌发所需温度、蔗糖和硼酸浓度不同，应依植物种类不同而改变培养条件。可用于观察花粉管在培养基上的生长速度以及不同蔗糖浓度、离体时间、环境条件等因素对花粉活力的影响。不是所有植物的花粉都能在此培养基上萌发，本法适用于易于萌发的葫芦科等植物花粉活力的测定。

④ 花粉粒为红色的表示过氧化物酶有活性，即证明花粉有活性，能发芽；如花粉无色或呈黄色，则表示其已失去活性。

实验21 花生子叶切片

一、实验目的

学习花生子叶显微研究技术；掌握滑走切片技术；掌握高碘酸-希夫试剂染色技术。

二、主要实验材料、器具和试剂

实验材料：花生。

实验器具：滑走切片机、显微镜、恒温箱、温台、载玻片、盖玻片、染色缸、培养皿、毛笔、吸水纸。

实验试剂：F. A. A. 固定液、0.5%高碘酸水溶液、希夫试剂、漂洗液、0.2%橘红 G（95%乙醇配制）、乙醇梯度、二甲苯、中性树胶、蒸馏水。

三、实验内容、方法

1. 取材

选择长而饱满的花生子叶（新鲜的或以 F. A. A. 固定液固定）。

2. 切片

将花生子叶以棉花（或纱布）包裹一部分，让切面露出，紧固夹持螺丝稳定载物台。左手用毛笔蘸水淋湿花生子叶的切面，右手握紧滑轨上的固定旋钮，用臂力使切片刀随轨道推向前方，然后再将刀顺轨滑回，这样来回切割即会切下薄片。用毛笔将切下的薄片轻轻从刀背向刀口方向刷下，马上转动毛笔方向，使切片朝水面下沉于培养皿中，不要随便搅动水，以免材料破损。

3. 选材

从培养皿中选取薄而完整的切片，用毛笔转移至小培养皿的水中，将一片清洁的载玻片斜插水中，以毛笔将切片慢慢轻移至载玻片上，摆正材料使其平贴于载玻片，使多余的水流出。

4. 粘片

将有材料的载玻片稍加烘烤，便于材料紧贴，但不能烤太久，以免材料翘起。

5. 氧化

滴加 0.5%高碘酸水溶液，氧化 5～10min。

6. 水洗

流水洗 5min，蒸馏水漂洗 1min。

7. 染色

用希夫试剂（无色品红）滴染 8～10min（可置于 40℃温箱加速染色，材料由无色渐转变为深玫瑰红色，镜检，淀粉粒着色适度时，即停止染色，转入下一步）。

8. 漂洗

水洗去浮色，在染色缸中进行，蒸馏水过一遍；滴加漂洗液漂洗 2 次（每次 5min）。

9. 水洗

流水冲洗 5min，蒸馏水冲洗 1 次。

10. 脱水、复染、透明、封片

脱水：向载玻片滴加蒸馏水→30%乙醇→50%乙醇→70%乙醇→83%乙醇→95%乙醇（每级各 1～2min）→经 0.2%橘红 G（95%乙醇配制）2min 复染→无水乙醇→1/2 无水乙醇+1/2 二甲苯→二甲苯Ⅰ→二甲苯Ⅱ（各 1min），转入二甲苯中透明 5min，中性树胶封片。

四、实验结果、观察

细胞壁上单纹孔清晰可见，细胞壁及细胞内淀粉粒染为红玫瑰色，糊粉粒染为玫红色。

实验22 胚囊整体染色切片法

一、实验目的

掌握植物胚囊整体染色切片法；学习植物胚囊结构、发育特征。

二、主要实验材料、器具和试剂

实验材料：各种不同发育阶段的子房或胚珠。

实验器具：石蜡切片机、切片刀、温箱、温台、展片台、解剖刀、镊子、单面刀片、酒精灯、包埋纸盒、吸管、面盆、毛笔、载玻片、盖玻片、青霉素瓶、烧杯、解剖镜、显微镜等。

实验试剂：F. A. A. 固定液、爱氏苏木精染色液［原染液配方为苏木精 5g、95％乙醇 250mL、冰醋酸 25mL、甘油 250mL、硫酸铝钾 25g（饱和量）、蒸馏水 250mL；稀释染液配方为原染液 2 份、冰醋酸 1 份、50％乙醇 1 份］、橘红 G 饱和丁香油复染液、各级乙醇（30％、50％、70％、83％、90％、95％、100％）、二甲苯、石蜡、中性树胶。

三、实验内容、方法

1. 取材、固定

选取不同发育阶段的花蕾，剥出子房或胚珠，放入盛有 F. A. A. 固定液的青霉素瓶中，固定 24～48h。

2. 冲洗

用 50％乙醇换洗两次，每次 1～2h。如需保存材料，置于 70％乙醇，贮存于 4℃冰箱中待用。太小的材料，可先固定花或花序，冲洗后在解剖镜下剥出子房或胚珠，放入 70％乙醇中贮存。

3. 染色

将实验材料移入经稀释的苏木精染液，染色 48h 或更长时间。

4. 漂洗

将材料取出，加入蒸馏水漂洗，换液数次至水中无浮色。

5. 蓝化

换入自来水使材料蓝化，最后经过蒸馏水换入 30％乙醇中。

6. 制片

脱水、透明、浸蜡、包埋、切片、展片、贴片、烘干按石蜡切片常规方法进行。

7. 脱蜡

切片经二甲苯Ⅰ（10min）→二甲苯Ⅱ（20min）→1/2 二甲苯＋1/2 无水乙醇（3min）→

无水乙醇。在二甲苯中脱蜡时，确保将石蜡全部脱去，可适当增减脱蜡时间。

8. 复染

转入橘红 G 饱和丁香油复染液，复染 1min，倾去染色液并用滤纸吸去多余的染液。

9. 透明、封片

复染后的材料经无水乙醇→1/2 二甲苯+1/2 无水乙醇→二甲苯→封片。

四、实验结果、观察

对子房进行横切和纵切的连续切片，通过观察，在同一切面上不可能同时观察到典型的结构。八核七细胞的胚囊结构，一般在制片的一个切面上最多只能看到 4～6 个细胞核，有大有小，大核在合点端，小核在珠孔端。只有通过观察连续切片才能看清成熟胚囊结构的全貌。胚囊可以占据珠心中央的大部分，珠孔有时由于切片切得不正而不很明显。

实验23
胚囊整体染色透明法

整体染色透明技术简化了制片程序，可在不破坏胚囊整体结构的情况下，多角度观察胚囊，获得立体的观察效果，对材料有广泛的适用性，不仅适用于观察胚珠，也适用于观察其它体积较小的组织和器官。整体染色透明法克服了醋酸洋红染色压片法制片容易受细胞内容物干扰和反差太小的缺点。但因整体染色透明法需要经过染色和透明处理过程，故要注意掌握好染色和透明这两个主要技术环节。染色时间是关键，染色时间过短，染料不能深入组织细胞内部；染色时间过长，又不易脱色，要做大量的预备实验，以掌握最佳染色时间。透明处理过程最后一次应放置1d以上为好。时间太短会造成材料结构、层次不清晰，影响观察结果。另外，如果材料脱水不彻底，透明处理时会出现浑浊，将直接影响透明效果。脱水时间过长，将会导致材料收缩和变脆。因此把握好染色、脱水和透明时间的长短是本实验的关键。

一、实验目的

学习整体染色透明制片技术；学习相差显微镜的使用。

二、主要实验材料、器具和试剂

实验材料：烟草子房或胚珠。

实验器具：青霉素瓶、解剖针、镊子、吸管、凹玻片、盖玻片、烧杯、温箱、解剖镜、相差显微镜、微分干涉差显微镜。

实验试剂：F.A.A. 固定液、爱氏苏木精染色液、乙醇梯度（50%、70%、83%、95%、100%）、水杨酸甲酯、45%乙酸。

三、实验内容、方法

1. 取材、固定

将采集到的材料固定于F.A.A. 固定液中，24h后保存于70%乙醇中备用。

2. 剥离

将固定好的材料置于解剖镜下，从小花中剥出子房，浸入70%的乙醇中保存。

3. 染色

用充分氧化成熟的爱氏苏木精原液1份与45%乙酸和50%乙醇等量混合液2份，配成稀释的染液，染色5～60min（视材料而定）。

4. 脱水

材料由蒸馏水转入50%、70%、83%、95%浓度梯度的乙醇中各30min，100%乙醇中脱水3次，每次1h，最后1次过夜。

5. 透明

材料由无水乙醇转入水杨酸甲酯和无水乙醇的等量混合液中，约1h后转入1∶3的无水乙醇与水杨酸甲酯混合液中 1h，最后在水杨酸甲酯中换洗 3 次，每次 1 至数小时，最后 1 次 24h 以上。经过透明的材料仍可保存于水杨酸甲酯中。

6. 制片

将透明材料置于滴有水杨酸甲酯的凹玻片上，使子房或胚珠浸没其中，盖上盖玻片。如无凹玻片，也可用普通的载玻片，材料放于中间，两边各放一盖玻片，然后在材料上方再置一块盖玻片，这样就不至于挤压材料，其作用和凹玻片一样。盖玻片上不能加压，以免材料变形或破碎。

7. 观察

用相差显微镜或不加盖玻片直接在微分干涉差显微镜下观察。

四、实验结果、观察

微分干涉差显微镜下观察到的整体、立体的子房，具有较好的立体感。通过调焦，可以分别看到不在同一平面上的卵细胞与助细胞或极核、反足细胞。

实验24 子房整体透明观察

整体透明法是植物制片常用的一种方法。该方法不需要切片，只需经透明剂透明或染色后再透明便可在显微镜下观察，免去常规石蜡切片的制片程序，可以节省时间、人力和药品。其操作过程简单、快速，尤其是在真实性、整体性、立体观察等方面具有独到的优点。特别是对于一些较小的、制作切片困难或用切片法观察效果不好的材料，用此法可快速观察到内部组织结构及发育过程。

一、实验目的

观察植物的大、小孢子发生及雌雄配子体发育；观察早期的胚和胚乳的发育及无融合生殖现象；掌握植物组织整体透明制片方法。

二、主要实验材料、器具和试剂

实验材料：水稻。

实验器具：显微镜、解剖镜、培养皿、载玻片、盖玻片、滴管、镊子、解剖针。

实验试剂：酒精梯度、乙酸、爱氏苏木精稀释液、冬青油、蒸馏水。

三、实验内容、方法

1. 取样

采集水稻花序。

2. 固定

用无水乙醇：冰乙酸（体积比 3：1）固定 12h，70%乙醇保存。

3. 剥离子房

将花序置于培养皿中，在解剖镜下，于 70%乙醇中用镊子和解剖针小心剥出子房。

4. 复水

将剥出的子房经 50%乙醇、30%乙醇复水至蒸馏水。

5. 染色

在 20℃条件下用爱氏苏木精稀释液染色 30～40min。

6. 漂洗

用蒸馏水洗 4～5 次，每次 5～6h，洗去浮色。

7. 蓝化

置于自来水中漂洗、蓝化 12h。

8. 脱水、透明

蓝化后的子房经 30%乙醇、50%乙醇、70%乙醇、83%乙醇、95%乙醇以及三次无水乙醇的梯度各 1h ；经 1/2 无水乙醇＋1/2 冬青油混合液 1h 过渡后，用冬青油透明三次，前两次一至数小时，第三次 24h 以上。

9. 制片

用吸管吸取材料，滴在载玻片上，盖一盖玻片，制成临时装片。

10. 观察

显微镜下观察、拍照。

四、实验结果、观察

子房壁、珠被染色很浅，胚囊内的幼胚、极核、反足细胞染色较深，可清楚地显示出胚囊的完整结构。

实验25 植物线粒体提取观察

线粒体是真核细胞特有的进行能量转换的重要细胞器。将动植物组织制成匀浆，在适当的悬浮介质中差速离心可以分离细胞线粒体。悬浮介质通常采用缓冲的蔗糖溶液，它较接近细胞质的分散相，在一定程度上能保持细胞器的结构和酶的活性；pH 7.2 的条件下，亚细胞组分不容易聚集成团，有利于分离。整个操作过程样品要保持在4℃，避免酶失活。

线粒体的检测鉴定采用詹纳斯绿 B 染色观察。线粒体内膜上分布有细胞色素氧化酶，该酶使詹纳斯绿 B 染料保持在氧化状态呈现蓝绿色，从而使线粒体显色，而胞质中的染料被还原成无色。

一、实验目的

学习提取植物线粒体的方法；学习线粒体染色、制片方法。

二、主要实验材料、器具和试剂

实验材料：新鲜植物样品。

实验器具：冷冻高速离心机、研钵、玻璃匀浆器、显微镜、天平、恒温水浴锅、剪刀、镊子、解剖刀、吸管、载玻片、盖玻片、擦镜纸、吸水纸、1.5mL 离心管（EP 管）、量筒、烧杯。

实验试剂：

（1）Ringer 溶液　称取氯化钠 8.50g，氯化钙 0.03g，氯化钾 0.25g，溶于蒸馏水，定容至 100 mL。

（2）1%詹纳斯绿 B 溶液　称取 0.5g 詹纳斯绿 B 溶于 50mL 的 Ringer 溶液中。稍加热（30～40℃）使之很快溶解，用滤纸过滤，即成 1%溶液，储存备用。

（3）1/5000 詹纳斯绿 B 溶液　实验前，取 1%詹纳斯绿 B 溶液 1mL，加入 49mL Ringer 溶液混匀，即成 1/5000 詹纳斯绿 B 溶液，装入棕色瓶备用。溶液最好现用现配，以保持它的充分氧化能力。

（4）1.0mol/L 的 Tris-HCl 缓冲液（pH=7.4）　称取 12.11g Tris 置于烧杯中，加入约 80mL 的去离子水。充分搅拌溶解。然后加入浓 HCl 约 7.0mL 将 pH 调至 7.4，将溶液定容至 100mL，高温高压灭菌后，室温保存备用。

（5）0.5mol/L 的 EDTA（pH=8.0）溶液　称取 18.61g $Na_2EDTA \cdot 2H_2O$，置于烧杯中，加入约 80mL 的去离子水，充分搅拌。用 NaOH 调节 pH=8.0（约 20g NaOH）（pH 至 8.0 时，EDTA 才能完全溶解）。加去离子水将溶液定容至 100mL，高温高压灭菌，室温保存备用。

（6）线粒体分离介质（0.25mol/L 蔗糖，50mmol/L Tris-HCl，3mmol/L EDTA，0.75g/L BSA）　称取蔗糖 85.5g，取 1.0mol/L 的 Tris-HCl 缓冲液（pH=7.4）50mL，

0.5mol/L EDTA（pH =8.0）溶液 6mL，加入 0.75g 牛血清白蛋白（BSA），加入蒸馏水，溶解，定容至 1L，备用。

（7）线粒体保存液（0.3mol/L 甘露醇，pH=7.4） 称取甘露醇 5.46g，溶于蒸馏水中，调节 pH=7.4，然后定容至 100mL，备用。

（8）0.25mol/L 蔗糖溶液 称取蔗糖 85.5g，加入蒸馏水，溶解，定容至 1L。

（9）20%次氯酸钠溶液。

三、实验内容、方法与步骤

1. 取样

选取研究组织，采新鲜样品立即实验或室外采样后冰冻带回。

2. 研磨

取样品 1g，加入 3mL 预冷的线粒体分离介质，在瓷研钵内快速研磨匀浆。

3. 离心Ⅰ

取步骤 2 研磨匀浆液 1.5mL 于 1.5mL 的 EP 管中，置于冷冻离心机中，以 2500r/min 离心 10min。

4. 离心Ⅱ

取 1.0mL 上清转入新 EP 管中，置于冷冻离心机中，以 10000r/min 离心 10min，弃上清，得到沉淀即为线粒体。

5. 分离

加入预冷的线粒体分离介质 1.5mL，摇匀洗涤后，10000r/min 离心 5min，弃上清。

6. 染色

将得到的线粒体沉淀取少量，点在载玻片上，滴加 1 滴 1/5000 詹纳斯绿 B 溶液，染色 10min。

7. 制片

加盖玻片、压片，用吸水纸吸去盖玻片周围多余水分。

8. 观察

显微镜下观察、拍照。

四、实验结果、观察

线粒体被染成蓝绿色，呈圆形颗粒。

实验26

叶绿体分离与观察

差速离心（differential centrifugation）是利用不同物质颗粒沉降系数的差别，由低速向高速离心时，各种沉降系数不同的颗粒可先后分批沉淀下来，达到分离的目的。采用差速离心方法，在密度均一的介质中由低速到高速逐级离心，可用于分离不同大小的细胞和细胞器。在差速离心中细胞器沉降的顺序依次为：核、叶绿体、线粒体、溶酶体与过氧化物酶体、内质网与高尔基体，最后为核糖体和大分子。

叶绿体（chloroplast）是绿色植物细胞所特有的能量转换细胞器。一般呈椭球形，利用低速离心机可以分离叶绿体，其分离在等渗溶液（0.35mol/L 氯化钠或 0.4mol/L 蔗糖溶液）中进行，防止渗透压的改变引起叶绿体的损伤。

吖啶橙（Acridine orange，AO）是一种荧光色素，其激发滤光片波长 488nm，阻断滤光片波长 515nm。它与细胞中 DNA 和 RNA 结合量存在差别，可发出不同颜色的荧光（即着色特异性），这是由于 DNA 是个高度聚合物，结合荧光物质的位置较少，发绿色荧光，而 RNA 聚合度低，能和荧光物质结合的位置多，故发红色荧光。用 0.01%吖啶橙荧光染料对叶绿体进行染色，于荧光显微镜下观察，可观察到叶绿体发橙红色荧光。

一、实验目的

了解叶绿体分离的一般原理和方法；熟悉应用荧光显微镜观察叶绿体的荧光现象。

二、主要实验材料、器具和试剂

实验材料：冬青叶片。

实验器具：普通离心机、组织捣碎机、天平、荧光显微镜、普通光学显微镜、载玻片、盖玻片、镊子、培养皿、滤纸、试管、试管架、滴管、无荧光载片、移液器、1.5mL 离心管、量筒、烧杯。

实验试剂：0.35mol/L 氯化钠溶液（取 20.48g 氯化钠，用蒸馏水溶解，定容至 1L）、0.1%吖啶橙（称取 0.1g 吖啶橙，加蒸馏水 100mL 溶解，作为母液贮存于棕色瓶中，放冰箱备用）、0.01%吖啶橙（临用前，取 1mL 0.1%吖啶橙母液，加 9mL 蒸馏水，混匀）、蒸馏水。

三、实验内容、方法与步骤

1. 取材

取新鲜叶片，洗净后吸干水分，去除叶梗及粗脉，剪碎。

2. 研磨

称取 1g 样品，置于研钵中，加入 0.35mol/L 氯化钠溶液 5mL，研磨匀浆。

3. 离心Ⅰ

取 1.5mL 步骤 2 研磨匀浆液于 1.5mL 离心管中，在离心机中 1000r/min 离心 5min。

4. 离心Ⅱ

将离心得到的上清液转入新的1.5mL离心管中，在离心机中3000 r/min离心5min。弃去上清液，得到沉淀即为叶绿体（混有部分细胞核）。

5. 悬浮

沉淀用少量0.35mol/L的氯化钠溶液悬浮。

6. 观察

取叶绿体悬液1滴置于载玻片上，加盖玻片，压片后用普通光学显微镜观察。

7. 荧光观察

将叶绿体悬液滴在无荧光的载玻片上，再滴加1滴0.01%吖啶橙荧光染料，染色2min，盖上无荧光的盖玻片，用荧光显微镜观察。

四、实验结果、观察

置荧光显微镜下观察，可观察到叶绿体发出橙红色荧光，细胞核则发绿色荧光。

附录　植物制片常用试剂配制与使用

1. 常用实验试剂等级划分

化学试剂的纯度较高，根据纯度及杂质含量的多少，可将其分为以下几个等级。

（1）优级纯试剂　亦称保证试剂，为一级品，纯度高、杂质极少，主要用于精密分析和科学研究，常以 GR 表示。

（2）分析纯试剂　亦称分析试剂，为二级品，纯度略低于优级纯，杂质含量略高于优级纯，适用于重要分析和一般性研究工作，常以 AR 表示。

（3）化学纯试剂　为三级品，纯度较分析纯差，但高于实验试剂，适用于工厂、学校一般性的分析工作，常以 CR 表示。

（4）实验试剂　为四级品，纯度比化学纯差，但比工业品纯度高，主要用于一般化学实验，不能用于分析工作，常以 LR 表示。

以上按试剂纯度的分类法已在我国通用。原国家质量监督检验检疫总局和国家标准化管理委员会发布的《化学试剂　包装及标志》（GB 15346—2012）的规定，化学试剂的不同等级分别用各种不同的颜色来标志，见附表 1。

附表 1　我国化学试剂等级及标志

序号	级别		颜色
1	通用试剂	优级纯	深绿色
		分析纯	金光红色
		化学纯	中蓝色
2	基准试剂		深绿色
3	生物染色剂		玫红色

化学试剂除上述几个等级外，还有基准试剂、色谱纯试剂及超纯试剂等。基准试剂相当或高于优级纯试剂，专作滴定分析的基准物质，用以确定未知溶液的准确浓度或直接配制标准溶液，其主成分含量一般为 99.95%～100.0%，杂质总量不超过 0.05%。色谱纯试剂主要用于色谱分析中作标准物质，其杂质用色谱分析法测不出或杂质低于某一限度，纯度在 99.99%以上。超纯试剂又称高纯试剂，是用一些特殊设备如石英、铂器皿生产的。

我国化学试剂符合国家标准的附有 GB 代号，符合化工行业标准的附有 HG 代号。

除上述化学试剂外，还有许多特殊规格的试剂，如指示剂、当量试剂、生化试剂、生物染色剂等。

2. 常用固定液

（1）甲醛-乙酸-乙醇固定液（F. A. A.）

甲醛 5mL＋冰乙酸 5mL＋70%乙醇 90mL，可用于固定植物的一般组织，但不适用于单细胞及丝状藻类。幼嫩材料用 50%乙醇代替 70%乙醇，可防止材料收缩；还可加入 5mL 甘油（丙三醇）以防蒸发和材料变硬。F. A. A. 可兼作保存剂。

（2）甲醛-丙酸-乙醇固定液（F. P. A.）

甲醛 5mL＋丙酸 5mL＋70％乙醇 90mL，用于固定一般的植物材料，通常固定 24h，效果比 F. A. A. 好，并可长期保存。

（3）甲醛-丙酸-氯仿固定液（卡诺固定液）

配方一：无水乙醇 3 份＋冰乙酸 1 份。

配方二：无水乙醇 6 份＋冰乙酸 1 份＋氯仿 3 份。

是研究植物细胞分裂和染色的优良固定液，材料固定后，用 95％或 85％的乙醇漂洗，清洗 2～3 次，也可转入 70％乙醇中保存备用。

（4）甘油-乙醇固定液（软化剂）

甘油 1 份＋50％或 70％乙醇 1 份，适用于木材的软化，将木质化根、茎等材料排除空气后浸入软化液中，时间至少一周或更长一些，也可将材料保存于其中备用。

（5）铬酸-乙酸固定液

根据固定对象的不同，可分强、中、弱 3 种不同的配方：

弱液配方：10％铬酸 2.5mL＋10％乙酸 5.0mL＋蒸馏水 92.5mL。

中液配方：10％铬酸 7mL＋10％乙酸 10mL＋蒸馏水 83mL。

强液配方：10％铬酸 10mL＋10％乙酸 30mL＋蒸馏水 60mL。

弱液用于固定较柔嫩的材料，例如藻类、真菌类、苔藓植物和蕨类的原叶体等，固定时间较短，一般为数小时，最长 12～24h，但藻类和蕨类的原叶体可缩短到几分钟到 1h。中液用作固定根尖、茎尖、小的子房和胚珠等，固定时间 12～24h 或更长。强液适用于木质的根、茎和坚韧的叶子、成熟的子房等。为了易于渗透，可在中液和强液中另加入 2％的麦芽糖或尿素。固定时间 12～24h 或更长。

3. 常用染色液

（1）碘-碘化钾（I_2-KI）溶液

能将淀粉染成蓝紫色、将蛋白质染成黄色，也是植物组织化学测定的重要试剂。

配方：先将 2g 碘化钾溶于少量蒸馏水中，待全溶解后再加 1g 碘，振荡溶解后稀释至 300mL，保存在棕色玻璃瓶内。用时可将其稀释 2～10 倍，这样染色不致过深，效果更佳。

（2）苏丹Ⅲ（SudanⅢ）

能使栓化、角质化的细胞壁及脂肪、挥发油、树脂等染成红色或淡红色，是良好的脂肪染色剂。

配方：① 苏丹Ⅲ干粉 0.1g＋95％乙醇 10mL，过滤后再加入 10mL 甘油。

② 先将 0.1g 苏丹Ⅲ溶解在 50mL 丙酮中，再加入 70％乙醇 50mL。

③ 苏丹Ⅲ 70％乙醇的饱和溶液：将苏丹Ⅲ加入 70％乙醇中，至不再溶解，过滤得到饱和溶液。

（3）1％乙酸洋红（Aceto carmine）

酸性染料，适用于压碎、涂抹制片，能使染色体染成深红色、细胞质染成浅红色。

配方：洋红 1g＋45％乙酸 100mL 煮沸 2h 左右，并随时注意补充加入蒸馏水到原含量，然后冷却过滤，加入 4％铁明矾溶液 1～2 滴（不能多加，否则会发生沉淀），放入棕色瓶中备用。

（4）改良苯酚品红染色液

核染色剂：适用于植物组织压片法和涂片法，染色体着色深，保存性好，使用 2～3 年不变质。山梨醇为助渗剂，兼有稳定染色液的作用。没有山梨醇也能染色，但效果较差。

配制步骤：先配成三种原液，再配成染色液。

原液A：3g碱性品红溶于100mL 70%乙醇中。

原液B：取原液A 10mL加入90mL 5%苯酚水溶液中。

原液C：取原液B 55mL，加入6mL冰乙酸和6mL甲醛（38%的甲醛）。

（原液A和原液C可长期保存，原液B限两周内使用）

染色液：取C液10～20mL，加45%冰乙酸80～90mL，再加山梨醇1～1.8g，配成10%～20%浓度的苯酚品红液，放置两周后使用，效果显著（若立即用，则着色能力差）。

（5）中性红（Neutral red）溶液

用于染细胞中的液泡，可鉴定细胞死活。

配方：中性红0.1g＋蒸馏水100mL，使用时再稀释10倍左右。

（6）曙红Y（伊红，Eosin Y）乙醇溶液

常与苏木精对染，能使细胞质染成浅红色，起衬染作用。用95%乙醇脱水时，加入少量曙红便于包埋、切片、展片、镜检时识别材料。

配方：曙红0.25g＋95%乙醇100mL。

（7）钌红（Ruthenium red）染液

钌红是细胞胞间层专性染料，其配后不易保存，应现用现配。

配方：钌红5～10mg＋蒸馏水25～50mL。

（8）龙胆紫（Gentian violet）

为酸性染料，适用于细菌涂抹制片。

配方：龙胆紫0.2～1g；蒸馏水100mL。

（9）苯胺蓝（Aniline blue）溶液

为酸性染料，对纤维素细胞壁、鞭毛等，尤其是丝状藻类染色效果好。还多用于与真曙红作双重染色，对于高等植物多用于与番红作双重染色。

配方：苯胺蓝1g＋35%或95%乙醇100mL。

（10）间苯三酚（Phloroglucin）溶液

用于测定木质素。

配方：间苯三酚5g＋95%乙醇100mL。此溶液呈黄褐色即失效。

（11）橘红G（Orange G）乙醇溶液。

为酸性染料，染细胞质，常作二重或三重染色用。

配方：橘红G 1g＋95%乙醇100mL。

（12）番红（Safranin O）

为碱性染料，适用于染木质化、角质化、栓化的细胞壁，细胞核中染色质、染色体和花粉外壁等都可染成鲜艳的红色，并能与固绿、苯胺蓝等作双重染色，与橘红G、结晶紫作三重染色。

① 番红水溶液：番红0.1或1g＋蒸馏水100mL；

② 番红乙醇溶液：番红0.5g或1g＋50%（或95%）乙醇100mL；

③ 苯胺番红乙醇染色液

甲液：番红5g＋95%乙醇50mL；

乙液：苯胺油20mL＋蒸馏水450mL。

将甲、乙两溶液混合后充分摇均匀，过滤后使用。

（13）固绿（Fast green）

又称快绿，为酸性染料，能将细胞质、纤维素细胞壁染成鲜艳绿色，着色很快，故要很好地掌握着色时间。配后充分摇匀，过滤后使用。现配现用效果好。

① 固绿乙醇液：固绿 0.1g+95%乙醇 100mL；

② 苯胺固绿乙醇液：固绿 1g+无水乙醇 100mL+苯胺油 4mL。

(14) 苏木精 (Hematoxylin) 染液

海氏 (Heidenhain's) 苏木精染色液，又称铁矾苏木精染色液。

甲液 (媒染剂)：硫酸铁铵 (铁明矾) 2～4g+蒸馏水 100mL (必须新鲜，临用前配制)；

乙液 (染色剂)：苏木精 0.5～1g+95%乙醇 10mL+蒸馏水 90mL。

配制步骤：①将苏木精溶于乙醇中，瓶口用双层纱布包扎，使其充分氧化 (通常在室内放置两个月后方可使用)。②加入蒸馏水，塞紧瓶口，置冰箱中可长期保存。切片需先经甲液媒染，并充分水洗后才能以乙液染色，染色后经水稍洗再用另一瓶甲液分色至适度。

(15) 亚甲基蓝染液

常用于细菌、活体细胞等的染色。取 0.1g 亚甲基蓝，溶于 100mL 蒸馏水中即成。

(16) 詹纳斯绿 B (Janus green B) 染液

将 5.18g 詹纳斯绿 B 溶于 100mL 蒸馏水，配成饱和溶液。用时需视材料稀释。

(17) 硫堇染液

取 0.25g 硫堇 (也称劳氏青莲或劳氏紫) 粉末，溶于 100mL 蒸馏水中，即可使用。使用此液时，需要用微碱性自来水封片或用 1%$NaHCO_3$ 水溶液封片，能呈多色反应。

(18) 黑色素液

水溶性黑色素 10g+蒸馏水 100mL+甲醛 0.5mL。可用作荚膜的背景染色。

(19) 墨汁染色液

国产绘图墨汁 40mL+甘油 2mL+液体苯酚 2mL。先将墨汁用多层纱布过滤，加甘油混匀后，水浴加热，再加苯酚搅匀，冷却后备用。用作荚膜的背景染色。

(20) 吕氏 (Loeffler) 美蓝染色液

A 液：美蓝 (methylene blue，又名甲烯蓝) 0.3g+95%乙醇 30mL；

B 液：0.01% KOH 100mL。

混合 A 液和 B 液即成，用于细菌单染色，可长期保存。可据需要按 1∶10 或 1∶100 配制稀释美蓝液。

(21) 革兰氏染色液

① 结晶紫 (Cristal violet) 液：结晶紫乙醇饱和液 (结晶紫 2g 溶于 20mL 95%乙醇中) 20mL，1%草酸铵水溶液 80mL。将两液混匀放置 24h 后过滤即成。此液不易保存，如有沉淀出现，需重新配制。

② 卢戈 (Lugol) 氏碘液：碘 1g，KI 2g，蒸馏水 300mL。先将 KI 溶于少量蒸馏水中，然后加入碘使之完全溶解，再加蒸馏水至 300mL，即成。配成后贮于棕色瓶内备用。

③ 95%乙醇：用于脱色，脱色后可选用以下④或⑤的其中一项复染即可。

④ 稀释苯酚复红溶液：碱性复红乙醇饱和液 (碱性复红 1g，95%乙醇 10mL，5%苯酚 90mL) 10mL，加蒸馏水 90mL。

⑤ 番红溶液：番红 O (Safranine O) 2.5g，95%乙醇 100mL，溶解后可贮存于密闭的棕色瓶中，用时取 20mL 与 80mL 蒸馏水混匀即可。

以上染色液配合使用，可区分革兰氏染色阳性 (G^+) 或阴性 (G^-) 细菌，前者呈蓝紫色，后者呈淡红色。

(22) 齐氏 (Ziehl) 苯酚复红液

碱性复红 0.3g 溶于 95%乙醇 10mL 中为 A 液；0.01%KOH 溶液 100mL 为 B 液。混合 A、B 液即成。

(23) 姬姆萨 (Giemsa) 染液

① 贮存液：姬姆萨粉 0.5g，甘油 33mL，甲醇 33mL。先将姬姆萨粉研细，再逐滴加入甘油，继续研磨，最后加入甲醇，在 56℃放置 1～24h 后即可使用。

② 应用液（临用时配制）：取 1mL 贮存液加 19mL pH＝7.4 磷酸缓冲液即成。也可以贮存液：甲醇＝1：4（体积比）的比例配制成染色液。

(24) 1%瑞氏 (Wright's) 染色液

瑞氏染色粉 6g，放研钵内磨细，不断滴加甲醇（共 600mL）并继续研磨使溶解。经过滤后染液需贮存一年以上才可使用，保存时间愈久，则染色效果愈佳。

(25) 希夫试剂

将 0.5g 碱性品红溶于煮沸的重蒸水（或蒸馏水）中，搅动使充分溶解，冷却至 50℃时，过滤于一棕色细口瓶中，加入 10mL 1mol/L 盐酸。冷却至 25℃左右，加入 1g 偏亚硫酸钠或偏亚硫酸钠钾，振荡使溶解，密封瓶口，置于黑暗和低温处过夜后，如染色液为透明无色或淡茶色，即可使用。如颜色较深，可加入少量活性炭（0.5～2g），振荡 1min，置 4℃冰箱中过夜，经过滤后即可使用。配好后密封、避光低温保存。

4. 常用粘片剂

(1) 郝伯特 (Haupt) 粘片剂

甲液：动物胶（明胶）1g，蒸馏水 100mL，甘油 15mL，苯酚 2g。

乙液：甲醛 4mL，蒸馏水 100mL。

配制时，先将明胶放入 36～40℃蒸馏水中完全溶解，然后加入甘油和苯酚，搅拌溶解后过滤，置于棕色瓶中保存。使用时，先滴一小滴甲液，涂抹均匀后，再滴加乙液，进行粘片、展片。

可以粘贴蜡带，也可用于黏附单细胞藻类或花粉等。

(2) 蛋白粘片剂

配方：新鲜蛋清 25mL，甘油 25mL，苯酚 0.5g。

配制时可将鸡蛋清打入较大的量筒（100mL）中，再加入甘油与防腐剂，然后用力摇荡，可以看到形成很多泡沫，倒去上面一部分或用纱布过滤。用时滴少量在载玻片上，用小手指涂抹以后，再放上蒸馏水一滴。这种粘片剂不能像明胶粘片剂那样长久保存，经过一两个月就逐渐失去粘贴的效力。此剂亦在制片上很普遍应用，但粘贴性比明胶低，而且容易着色。

(3) 多聚-L-赖氨酸

免疫荧光定位法常用。一般用高分子量多聚赖氨酸，配成 0.1～1mg/mL 水溶液。

(4) 火棉胶粘片剂

厚片木材、海藻、种子等的连续切片，平常粘贴在载玻片上后，染色时很容易掉落。可以经过正常的明胶粘贴处理以后，待其稍干，再用滴管滴上一层 1%～2%的火棉胶溶液（将火棉胶溶在无水乙醇与乙醚各半的混合液中），然后使贴附好的切片完全干燥，染色时可用苯酚-二甲苯（体积比 1：4）除去石蜡再入 95%乙醇中，顺次而进行染色。

5. 常用封固剂

(1) 树胶封固剂

① 树胶-水合氯醛-甘油封固剂

阿拉伯树胶 30g、水合氯醛 100g、甘油 20mL、蒸馏水 50mL。用于植物制片封固藻类、真菌类及胚囊等。

② 树胶-水合氯醛-葡萄糖封固剂

阿拉伯树胶 20g、水合氯醛 10g、葡萄糖 10g、甘油 3mL、蒸馏水 30mL。

先将阿拉伯树胶在常温下溶入水中，加入水合氯醛与葡萄糖。然后稍加温（以烫手为度），使全部溶解以后，加入甘油并搅拌。此种封固剂用以保存真菌、孢子及萌发的花粉，效果很好。标本不染色或可染色后放入此剂，在 40～45℃恒温箱中经 48h，再用加拿大树胶封边或不封边。

③ 树胶-水合氯醛-乙酸封固剂

阿拉伯树胶 15g、水合氯醛 160g、葡萄糖精浆 10mL、冰乙酸 5mL、蒸馏水 20mL。

先将阿拉伯树胶溶于水，加入葡萄糖精浆，再加入水合氯醛，使其达到饱和。然后加入冰乙酸。材料封片前必须先经过 10%乙酸液。

④ 树胶-甘油封固剂

阿拉伯树胶 40g、蒸馏水 40mL、甘油 20mL。

先将阿拉伯树胶溶于水，然后加入甘油，再加入 0.1mL 的苯酚或其它防腐剂。

⑤ 树胶-蔗糖封固剂

阿拉伯树胶 50g、蔗糖 50g、蒸馏水 50mL、麝香草酚 0.05g。

将上述各药品溶入微热蒸馏水即可。此剂的折射率比其它水溶性封固剂都高，而且封固后较坚硬。但若永久保存，盖玻片四周仍需用蜡或漆封片。

⑥ 树胶-甘油-乙酸封固剂

阿拉伯树胶 30～45g、甘油 3～4mL、95%乙醇 3mL、乳酸 0.5mL、乙酸 2～3mL、蒸馏水 60mL。

先将阿拉伯树胶溶入水中，然后加入甘油、乳酸和乙酸。配制后，表面会有许多小气泡，静置数小时后，可用滤纸抹去。标本材料可用自来水冲洗后，移至 70%乙醇溶液中存放。可用于保存真菌、小昆虫、虫卵等。

(2) 甘油封固剂

① 甘油

10%甘油的水溶液常作为短期的暂时封固剂，观察新鲜的材料。平常可以直接将材料放入此剂。

保留稍久，可先在盖玻片四周用甘油明胶密封，待干后或可再用其它试剂封固。或用 50%甘油，过几天后，再用甘油明胶封固。

② 甘油-乙醇混合剂

甘油 1 份、95%乙醇 1 份、蒸馏水 2 份。

此种封固剂可用于封固十分柔软的材料，如整体的胚囊等。因为含有乙醇，不能封固含有叶绿素的组织。

③ 甘油明胶

普通甘油明胶有各种各样的配制方式，简单常用的配方：

明胶 5g、甘油 35mL、苯酚 0.5～1g、蒸馏水 30mL。

将明胶完全溶入 35℃的蒸馏水以后，加入甘油与苯酚，再加微热并不断搅拌，待充分混合以后，储存于广口瓶中备用。用此剂封固以后，久置容易吸水或干燥，使材料变坏。所以如欲长期保存，需要进行封边。

④ 苯酚-甘油混合剂

苯酚 20mL、甘油 40mL、蒸馏水 40mL。

⑤ 乳酸-酚-甘油混合剂（乳酸酚）

乳酸 20mL、苯酚（苯酚）20mL、甘油 40mL、蒸馏水 20mL。

也可用乳酸、苯酚、甘油、蒸馏水各一份互相混合。

⑥ 乳酸-酚-棉蓝剂

用上面⑤的混合液 20mL，加入冰乙酸 1～5mL，然后加入 1%棉蓝溶液 0.5～2.0mL 制成。此种混合剂可作染色和封固并用，常作真菌类的染色、封固之用。如果加入其它染料，如酸性品红，则可得红色染剂。

⑦ 乙酸钾-甘油-乙醇混合剂

2%乙酸钾水溶液 300mL、甘油 120mL、乙醇 180mL。

封固时，滴此液于载玻片，放入材料，微热去气泡；加一小块甘油明胶溶化后，加盖玻片。

（3）明胶封固剂

① 明胶-酚-乙酸封固剂

明胶 10g、苯酚（结晶）28g、乙酸 28mL。

配制方法：将苯酚溶入乙酸，加入明胶，不加热，2～3 天自然溶化，最后加甘油 10mL，搅匀即得。储于棕色瓶中，太干时可用乙酸稀释。此剂可用以封存干标本，新鲜材料需先在乙酸中浸渍数分钟。

② 明胶-乙酸铜封固剂

明胶 1.15g、乙酸铜 50g、乙酸 0.7mL、蔗糖 1.50g、麝香草酚（百里酚）0.05g、蒸馏水 100mL。

先将明胶在水浴锅中溶入蒸馏水，然后加入其它试剂，配制合适的应呈黏稠状态。

（4）树脂性封固剂

① 加拿大树胶

这是稠厚透明而带黄色的液体，平常除去挥发油后，可以制成干块。制片上所用的多溶于二甲苯或苯中配成合适的浓度。

② 香柏油

纯香柏油也可作封固剂。此油保存染色十分优良，平常只有紧靠边缘部分干固，内部仍呈原来液体状态，因此容易移动盖玻片，毁坏材料，而且价格较贵，已逐渐不用。

6. 常用离析、解离液

（1）铬酸-硝酸离析液

铬酸为三氧化铬的水溶液：铬酸、浓硝酸等量混合均匀后再使用。适合对导管、管胞、纤维等木质化的组织进行解离时使用。

（2）盐酸-乙醇固定离析液

将浓盐酸、95%乙醇等量混合备用，一般用于离析根尖细胞。

(3) 盐酸乙醇

95%乙醇1份、浓盐酸1份。二者混合即成。

(4) 盐酸溶液

① 1.0mol/L 盐酸：浓盐酸82.5mL，用蒸馏水定容至1000mL。

② 0.2mol/L 盐酸：浓盐酸16.5mL，用蒸馏水定容至1000mL。

盐酸水解时间对染色效果影响很大，水解时间短，易着色但较难压片；水解时间长，染色慢而色淡；超过20min或水解温度过高，往往染色极淡甚至染不上色。各种材料最合适的时间有差别，一般大染色体材料水解时间可较长，小染色体材料宜短。用0.2mol/L盐酸于60℃恒温下水解10～15min，对各种类型材料都能获得细胞分离和染色合适的较好效果。

参 考 文 献

[1] 王心钗. 植物显微技术. 福州：福建教育出版社，1986.
[2] 李和平. 植物显微技术. 北京：科学出版社，2009.
[3] 王灶安. 植物显微技术. 北京：中国农业出版社，1992.
[4] [苏] 比留佐娃，等. 生物材料的电子显微镜研究法. 王大成，译. 北京：科学出版社，1965.
[5] 刘爱平. 细胞生物学荧光技术原理和应用. 合肥：中国科学技术大学出版社，2007.
[6] 邵淑娟，等. 实用电子显微镜技术. 长春：吉林人民出版社，2007.
[7] 曾小鲁，等. 实用生物学制片技术. 北京：高等教育出版社，1989.
[8] 陈继贞. 生物学实验教学研究. 北京：科学出版社，2004.
[9] 李贵全. 细胞学研究基础. 北京：中国林业出版社，2001.
[10] 张哲，等. 实用病理组织染色技术. 沈阳：辽宁科学技术出版社，1988.
[11] 黄立. 电子显微镜生物标本制备技术. 南京：江苏科学技术出版社，1982.
[12] 李正理. 植物组织制片学. 北京：北京大学出版社，1996.
[13] 王德良，等. 基础生物学实验教程. 北京：中国科学技术出版社，2006.
[14] 王明书，等. 结构植物学实验指导. 重庆：西南师范大学出版社，2003.
[15] 黄承芬，等. 生物显微制片技术. 北京：北京科学技术出版社，1991.
[16] 胡颂平. 植物细胞组织培养技术. 北京：中国农业大学出版社，2014.
[17] 胡颂平. 植物细胞组织培养技术第 2 版. 北京：中国农业出版社，2022.
[18] 胡尚连，尹静. 植物细胞工程. 北京：科学出版社，2019.